普通高等教育数据科学与大数据技术系列教材

云 计 算

吴维刚 吴 迪 编著

科学出版社
北 京

内 容 简 介

本书全面介绍云计算系统层面的技术和知识，从虚拟化、数据中心管理，到云操作系统、分布式数据库，层层递进，完整覆盖构建云计算系统所需的不同层次的技术，使得读者能真正掌握云计算系统的技术原理和技术方法，而不是仅了解特定的产品化系统。本书纳入了云计算相关的重要的分布式计算基础理论，增加了教材的理论深度和内容完整性，增强了知识基础，有助于读者对云计算自身技术原理的理解。

本书可作为普通高等学校计算机科学与技术、软件工程、数据科学与大数据技术、人工智能等相关专业的本科生或者研究生的课程教材，也可作为技术参考书供相关领域的专业人员(如研发工程师、系统架构师等)使用。

图书在版编目(CIP)数据

云计算 / 吴维刚, 吴迪编著. -- 北京 ：科学出版社, 2025. 2. -- (普通高等教育数据科学与大数据技术系列教材). -- ISBN 978-7-03-080551-5

Ⅰ. TP393.027

中国国家版本馆 CIP 数据核字第 2024TM1806 号

责任编辑：于海云 / 责任校对：王 瑞
责任印制：师艳茹 / 封面设计：马晓敏

科 学 出 版 社 出版

北京东黄城根北街 16 号
邮政编码：100717
http://www.sciencep.com

三河市骏杰印刷有限公司印刷

科学出版社发行 各地新华书店经销

*

2025 年 2 月第 一 版 开本：787×1092 1/16
2025 年 2 月第一次印刷 印张：13

字数：320 000

定价：59.00 元

(如有印装质量问题，我社负责调换)

前　言

云计算是一种新型的计算模式和算力组织方式，是分布式计算持续演进的新阶段，已经成为当前互联网服务与大型信息服务系统的基本模式，对科技创新和社会发展具有重要的支撑和推动作用。党的二十大报告指出："教育、科技、人才是全面建设社会主义现代化国家的基础性、战略性支撑。必须坚持科技是第一生产力、人才是第一资源、创新是第一动力，深入实施科教兴国战略、人才强国战略、创新驱动发展战略，开辟发展新领域新赛道，不断塑造发展新动能新优势。"本书系统全面地讲述云计算的相关技术和知识，从基础算法到使能技术，再到应用技术，各个层次完整覆盖，帮助读者真正掌握云计算系统的技术原理和技术方法，贡献于信息技术人才培养和技术发展。

本书的内容总体上分为四部分。第一部分是基础知识，包括第 1、2 章。第 1 章主要介绍云计算的背景和概念，包括基本定义、基本架构、部署模式、技术特点等，使读者对云计算的概念、内涵、特点等有基本的理解。第 2 章主要介绍云计算系统涉及的一些重要的基础算法与机制，主要是分布式协同与通信方面的知识，包括分布式通信方法、分布式同步算法、数据副本与一致性、进程失效与分布式共识、检查点与消息日志等。这些算法机制是分布式系统都会用到的，也是云计算系统中的重要基础。第二部分是云计算所依赖的一些底层使能技术，包括第 3~5 章。第 3 章介绍虚拟化技术，具体包括虚拟机、容器以及网络虚拟化技术，是云平台实现弹性资源管理的关键。第 4 章是数据中心管理技术的介绍，包括数据中心网络、资源管理与监控等保障性技术。第 5 章是云计算平台技术，该技术是在物理集群管理的基础上，进行虚拟化集群的资源管理与任务调度。第三部分是分布式并行计算的关键技术，包括第 6~8 章，主要内容分别是云存储与文件系统、分布式数据库系统、分布式并行计算框架，涵盖计算和数据两大方面。第四部分是云应用和安全，包括第 9、10 章。第 9 章介绍云应用的关键技术，如应用程序架构技术、多租户技术等；第 10 章则主要是介绍云计算安全相关的一些技术，如认证、授权、数据隔离等。

本书有如下特点：首先，将基本原理与实现技术相结合，以云计算使能技术为主，应用技术为辅，着重讲述云计算系统研发所需的知识和技术基础；其次，将云计算相关的重要的分布式计算基础理论纳入，提高了理论深度和内容完整性，增强了知识基础，有利于对云计算自身技术原理的理解；最后，在关键技术的讲述过程中，将技术原理与典型的系统或平台进行结合对照，大大提高了技术原理的可见性，便于读者对技术原理的理解，同时加深对相关平台系统的认识。

本书共 10 章，第 1~9 章由吴维刚编写，第 10 章由吴迪编写。研究生李嘉伦、龙宇杰、聂俊、姚洁倩、徐杨、郭海锐、尹浩然等参与绘制了本书的部分图表，并协助收集部分资料，在此表示感谢。

书中部分知识点的拓展内容配有视频讲解，读者可以扫描二维码进行查看。

通过本书的学习，读者可以对云计算的相关知识、技术有比较全面的了解，特别是对构建云计算系统所需要的各层次的关键技术会有比较深入的理解，为云计算相关的研发奠定基础。

因作者水平及精力有限，书中可能存在疏漏和不妥之处，诚挚欢迎广大读者和各界人士批评指正，并提出宝贵的意见和建议。

作　者

2024 年 10 月于中山大学

目　　录

第1章 概　　述

云计算是一种新型的分布式计算模式，也是一种计算资源的利用方式，其核心思想是通过按需使用的方式为用户提供计算资源和计算能力，而不需要用户自己购买和部署这些资源。云计算技术不是全新的技术，而是在计算机系统、互联网络、通信等诸多技术的基础上发展起来的。从技术形态来说，云计算技术是分布式计算持续演进的新阶段。

1.1　背景与概念

云计算的萌芽可以追溯到 20 世纪 60 年代。早在 1961 年，John McCarthy 就提出了将计算机变成基础设施的思想，如果计算机能在未来得到使用，那么有一天，计算机应该也能像电话一样成为一种公有设施。计算机公有设施(computer utility)将成为一种全新的、重要的产业基础。1969 年，承担美国 APRRANET 项目的 Leonard Kleinrock 提出，现在计算机网络还处于初期阶段，但是随着网络的进步和复杂化，我们将可能看到"计算机设施化"的扩展。这些有远见的设想都与云计算的思路是一致的。特别是当前算力网络的提出，更是为云计算进一步的设施化指明了发展方向。

20 世纪 90 年代开始，计算机和信息技术进入快速发展阶段，特别是互联网技术突飞猛进，经历了爆炸式发展，从早期的 FTP、E-mail、Telnet 等初级服务进化到了功能强大的搜索引擎、覆盖广泛的社交网络。这些功能丰富、用户广泛的信息服务大大推动了计算机网络的技术发展，同时也对服务器系统的能力提出了更高要求。用户需求和支撑技术的双重推动下，云计算技术应运而生。

一般认为，云计算的雏形是 20 世纪 90 年代后期 Salesforce 公司推出的客户关系管理(customer relationship management，CRM)软件服务。如果企业采用了这一服务，则不需要专门开发部署私有的 CRM 软件，而是直接采用该公司提供的部署在数据中心中的 CRM 软件，也就是说，由 CRM 软件提供方负责部署和运维，用户和机构只需要进行简单的个性化定制就可以远程访问和使用。这是非常典型的应用软件的服务化形态，符合云计算的技术理念。

2002 年，亚马逊公司发布了面向 Web 应用的云化服务平台 Amazon Web Services(AWS)。很快就有大量 Web 应用程序部署到 AWS，需求远超预期。AWS 支持可计量、即用即付的方式为个人和机构提供云计算平台和应用程序接口(application program interface，API)。这些云计算 Web 服务通过 AWS 服务器提供与网络、计算、存储、中间件、IoT 和其他处理能力相关的各种服务以及软件工具。这使客户端无须管理、扩展和修补硬件与操作系统(operating system，OS)。今天，AWS 已经成为全球范围内最全面、应用最广泛的云服务平台之一，向全球数据中心提供 200 多项功能齐全的服务。数以百万计的初创公司、大型企业和领先的政府机构等各类客户正在使用 AWS 来降低成本、提高敏捷性并加快创新速度。

　　云计算的说法是在 2006 年才正式出现的。这一年亚马逊公司推出了虚拟机云服务弹性计算云(elastic compute cloud，EC2)，谷歌公司推出了初始版本的 Google Docs 服务。随后的 2009 年，谷歌发布了云服务引擎——谷歌应用程序引擎(Google APP engine，GAE)，正式进入云计算领域。同一年，阿里巴巴成立了云计算部门阿里云。微软公司则是在 2010 年正式进入云计算领域，发布了云计算平台 Microsoft Azure。2010 年后，云计算技术进入飞速发展的阶段，产业界和学术界都投入大量人力、物力进行相关的技术研究、产品开发、云数据中心建设。今天，云计算已经成为大规模计算资源和互联网服务的主流计算模式，服务于商业、政务、民生等几乎所有的领域，是构建广域算力网络的核心技术手段、数字经济的基石，成为整个人类社会和世界经济发展的重要支柱性技术。

　　那么，具体什么是云计算呢？如何给出一个明确的定义？一方面，作为一种基于多计算机集群的计算模式，云计算是抽象的；另一方面，作为一种实实在在的计算服务，云计算是具体的，而且涉及计算、网络、存储等各类资源，涵盖软件、硬件等各个方面，是一个庞大的概念。不同人、不同机构可能会有不同的理解和定义。例如，美国国家标准与技术研究院给出的定义是：云计算是一种模型，使得人们可以通过网络方便、按需访问共享的计算资源池，池中的资源(包括网络、服务器、存储、应用、服务等)是可配置的并且能够在极少管理、干预的前提下快速提供和释放。而 IBM 公司给出的定义是：云计算是通过互联网按需访问计算资源的，包括应用程序、服务器(物理服务器和虚拟服务器)、数据存储、开发工具、网络功能等，这些资源托管在由云服务提供商(cloud service provider，CSP)管理的远程数据中心。CSP 按月收取订阅费或根据使用情况对这些资源收费。

　　虽然这些不同的实体给出的定义各不相同，但是其核心思想是一致的。综合各种不同的说法，这里给出一种比较有概括性的定义：云计算就是，将数据中心的各种计算资源进行弹性管理，让用户以按需服务的方式通过互联网络进行远程访问的计算模式。

　　对于云计算的定义，文字描述的差异并不重要，真正重要的是理解其内涵。不管是哪种定义的描述，其核心在于两个要素：资源和服务。或者说，云计算的核心要点就在于计算资源的服务化。如果展开剖析，云计算概念的内涵包括几个方面。首先，各类计算资源的集约化，既包括服务器资源、集群互联网络、存储资源，也包括底层系统和应用程序等各类软件，都部署在数据中心，由云服务提供商进行管理和运维。其次，数据中心的资源进行统一化的全面管理，包括用户请求的接收分发、前后台计算任务的调度和资源分配、网络通信资源的切分、数据资源的存储管理等。再次，云用户通过网络随时随地远程访问云端资源，实现对计算资源的利用，完成自己的计算目标。最后，用户对计算资源的使用是可以弹性变化的，可以根据需要进行调整改变。

　　为了更好地理解云计算的概念，下面把云计算与几个相关的概念进行辨析讨论。云计算是基于集群系统来执行计算任务的，是分布式计算的一种新演进，也是分布式计算的一种具体形态。云计算与并行计算有相关性。在云计算系统中，往往会涉及海量数据处理，这就会用到基于数据划分的并行计算模式，由集群中的多个后台服务器各自处理数据集的一部分，然后合并局部结果从而得到最后的全局结果。此外，为了实现弹性伸缩，云数据中心一般采用资源池的方式进行计算资源复制部署，各种计算步骤可能都会由多个节点并行进行处理。云计算与边缘计算也是紧密相关的。边缘计算的概念就是相对于云计算来定义的。部署在数据中心的云具有最丰富的资源和算力，而边缘服务器则部署在云数据中心和用户端之间，相比云集群，边缘服务器具有规模小、响应快、个性化程度高等特点。因此，云计算和边缘计算是上下游关系，也是合作互补的关系。图 1.1 简单表示了几个概念的关系。

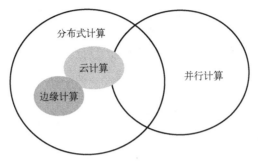

图 1.1　云计算及其关联概念

再来讨论云计算范畴内的几个概念的关系：云数据中心、云服务。云计算是一个技术概念，是一种计算模式，其具体形态或者实例是各种云服务。而云服务的部署运维是由云数据中心来承载的。云数据中心汇聚了云计算所需的各种软硬件资源，并行部署、运行具体的云服务。因此，云数据中心这个概念主要是指承载云计算的物理实体。

1.2　技术架构与使能技术

云计算涵盖分布式计算系统的各个方面，相应地，其也依赖于多个层次的支撑技术才能实现。图 1.2 简要地列出了一般化的云计算系统的层次以及相对应的使能技术。自下向上，依次分为 5 层：物理资源层、虚拟化资源层、资源管理层、计算支撑层、应用服务层。

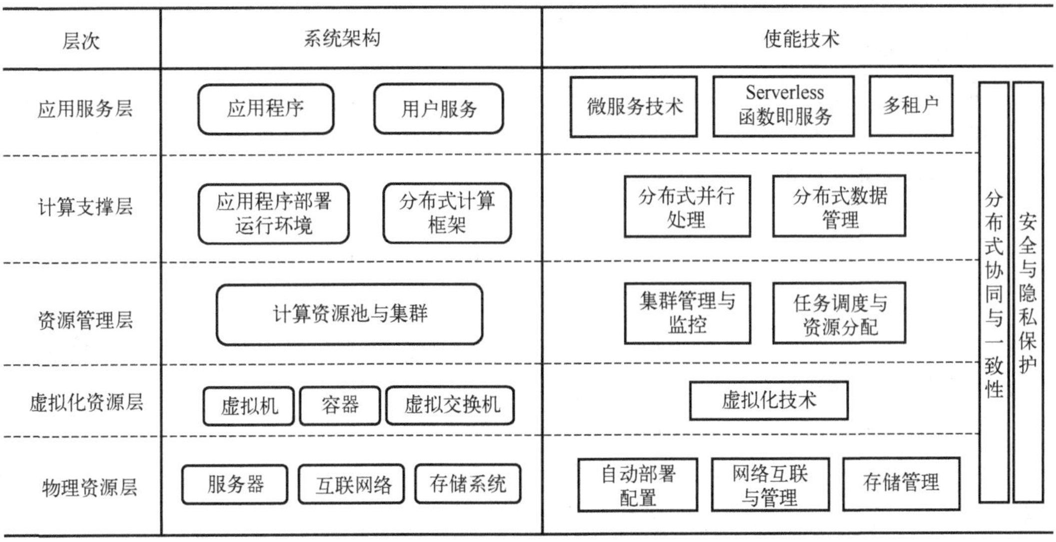

层次	系统架构		使能技术				
应用服务层	应用程序	用户服务	微服务技术	Serverless 函数即服务	多租户	分布式协同与一致性	安全与隐私保护
计算支撑层	应用程序部署运行环境	分布式计算框架	分布式并行处理	分布式数据管理			
资源管理层	计算资源池与集群		集群管理与监控	任务调度与资源分配			
虚拟化资源层	虚拟机　容器　虚拟交换机		虚拟化技术				
物理资源层	服务器　互联网络　存储系统		自动部署配置	网络互联与管理	存储管理		

图 1.2　云计算整体技术架构

物理资源层，主要包含各种物理资源，包括计算资源(服务器)、网络资源(互联网络)、存储资源(集中或分布式存储系统)，相应地，需要集群运维管理技术对这些资源进行基本的管理，实现自动部署配置、互联互通等。

虚拟化资源层,主要对物理资源进行虚拟化,为各类计算资源的弹性管理分配提供可能。虚拟化之后的资源主要包括虚拟机、容器,也包括虚拟化的网络设备和存储空间等。相应地,这一层所依赖的使能技术主要是各种虚拟化技术,将单个物理资源虚拟成多个虚拟资源,如虚拟机等,或者将多个物理资源聚合成一个虚拟资源,如虚拟交换机等。

资源管理层,负责对各类资源进行池化管理,包括物理资源、虚拟资源。资源管理层为上层应用提供所需的各类资源,所需要的关键技术包括集群管理与监控技术、任务调度与资源分配技术等。

计算支撑层,是处在应用程序与计算资源之间的中间部分,主要是进行云计算所需要的分布式应用运行环境(如微服务运行环境等)和分布式计算框架(如 MapReduce 框架等),是不同的应用服务在云平台中实现时所需要的共性、基础性的计算功能和计算模式的具体化。相关的关键技术主要包括分布式并行处理技术、分布式数据管理技术(分布式文件系统、分布式数据库)等。

应用服务层,是直接面向用户提供计算服务的。这一层的主要实体是应用程序以及用户服务模块,实现用户管理与计费等。相应的使能技术有构建云应用的服务架构技术、实现软件资源共享的多租户技术等。

除了上面与云计算系统层次相对应的使能技术之外,还有两项重要的技术,是属于跨层使能的,也就是云计算系统的各个部分都需要用的。分布式协同与一致性技术,主要涉及节点间的同步、一致性等需求,如互斥访问、分布式提交、分布式共识等。特别是在大规模节点场景下,部分组件失效是常态,要实现高效的容错和一致性依赖于分布式协同与一致性机制。协同需求在不同的系统层次都会需要,因此这项技术也是面向全系统的。

另一项全系统范围的使能技术是安全与隐私保护。由于系统规模大、用户数量多,云计算系统的安全和隐私问题是非常重要的。而且,从底层物理资源到上层应用程序运行,都离不开安全技术的保障。

上面介绍的云计算系统技术架构和使能技术是很一般化的。具体的云计算系统不一定包括所有的部分,或者采用所有的技术。另外,具体的构成部分和技术是非常繁多的,后续章节将对这些技术进行详细讲解。

1.3 技术特性与优缺点

了解了云计算的概念和系统架构之后,来看一下云计算不同于一般的分布式计算模式的主要特性,以及这些特性带来的先进性和价值。

云计算在技术角度的特性一般概括为如下 5 个方面。

(1)按需自助服务。用户可以单方面配置计算能力,如服务器时间和网络存储等,根据需要自动进行,无须人工与每个服务提供商进行互动。

(2)广泛的网络访问。计算服务功能可通过网络远程使用,并通过标准化的机制支持不同类型的瘦客户端或胖客户端,如手机、平板电脑、笔记本电脑和台式计算机等。

(3)资源池化与多租户。计算资源被汇集起来,通过多租户方式为多个用户提供服务。不同类型和位置的物理资源和虚拟资源可以根据用户需求进行动态分配和调整。资源具有位置透明性,用户无须知道资源的位置状态。但是如果需要,用户可以在需求层面指定资源的地理位置，如国家、地区或具体的数据中心等。

(4)快速弹性伸缩。计算能力可以依照要求或者自动地提供或释放。对用户来说，所提供的计算能力总是能满足需求(看起来是无限的)，可以随时增减任意数量。

(5)服务可测量。云计算系统所提供的各种计算能力都可以通过某种方式进行度量，从而能够按用量进行收费和优化调整。不同类型的资源和服务可能有不同的度量方式和指标。

这些技术特性使得云计算比传统的集群计算系统有更高的资源效率、更灵活的用户服务，大大降低了开发和运维各类计算服务和应用程序的成本。这也是云计算诞生后迅速得到广泛应用，约 10 年就成为最主要的分布式计算模式的原因。具体来说，云计算具有如下的优势与先进性。

(1)云计算环境由相当广泛的基础设施组成，提供了"按使用付费"模式的 IT 资源池，即计算资源是根据实际使用情况计费的。与同等数量和类型的私有资源相比，云计算模式能够减少资源购置部署成本以及后续的运维成本。

(2)云计算能动态扩展计算资源，让使用云的机构更容易适配需求变化，而不会受限于事先规划的资源阈值导致用户需求流失，从而降低效益。

(3)云计算的资源池化使得计算资源变得高度可用和可靠，因此能够提高服务的质量和水平，降低或避免失效、故障导致的损失。

当然，凡事都有两面性。云计算提高效率、降低成本的同时，也带来了一些风险和代价。

(1)网络空间安全风险。由于用户的计算过程、数据访问都是在云端进行的，而云服务是对不同用户共享资源的，这就带来了信任边界的重叠，增加了信息和系统泄露、滥用的风险。

(2)运营管理控制风险。与私有的计算系统相比，用户对云端资源和服务的管理控制能力要弱很多，既有资源权限因素，也有网络失效因素。管控力降低使得信息和资源脱离管控的风险升高。

(3)软件移植性问题。云计算的具体实现技术缺乏统一标准，不同的云服务提供商在部署环境、访问接口、使用方式等各个维度都有很多差异，这导致了不同的云之间，软件或者服务难以进行迁移，限制了选择性和灵活性。

(4)跨地区法律风险。由于云计算的广域性，用户的数据和计算过程可能会放置在不同的国家和地区，这直接导致了跨地区的法律风险。不同的国家和地区对同样的服务和数据可能有不同的合法合规性要求。保证同时满足不同的要求是必须要专门考虑的。

1.4　服务与部署模型

云计算的具体实现是由云数据中心将服务交付给用户的。具体有哪些服务的形式？哪些用户可以访问哪些数据中心？这就是本节要讨论的云计算的服务模型与部署模型。

云计算的核心就是计算资源服务化。具体是以什么样的形式为用户提供资源和计算服务呢？这就是云计算的服务模型。虽然有很多不同的理解和观点，但是公认的云服务模型有三种，如图 1.3 所示，这也是美国国家标准与技术研究院定义的三种交付方式。

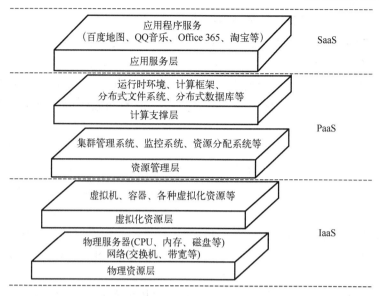

图 1.3 云服务的三种交付模型

软件即服务(software as a service, SaaS):云端部署和运维各种应用软件,应用软件也可以称为应用程序,并以服务的形式提供给云用户来使用。用户只需要根据自己的需求对应用程序进行配置,而不需要开发或者运维这些应用程序。这是最彻底的云服务模型,云端提供了从硬件到软件的全套资源。代表性的 SaaS 系统有 Adobe Creative Cloud、Microsoft CRM、Salesforce.com 等。

平台即服务(platform as a service, PaaS):云端提供用于部署应用程序的系统平台,即应用程序的运行环境,以服务的形式提供给用户使用。云用户基于云端的应用程序平台,可以开发并部署自己的应用程序。用户可以对平台进行一定的选择、配置和管理,但是对平台以下的资源,如操作系统、系统软件、硬件资源等没有管理权。平台即服务的主要代表有 Google APP Engine、Amazon AWS、Microsoft Azure 等,都是面向 Web 应用的云平台。

基础设施即服务(infrastructure as a service, IaaS):云端将各种基础设施资源,如服务器、虚拟机、存储空间等以服务的形式提供给用户使用。这是最直观、最基本的云服务模型,是计算资源服务化的直接体现。代表性的 IaaS 平台有 Amazon ECS、阿里 ECS 等。

云服务的部署模型是指云计算服务的部署方式和形态,一般可以分为公有云、私有云、社区云以及混合云四种,如图 1.4 所示。

公有云(public cloud)服务可通过网络及第三方服务供应者,开放给客户使用。应用程序、资源、存储和其他服务,都由云服务提供商来提供给用户,这些服务多半都是免费的,也有部分按需、按使用量来付费,这种模式只能使用互联网来访问和使用。公有云并不表示用户资料可供任何人查看,公有云供应者通常会对用户实施访问控制机制。

私有云(private cloud)专门部署用于服务特定的机构或组织。非此组织或机构的用户是不能访问的。私有云同样具有云计算的基本特点,如弹性、可靠性等。不过与公有云服务不同,私有云的信息和服务是专用的,因此避免了泄露和滥用风险。私有云可以托管在第三方数据中心,也可以部署在私有集群资源上。

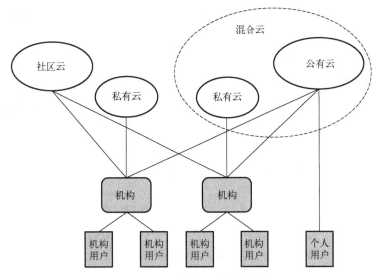

图 1.4　云服务的 4 种部署模型

社区云(community cloud)是面向一组特定的机构或者组织构建的云服务。社区云的成员都可以访问、获取信息和使用服务。从服务范围来说,社区云是介于公有云和私有云之间的一种部署模型。

混合云(hybrid cloud)是将不同的云部署模型结合起来构建的形态,一般是私有云与公有云。两个部分相对独立,分别承载内部服务和外部服务。最常见的混合云就是政务云。政府的数据和信息既有服务社会的部分又有敏感私有的部分,因此分别部署到公有云和私有云资源上。两部分又是关联的,可能需要交互和协同。

1.5　QoS 与 SLA

服务级别协议(service level agreement,SLA)指的是云服务提供商与客户之间达成的共识、协议或者合同,其中规定了云服务提供商对服务质量(quality of service,QoS)的承诺,包括性能与可用性等指标。SLA 描述了云服务提供商提供的保障,设定了云用户的期望、违反条约的处罚等内容。服务质量则是 SLA 描述的对象,用于表示云服务的服务能力。SLA 所规定的服务质量需要具备可测量性,也即这些指标必须是明确的,可以重复测试并且可以进行比较。

可用性指标,通过云服务的运行时间、服务持续时间与故障时间等数值衡量,具体有两个指标。

(1)可用性比率,是云服务运行时间的占比,具体表示为全部运行时间/全部时间。

(2)停用时间,指服务停用的时长,包括最大和平均停用时间,具体表示为停用结束日期/时间–停用开始日期/时间。

可靠性指标,体现服务能够按照预期执行的能力,也即云服务能够执行期望的功能而不发生故障,具体也有两个指标。

(1)平均故障间隔时间(mean time between failures,MTBF),是两次服务故障之间的平均时间,具体表示为正常运行时间之和/故障次数。

(2) 可靠性比率，指成功服务结果的百分比，具体表示为成功服务的次数/请求总数。

服务性能表示的是 IT 资源在一起的情况下执行服务的能力，可以根据具体硬件资源的不同，采用相对应的指标。

服务可扩展性指标，通常用于表示资源的可扩展性，用于描述资源随着请求的增加能达到的最大限度，这类指标通常分为水平扩展与垂直扩展两类。水平扩展指增加资源的数量，垂直扩展则是指增加单个资源的容量或能力。资源类型则可以是计算资源、存储资源、网络资源。

服务弹性指标通常用于描述服务器从故障中恢复的能力，通常可以通过冗余备份实现恢复，具体有两个常用指标。

(1) 平均切换时间指标，是发生故障的服务器切换到正常运行的服务器所需要的时间，具体表示为 (切换完成日期/时间–故障发生日期/时间)/总的故障次数。

(2) 平均系统恢复时间指标，是弹性系统从故障中恢复所需要的时间，具体表示为 (恢复日期/时间–故障发生日期/时间)/总的故障次数。

云计算中的服务质量保障通过一系列措施提供可靠、高效、安全的服务，并确保云服务符合用户期望。一些常用的机制和架构如下。

高扩展与可用架构：云服务提供商通常采用高可用性架构设计，通过多个数据中心、冗余设备、负载均衡等技术手段来确保服务的持续可用性。例如，采用容错系统、故障切换、自动扩展等机制来防止单点故障，并提供无缝的故障转移和容错处理。

数据备份与灾难恢复：云服务提供商会定期备份用户数据，并提供灾难恢复服务，以防止数据丢失和业务中断。这包括定期备份、异地备份、数据加密等措施，确保用户数据的安全性和可靠性。

安全性保障：云服务提供商会采取各种安全措施来保障用户数据的安全性，包括身份认证、访问控制、数据加密、网络安全、漏洞管理等。

性能优化和监控：云服务提供商会通过性能优化和实时监控来确保服务的高效性和稳定性。通过优化网络架构、资源分配、负载均衡等技术手段来提高系统性能，并通过监控工具实时监测关键性能指标，及时发现和解决潜在问题。

技术支持和客户服务：云服务提供商会提供技术支持和客户服务，帮助用户解决技术问题和提供咨询建议。这包括在线支持、电话支持、知识库、培训课程等，以确保用户能够充分利用和满意地使用云服务。

第 2 章　基础算法与机制

云计算是典型的分布式计算，因此云计算系统属于分布式系统的一种。构建云计算系统自然也需要基础的分布式系统相关机制和算法。这里介绍最直接相关的两方面知识。一是分布式通信机制，解决云计算集群中节点间如何通信实现交互的问题；二是分布式同步与容错，解决节点间如何同步一些必要状态和信息的问题，特别是在出现失效的情况下，保证系统的一致性和可靠性。

2.1　分布式通信

分布式系统中的通信机制是实现系统内多个独立组件之间协同工作的关键技术，不同的通信机制适用于不同的场景和需求。其中，消息队列是一种异步通信机制，用于在分布式系统中发送和接收消息。消息队列可以确保消息的可靠传递，并且支持消息持久化、消息确认和消息路由等功能。远程过程调用(remote procedure call，RPC)可以实现在分布式系统中调用远程计算机上的方法或函数，使得系统中的不同节点可以像调用本地方法一样调用远程方法，从而完成跨网络的函数调用。多播和广播是一种一对多的通信方式，用于同时向多个节点发送消息。在多播中，消息只发送给指定的一组节点；而在广播中，消息发送给网络中的所有节点。这种通信方式通常用于在分布式系统中传播信息或者通知事件。本章将会介绍基于消息和消息队列的通信以及远程过程调用的基本原理，并在之后介绍如何将数据发送给多个接收者，即多播和广播技术。

2.1.1　消息队列

在分布式系统中，消息是指节点(应用或者进程)之间用来交换数据或者协调动作的通信介质，这一过程涉及节点间消息的传输与接收，旨在达成协调、同步和数据共享等多重目标。消息传递为分布式系统中的节点通信提供了一种灵活且具备可扩展性的方案，允许节点在无须共享内存或直接方法调用的情况下进行信息交换、工作流程协调和数据共享。系统可以根据具体需求，选择同步、异步或者混合的消息传递模型，以适应不同的通信语义。

使用同步消息传递模型时，发送方在发送消息后会阻塞运行，直到获得来自接收方的确认信息为止。这种方法通常通过阻塞方法调用或过程调用来实施，其中进程或线程阻塞，直到调用的系统返回结果或完成其执行，确保消息处理后再继续。但同步消息传递模型会给系统的运行带来一些影响，如果接收方处理消息的时间过长或无响应，系统就会产生较大延迟或停止运行。

异步消息传递允许发送方和接收方单独操作而无须等待响应。通信是通过消息交换进行的，可以是单向的，也可以是双向的。异步消息传递还允许发送方和接收方之间的松散耦合，这使得双方可以在单独的进程、线程或不同的机器上运行。消息缓冲经常用于异步消息传递，允许发送方和接收方按照自己的节奏进行操作。异步消息传递广泛应用于分布式系统、事件驱动架构、消息队列和参与者模型等场景，用来实现并发、可扩展性和容错等功能。

混合消息传递结合了同步和异步消息传递的特性，可以让发送方灵活地选择是阻止并等待响应还是继续异步执行，或者根据系统的特定要求以及通信的性质来选择同步或异步操作。混合消息传递允许根据不同场景进行优化和定制，从而实现同步和异步模式之间的平衡。

1. 基本原理

消息队列是一种持久性的消息通信方式，通过将消息存放在单独的队列设施中，收发双方可以各自独立、异步地进行发送和接收。与同步消息通信中收发双方需要对消息进行即时处理不同，消息队列使得消息收发双方不需要同时在线对消息进行处理。这种解耦的、持久性消息通信具有显著的灵活性和透明性。

分布式系统中的消息队列主要构成和角色如下。

(1) 消息代理 (broker)：作为消息服务器提供消息核心服务，如路由、匹配、转换、分发等。

(2) 队列 (queue)：具有先进先出特点的队列，用于存放消息的具体数据结构。

(3) 生产者 (producer)：消息生产者，业务的发起方，负责生产消息并传输给消息代理。

(4) 消费者 (consumer)：消息消费者，业务的处理方，负责从消息代理处获取消息并进行业务逻辑处理。

基于消息队列的节点间通信包括两种基本模式：点对点通信和发布订阅通信，如图 2.1 所示。

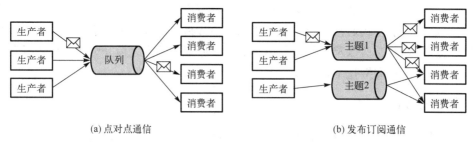

(a) 点对点通信　　　　　　　　　　　　　　　(b) 发布订阅通信

图 2.1　消息队列的节点间通信不同模式

点对点通信时，生产者将消息发送到队列中，然后由消费者获取并消费，但每个消息只能消费一次，之后就从队列中移除，未消费的消息则会在队列中保留直到被消费或者超时后删除。一个队列可以供多个消费者获取消息，但一个消息只能被一个消费者消费，因此不会有消费者获取到已经消费的消息。

在发布订阅通信中，通过为消息设置不同的主题 (topic) 来在生产者和消费者之间进行消息的匹配和传递。生产者可以向不同的主题发送消息，订阅了该主题的消费者便能获取并消费消息。与点对点通信方式不同的是，一个主题可以被多个消费者订阅，而所有订阅该主题的消费者都能消费该主题中的消息。

2. 协议与中间件

为了实现消息队列通信，需要将上述通信方法具体化为消息管理的协议。主流的消息队列协议有如下几个。

AMQP，即高级消息队列协议（advanced message queuing protocol），是在应用程序或者组件之间传递业务消息的开放标准，为面向消息的中间件系统设计，为业务流程提供所需的信息，并提供可靠的传输保证。使用此协议的客户端和消息中间件在传递消息时可跨产品、跨编程语言进行，具有良好的通用性。RabbitMQ 是 AMQP 中最有名的开源实现。

MQTT，即消息队列遥测传输（message queuing telemetry transport），是一种二进制的消息传输协议。此协议拥有极其轻量级的发布/订阅（Pub/Sub）消息传输方式，资源占用极少，同时简单、易于实现，因此常用于很多计算能力有限、带宽低、网络不可靠的远程通信应用场景。此外，该协议还提供了许多额外的特性，例如，不同等级的消息投递保障，至多一次、至少一次和只有一次，以及通过存储最后一个确认接收的消息来实现重连后的消息恢复。

STOMP，即流文本定向消息协议（streaming text orientated messaging protocol），是一种相对简单的文本消息传输协议，用作 WebSocket 的通信标准。该协议除了提供发布/订阅的消息模式之外，还通过开始/发布/提交序列以及肯定应答（acknowledgement，ACK）机制来为消息提供可靠的投递保证。该协议的信息交换是基于文本的，因此简单且易于实现，在降低复杂性的同时提高了可读性，但代价是消费者在接收消息后还要进行额外的计算任务。ActiveMQ 以及它的下一代实现 Apache Apollo，是 STOMP 的典型实现。

其他自定义协议：一些可以进行消息传递的特殊框架（如 Redis、Kafka 等）并未严格遵循消息队列规范，而是根据自身需要基于 TCP/IP 自行设计了消息通信协议，通过网络套接字接口进行传输，实现了消息队列的功能。

基于上述消息队列协议，可以开发消息中间件以形成具体的消息队列通信工具。

RabbitMQ：最初由 Rabbit 公司开发，于 2007 年开源。RabbitMQ 支持多种消息队列协议，如 AMQP、MQTT、STOMP 等，适用于传统的消息队列应用场景。它强调消息的可靠传递和消息路由，对于大规模数据流的处理能力相对较弱，其适合应用于低延迟、高可靠性的消息传递场景中。每个队列都是一个消息缓冲区，用于在消息生产者和消费者之间进行异步通信。生产者作为消息的发送方将消息发送到 RabbitMQ 的交换机（exchange）中；消费者作为消息的接收方从 RabbitMQ 的队列中获取并处理消息；交换机负责接收生产者的消息，并根据指定的路由规则将这些消息分发到不同的队列中。RabbitMQ 支持肯定应答机制，确保消息被成功接收和处理。

Apache Kafka：一种分布式流处理平台和消息队列系统，最初由 LinkedIn 开发，并于 2011 年开源。Apache Kafka 设计用于处理大规模的实时数据流，其可以在 $O(1)$ 的系统开销下进行消息持久化，支持高吞吐量，适合大数据处理，广泛应用于日志收集、事件流处理、消息队列等场景。Apache Kafka 采用发布/订阅模型，其客户端也分为生产者和消费者。消息生产者将消息发布到主题中，主题用于区分 Apache Kafka 的消息类型；消息消费者则订阅主题并消费消息。这种模型使得消息的生产者和消费者之间解耦，提供了高度灵活性和可扩展性。Apache Kafka 集群通常由多个消息代理组成，每个消息代理作为缓存负责存储和处理一部分数据，它接收生产者发送的消息并存入磁盘。消息代理同时服务消费者拉取分区消息的请求，并返回目前已经提交的消息。不同数据通过分区（partition）组件部署在多个消息代理上，每个分区都是一个有序队列。若干个消息代理组成一个集群，其中集群内某个消息代理会被选举为集群控制器，它负责管理集群，包括分配分区到代理、监控代理故障等。一个分区可以复制到多个消息代理上来实现冗余。

RocketMQ：阿里巴巴公司参照 Apache Kafka 设计思想，使用 Java 实现了一套开源的消息中间件。它可以提供严格的消息顺序保证、丰富的消息拉取模式、高效的订阅者水平扩展等功能。

许多云服务提供商也提供了消息队列的托管服务，通过调用其提供的接口即可快速使用消息中间件服务，如 Amazon SQS、Azure Service Bus、Google Pub/Sub 等。

微课视频

2.1.2　远程过程调用

远程过程调用(RPC)是一种计算机通信协议，它允许一台计算机上的程序调用另一个地址空间(通常是另一台机器)的服务，就像调用本地服务一样，开发者不需要显式地设计网络通信细节。RPC 的主要目标是让远程服务调用像本地函数调用一样简单。

1. 基本原理

RPC 的实现一般需要客户端、客户端存根(client stub)、网络、服务端存根(server stub)以及服务端等组件来完成。客户端需要调用远程服务，则会先向客户端存根发起请求，然后客户端存根将调用方法和参数打包，通过网络传输给服务端存根，并在服务端上真正的方法中执行请求，再将运行结果原路返回。大多数 RPC 都需要依赖 TCP 网络来进行数据传输，并在整个过程中通过序列化以及反序列化技术将方法和参数在编程语言对象和网络可传输的字节码之间进行转换。图 2.2 展示了一次 RPC 的基本过程，其步骤和关键技术将在下面具体介绍。

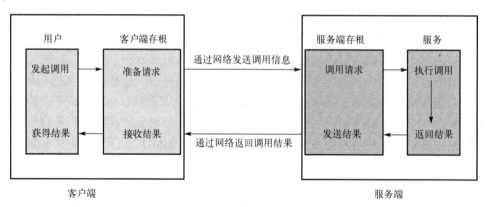

图 2.2　RPC 基本过程

1)接口描述语言

RPC 中的接口描述语言(interface description language，IDL)是一种独立的、用来设置规范的语言，用于定义客户端和服务端之间的接口。它可以定义服务的方法、参数、返回类型等信息，并确定方法需要使用的数据结构。IDL 使得开发者能够描述一个服务的请求和响应格式，而不必编写任何特定平台或语言的代码。这样，不同的客户端和服务端可以实现相同的接口，而无须关心对方使用的具体编程语言。一旦接口在 IDL 中定义，就可以使用代码生成工具自动生成客户端和服务端的代码。这些代码负责处理网络通信和数据打包解包，从而简化了开发过程。

2) 存根

在 RPC 中，stub（存根）是一个代理程序，用于在客户端和服务端之间进行通信。存根可以隐藏网络通信的复杂性，使得客户端可以像调用本地函数一样调用远程函数。

客户端存根位于客户端一侧，它的主要职责是接收客户端的调用请求，将调用信息（包括方法名称、参数等）打包成一种网络传输格式，然后将这些信息发送到服务端。当服务端处理完请求后，客户端存根还需要接收服务端的响应，并将响应数据解包，然后返回给客户端程序。

服务端存根位于服务端一侧，它的主要职责是接收来自客户端存根的网络请求，将请求中的数据解包，然后调用本地服务进行处理。处理完成后，服务端存根将结果打包，发送回客户端存根。

存根的这种设计模式使得 RPC 对于客户端和服务端都是透明的，通过隐藏网络通信细节来简化使用方式。stub 依赖于底层的网络通信协议和数据序列化协议实现，因此，其代码通常由 RPC 框架的代码生成工具根据接口描述语言文件自动生成，简化了 RPC 机制的实现，使得开发者可以专注于业务逻辑，而不必处理底层的网络通信细节。

3) 序列化和反序列化

RPC 需要通过网络在客户端和服务端之间传输数据，在网络中，数据必须以二进制序列的形式传输。因此，在程序运行过程中发起 RPC 时需要将内存中的数据转换成可通过网络传输的二进制序列，并且要求这种转换算法是可逆的，这个过程一般称为"序列化"。服务端在接收到二进制序列后，可以将其根据不同的请求类型和序列化算法还原成应用程序可以读取的数据对象，这一过程称为"反序列化"。

序列化与反序列化的目的是解决在不同的地址空间（如不同的虚拟机、不同的计算机等）之间传输对象的问题，其性能、大小和兼容性是选择序列化协议时需要考虑的重要因素。在实际应用中，根据具体的场景和需求选择合适的序列化协议是非常重要的。

4) 参数传递

在 RPC 过程中，客户端在调用远程服务时传递参数的方法有两种：值传递和引用传递。值传递的实现方式较为简单和直接，客户端将参数值序列化后打包发送给服务端，服务端解包并反序列化后就可以读取。图 2.3 展示了一次 RPC 使用值传递调用服务端方法的过程。

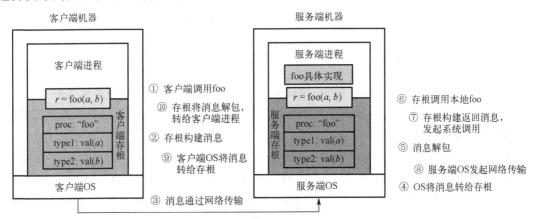

图 2.3　RPC 值传递调用过程

　　引用传递的实现相对比较困难,因为客户端上的引用(或者指针)所指向的内容可能跟远程服务器上的完全不同。因此,单纯传递引用参数是没有意义的,必须将参数的副本发送到远程服务器中,并在远程服务器中设置对该副本的引用。如果 RPC 中必须使用带引用的数据结构,如链表和树等,则需要先使用深拷贝将其复制到无引用的表示中,才能在传输到远程服务器后将其还原。

　　5)服务注册与发现

　　为了方便客户端快速获得当前可用的远程服务,RPC 系统中设置了注册中心这一组件来记录在线的服务端信息,向客户端提供服务端的请求地址。服务注册是指服务实例在启动时向注册中心注册自己的过程。这样,服务实例的信息(如服务名称、网络地址、端口等)就记录在注册中心,使得客户端可以找到并使用这些服务。为了确保服务实例的可用性,服务实例通常会定期向注册中心发送心跳信号,以更新其注册信息。当服务实例关闭或因故障无法连接时,注册中心会将其注销,以避免客户端尝试连接到不可用的服务实例。

　　服务发现是指客户端动态地查找服务实例的过程。客户端可以在注册中心上使用服务发现机制来获取可用的服务实例列表,并选择一个实例进行远程调用。客户端可以根据随机、轮询、基于权重等策略来选择具体的服务实例,如果选中的服务实例不可用,客户端可以切换到列表中的其他实例,或使用故障转移机制。图 2.4 展示了开放软件基金会(Open Software Foundation,OSF)设计的 RPC 服务注册与发现步骤。

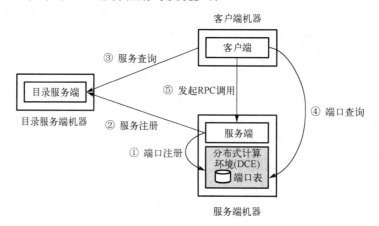

图 2.4　RPC 服务注册与发现步骤

　　2. 常见的 RPC 框架

　　当前许多 RPC 框架都作为基础组件应用于各种大型应用中,许多公司都提出了自己的 RPC 框架,它们在不同的场景和需求下都有各自的优势。这里将介绍两种最有代表性的框架:Google gRPC 和 Apache Thrift。

　　1)Google gRPC

　　Google gRPC 由 Google 在 2015 年主要面向移动应用开发并基于 HTTP/2 协议标准而设计,是一种高性能、通用的开源 RPC 框架,基于 ProtoBuf 序列化协议开发,且支持众多开发语言。在使用时可以对客户端和服务端之间的通信进行二次开发,减少了开发人员对由 Google gRPC 框架实现的底层通信的关注,并能使开发人员更加专注于业务层面的内容。

Google gRPC 支持同步调用和异步调用，开发者可以根据需要选择合适的调用方式。同时支持流式 RPC，允许客户端和服务端之间以流的形式传递数据，适用于需要实时传输大量数据的场景。Google gRPC 内置了对许多高级功能的支持，如双向证书认证、基于令牌的身份验证、监控、负载均衡和健康检查等，可以满足开发大型系统所需的全部需求。图 2.5 展示了 Google gRPC 技术协议栈，所有的信息都由 Google gRPC 进行封装。

图 2.5 Google gRPC 技术协议栈

Google gRPC 使用 HTTP/2 作为其底层传输协议，HTTP/2 具有流的多路复用、头部压缩和服务器推送等特性，这些特性使得 Google gRPC 拥有节省带宽、降低 TCP 连接次数、节省 CPU 使用等多项优点，并让 Google gRPC 既能够在客户端应用，也能够在服务端应用，从而以透明的方式实现两端的通信和简化通信系统的构建。

另外，Google 还开发了 Protocol Buffers(简称 Protobuf)这一语言中立、平台中立、可扩展的接口定义语言和消息交换的序列化格式，并将其用作 Google gRPC 的高性能数据序列化框架。相比于 XML 和 JSON，Protobuf 序列化后的数据体积更小、解析速度更快。同时，Protobuf 允许在不破坏现有数据结构的情况下添加新的字段，用以保证系统的向后兼容性，使得新版本也可以解析旧版本数据。其编译器可以根据定义的数据结构自动生成各种语言的数据存取类，简化编程工作。

2) Apache Thrift

Apache Thrift 是 Facebook 于 2007 年开发并贡献给 Apache 软件基金会的跨语言 RPC 服务框架，结合了功能强大的软件堆栈和代码生成引擎，用于构建在多种编程语言之间高效、无缝地工作的服务。Apache Thrift 支持编译成多种语言，同时提供多种服务器编译模式。开发人员可以通过编写 Apache Thrift IDL 文件来描述接口函数和数据类型，然后通过 Apache Thrift 的编译环境生成各种语言类型的接口文件，之后就可以根据开发业务的需要使用不同的语言开发客户端和服务端代码。

Apache Thrift 的协议栈结构如图 2.6 所示，可以看出该框架整体是一种 C/S 的架构体系。在最顶层的是开发者根据需要自行设计的业务逻辑代码；第 2 层是由 Apache Thrift 编译器自动生成的代码，主要用于结构化数据的解析、发送和接收。Server 主要负责高效地接收来自客户端的请求，并将请求转发至 Processor 处理。Processor 负责对客户端的请求做出响应，包括处理 RPC 请求转发、解析方法参数、调用自定义逻辑以及回应方法返回值等。TProtocol 以下部分是 Apache Thrift 的传输协议和底层 I/O 通信。TProtocol 用于数据类型解析，将结构化数据序列化为字节流并交给 TTransport 进行传输。TTransport 是与底层数据传输密切相关的传输层，负责以字节流方式接收和发送消息体，不关注数据的原始类型。底层 I/O 负责实际的数据传输，包括套接字(socket)、文件和压缩数据流等。

开发人员在定义好 Apache Thrift 的 IDL 文件后，就可以使用 Apache Thrift 的编译器来生成双方语言的接口和模型(model)，在生成的 model 以及接口代码中会有解码、编码的代码。TTransport 是对网络传输过程中读写的简单抽象，使得 Apache Thrift 的底层传输和其他功能逻辑解耦分离(如序列化和反序列化等)；同时网络连接也是在传输层建立的。传输层

（Transport）分为 TTransport（客户端）和 TServerTransport（服务端）两类，配合装饰器模式，通过节点流和包装流的概念来区分各种传输层实现。其主要有阻塞式 socket 传输 TSocket、以帧（frame）为单位的非阻塞式传输 TFramedTransport、以文件形式的传输 TFileTransport 以及将内存用于 I/O 的 TMemoryTransport 等。

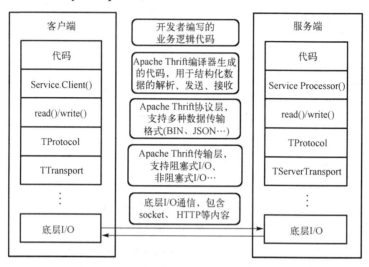

图 2.6　Apache Thrift 的协议栈结构图

TProtocol 层抽象定义了一种将内存数据结构映射为二进制传输格式的机制，是 Transport 的上一层包装。简单来说，这一层是面向网络传输数据流序列化/反序列化的具体实现，主要包括纯二进制格式 TBinaryProtocol、压缩格式 TCompactProtocol、JSON 格式 TJSONProtocol 以及 JSON 只写协议的 TSimpleJSONProtocol 等。

在 Processor 层中，Apache Thrift 通过使用 IDL 描述文件来自动生成处理器（Processor），实现了从输入流读取数据和写入数据到输出流的能力抽象，输入输出流由 TProtocol 实例表示。接口抽象非常简单，服务端可以使用 TMultiplexedProcessor 类注册多个接口的服务实现类，客户端使用 TMultiplexedProtocol 类来创建不同的实例，帮助区分调用具体的服务接口。

最上层的 Server 模型定义了服务端的实现方式，将上述的 TTransport、TProtocol 和 TProcessor 等 Apache Thrift 各种特性组合起来创建一个服务端示例，对外提供接口服务。其类型主要有简单的单线程服务模型 TSimpleServer、使用标准阻塞式 I/O 的多线程服务模型 TThreadPoolServer、使用非阻塞式 I/O 的多线程服务模型 TNonBlockingServer 以及基于线程池技术的 THsHaServer 等。

2.1.3　多播与广播

在分布式系统中，如果某个节点需要同时向其他多个节点发送数据或消息，则会使用到多播或者广播通信，它们的区别在于：多播只会向特定的一组节点发送，而广播会向系统中所有的节点发送。多播和广播通信最初是在网络层和传输层通过提出和改进网络协议来实现的，但这样需要在节点之间建立实际的通信路径来传递数据，需要付出大量的人力劳动和管理开销，因此，许多网络提供商不愿意在网络层和传输层来实现多播与广播。随着点对点通信技术的发展，节点之间可以组成覆盖网络(overlay)来实现多播和广播，或者通过 Gossip 的方式来实现。这些技术都可以在应用层进行，大大降低了人力成本和网络开销。

1. 基于洪泛的多播

在多播组中广播消息的一种最原始的方法就是基于洪泛(flooding)方式发送消息。当一个节点想要发送一个多播消息时，它会将消息发送到所有相邻的节点。接收到消息的每个节点都会检查消息是否是重复的，即之前已经接收过的。如果不是重复的，节点会将消息加入自己的接收列表中，并继续将消息发送给所有其他相邻的节点，除了给它发送这个消息的节点。这个过程会一直持续下去，直到数据包到达所有的目标节点或者达到了一定的最大传输次数。可以看出，采用洪泛方式发送多播消息时，每个链接最多只会传输相同的消息两次，因此洪泛方式是比较高效的。

为了更好地描述洪泛方式的性能，假设节点间的互联网络是一个包含 N 个节点和 M 条边的连接图 G，通过洪泛方式至少需要发送 M 条消息。当图 G 是一个树形结构时，最好的情况下，$M = N-1$；最差的情况下，G 是一个全连接图，则 $M = C(2, N) = \dfrac{N(N-1)}{2}$。在一般的情况下，假设网络 G 是一个非结构化的点对点网络，其中有 p_{edge} 的概率两个节点之间存在一条边相互连接，则此时 $M = \dfrac{p_{edge}N(N-1)}{2}$。

为了减少发送的数据量，还可以使用概率洪泛(probabilistic flooding)的方式。每个节点在收到数据包时，会根据预设的概率值来决定是否转发该数据包。这个概率值通常是一个 0~1 的数，例如，0.5 表示节点有 50% 的概率转发数据包。节点使用随机数生成器来产生一个随机数，如果这个随机数小于或等于转发概率，节点就会转发数据包；否则，节点就丢弃数据包。为了防止数据包在网络中无限循环，每个节点仍然需要保存一个已处理数据包的列表，如果收到已经处理过的数据包，则不再转发。通过调整转发概率，可以控制数据包在网络中的传播范围。较低的转发概率会导致数据包在网络中传播得更慢，但也能减少冗余流量。总体来说，这种方式通过引入概率机制来减少网络中的冗余流量，从而减少洪泛引起的网络拥塞问题。但有的节点可能出于自私目的选择不转发数据包，从而导致网络分割和数据包无法到达所有节点。因此，选择合适的转发概率是一个挑战，因为概率太低可能导致数据包无法到达所有节点，概率太高则可能退化为传统的洪泛算法。

2. 基于覆盖网络的多播

在覆盖网络中，多播通信是通过在参与的节点之间建立逻辑上的网络拓扑来实现的，这个逻辑网络不是真实存在的，而是覆盖在物理网络之上，通过软件来管理节点间的连接和路由。最基本的覆盖网络是树，适于多播数据的分发。源节点发送数据到树中的其他节点，这些节点再将数据转发给它们的子节点，以此类推，直到数据到达所有的接收者。

当一个节点希望加入多播组时，它会与覆盖网络中的一个或多个节点建立连接，这些节点可能是已经存在的组成员。节点加入后，覆盖网络会根据某种算法构建或重构多播树。这个树结构决定了数据如何从源节点流向接收者。源节点将数据发送到多播树中的相邻节点，然后这些节点将数据转发给它们的子节点，直到数据到达所有的接收者。覆盖网络需要定期维护多播树，以适应节点加入、离开和网络条件的变化。这可能包括重新构建多播树以优化数据流路径。

由于不依赖于底层的网络硬件，应用层多播可以跨越不同类型的网络和自治系统。同时，它能够支持大规模的多播应用，因为构建和维护多播树是在应用层完成的。另外，应用层多播可以适应网络拓扑的变化，动态地调整多播树以避免网络拥塞或不稳定的路径。然而，与网络层多播相比，应用层多播可能会引入更多的延迟，因为数据需要在每个节点上进行处理，并且维护多播树和转发数据需要在每个节点上运行额外的软件，这可能会增加计算和带宽的开销。在某些网络环境中，应用层多播可能不会得到优化，因为它不使用网络层多播的硬件加速特性。

除了树，也可以构建其他架构的覆盖网络，如一般化的图或者更结构化的多维立方体等。图 2.7 给出了一个 4 维 hypercube 拓扑网络，其中的每个节点由长度为 n 位的字符串表示，每条边标记为其所在的维度。在这里 $n=4$，因此节点 0000 的邻居集合为 {0001，0010，0100，1000}，节点 0000 和 0001 之间的边标记 "4"，因为这两个节点的字符串的第 4 位发生了变化。每个节点在初始化发送广播消息时只会发送给它的所有邻居节点，并把经过的边（维度）标记在这个消息上。当其他节点接收到广播消息时，只会把这个消息发送给更高维度的边。在这个例子中，节点 1101 会将广播消息转发给节点 1111（通过维度为 3 的边连接）和 1100（通过维度为 4 的边连接）。采用这种方法，每次广播时只要求精确发送 $N-1$ 条消息，其中，$N=2^n$，即 n 维 hypercube 中的节点数量，这样就显著减小了发送消息的数量。

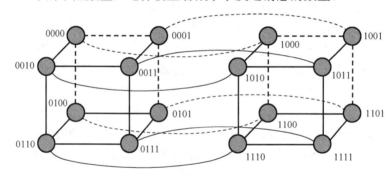

图 2.7　4 维 hypercube 拓扑网络

3. 基于 Gossip 的多播

Gossip 是一种在分布式系统中广泛使用的通信协议，其核心思想是通过节点的随机选择和信息的传递，实现信息的快速传播和系统的负载均衡。就像人类社会中的传染病行为一样，通过简单的技术就可以将消息散播（多播）到非常大规模的分布式系统中的所有节点。Gossip 通常用于对等（peer-to-peer，P2P）网络、分布式存储和分布式计算等领域。

Gossip 协议的核心目标是在仅使用本地信息的情况下将消息快速传播到尽量大规模的节点集合中。后续为了方便阐述这个协议的基本原理，这里假设系统中某个特殊数据的更改初始都只在单个节点上发生，这样就能简单地避免写写冲突。Gossip 协议的基本原理是通过节点之间的相互交流来传播信息。每个节点以一定的频率选择一个或多个邻居节点，并向它们发送自己持有的信息。当一个节点收到信息时，它会更新自己的状态并选择性地将信息传播给其他邻居节点，从而使得信息在网络中快速传播。

　　每个节点都维护一个关于网络中其他节点的信息或状态的视图，通常称为邻居列表或邻接表。当一个节点选择一个邻居进行通信时，它会向邻居发送自己的状态信息，同时也会请求邻居的状态信息。接收到信息的节点会与发送节点进行信息交换，并根据需要更新自己的状态。Gossip 协议通常会使用随机化的方法来选择邻居节点。这样做可以增加网络的混合度，减少信息传播路径的长度，并提高信息传播的效率。

　　选择邻居节点时可以使用随机选择、加权随机选择等方法，以使得网络中的信息更加均匀地分布。Gossip 协议具有一定的容错性，即使网络中存在节点故障或者通信失败，也能够保证信息最终传播到整个网络中。通过持续地进行信息传播和状态更新，Gossip 协议可以使得节点之间的状态逐渐趋于一致，并且可以自动地适应网络中的变化。

　　使用传染病学中的概念对 Gossip 中的节点进行分类，如果一个节点拥有数据并且会发送给其他节点，则这个节点称为感染过（infected）；还没有接收到这个数据的节点称为感染目标（susceptible）；最终接收到这个数据的节点不能再发送消息给其他节点时，这个节点就已经被移除（removed）。同时，假设 Gossip 中的数据是可以区分新旧的，因为它们都可以被打上时间戳或者标记版本信息，这样节点之间就可以传递数据的更新。

　　传谣（rumor-mongering）模型，类似于人们在社交中传播谣言的方式。当节点 P 上的数据更新后，它会将这个更新推送给相邻的节点 Q。但是节点 Q 可能已经通过其他节点获得了更新，因此节点 P 可能失去传播这个消息的兴趣，这种概率定义为 p_{stop}，也就是说，节点 P 进入了 removed 状态。传谣模型以传播消息为目标，仅发送新到达节点的数据，即只对外发送变更信息，这样消息数据量将显著缩减，网络开销也相对减少。

　　反熵（anti-entropy）是 Gossip 的主要传播模型，通过比较节点间的差异来交换信息，以减少不必要的数据传输。熵（entropy）是生活中少见但科学中很常用的概念，它代表着事物的混乱程度。反熵的意思就是反混乱，以提升网络各个节点之间的相似度为目标。因此在反熵模式下，节点 P 会随机选择另一个节点 Q，然后同步节点的全部数据，以消除节点之间的差异。之后这两个节点以同样的方式与系统中的其他节点进行通信，目标是使整个网络各节点上的数据完全一致。

　　在反熵传播的过程中，Gossip 协议通常采用三种主要的通信方式来实现信息的传播和状态的同步，如图 2.8 所示。

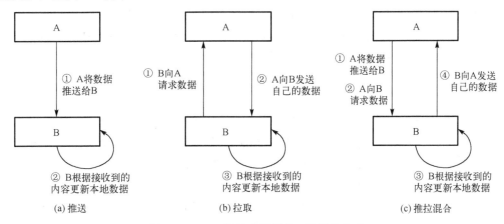

图 2.8　Gossip 协议中使用的 3 种通信方式

Push(推送)：在 Push 通信方式中，节点定期向其邻居节点推送自己的状态信息。接收到状态信息的节点会更新自己的状态，并在需要的情况下继续将信息推送给其他邻居节点。当有大量更新需要传播时，这种方式会变得低效。当许多节点接收到更新变成 infected 状态后，选择还处于 susceptible 状态节点的可能性将会变小，因此许多 susceptible 节点会长期保持这一状态而无法获得来自 infected 节点的更新。

Pull(拉取)：在 Pull 通信方式中，节点定期向其邻居节点请求状态信息。当一个节点需要更新自己的状态时，它会选择一定数量的邻居节点，并向这些邻居节点发送请求，请求它们的状态信息。接收到请求的节点会将自己的状态信息发送给请求节点以响应请求。这种方法在传播大量更新时会比较高效，因为 susceptible 节点会主动向 infected 节点拉取更新数据，之后就能变成 infected 节点，加速更新的传播。

Push-Pull(推拉混合)：Push-Pull 通信方式结合了 Push 和 Pull 两种方式的优点，使得信息传播更加高效。在 Push-Pull 通信方式中，节点既可以向邻居节点推送自己的状态信息，也可以向邻居节点请求状态信息。这样做可以使得信息在网络中更快地传播，同时也可以保证节点之间的状态更新更加及时和一致。将每个节点主动与随机选择的其他节点交换一次更新的时间跨度定义为一轮，以这种方式将单个更新传播给其他所有节点，只需要经过 $O(\log(N))$ 轮，其中 N 代表系统中的节点数量。

Gossip 模式的一个最大优点就是可扩展性(scalability)，由于每个节点只需要与一小部分邻居节点进行通信，因此具有良好的扩展性，可以适应大规模的网络环境。另外，它是一种去中心化的信息传播机制，不需要中心化的调度或控制，每个节点都可以主动地向周围的节点发送信息。同时，Gossip 传播还具有一定的容错性，即使网络中存在节点故障或通信失败，信息仍然可以通过其他节点进行传播，从而保持系统的健壮性。谣言传播机制可以根据系统中节点的动态变化和网络的拓扑结构来自动调整传播策略，从而保证信息在网络中的快速传播。Gossip 传播机制通过随机选择邻居节点和信息传播路径的方式，可以使得信息在网络中快速传播，从而减少传播延迟和系统开销。

但是相对来说，Gossip 传播机制可能会导致信息冗余，即同一条信息可能会被多个节点重复传播，从而增加网络负载和通信开销。由于 Gossip 传播是基于随机选择邻居节点和传播路径的，因此无法确定信息的确切传播路径，可能会导致信息传播的不可控性。在某些情况下，随机选择邻居节点和传播路径的方式，可能会导致信息传播的延迟，特别是在网络中存在高延迟或不稳定的节点时。Gossip 传播机制可能会导致一些不必要或无效的信息在网络中传播，由于传播路径的不确定性，过滤这些信息可能会比较困难。

4. 分析讨论

总结一下，Gossip 多播适合需要节点间随机消息交换和状态同步的场景，而基于 Overlay 的多播适合需要在大规模网络环境中提供多播服务的场景。例如，在分布式存储系统中，Gossip 多播可以用于维护数据的一致性，确保多个副本之间的数据一致。在 Cassandra 数据库中，Gossip 协议用于在集群节点之间传播状态信息。在分布式计算系统中，Gossip 多播可用于同步计算任务的状态，确保任务执行的一致性。例如，在 Apache Spark 中，Gossip 协议用于在集群节点之间传播元数据(metadata)信息。

对于 Overlay 多播来说，在网络层多播不可用或不支持的场景中，基于 Overlay 的多播提供了一种有效的多播解决方案，例如，在企业内部网络中，可能没有网络层多播支持，但基于 Overlay 的多播可以提供多播服务。在需要支持大量节点的大规模网络环境中，基于 Overlay 的多播可以提供更好的网络资源管理和容错能力，例如，在云计算环境中，基于 Overlay 的多播可以用于在大量虚拟机之间传输数据。在需要优化多播性能的场景中，基于 Overlay 的多播可以通过构建优化的多播树来减少网络中的冗余流量，例如，在流媒体应用中，基于 Overlay 的多播可以用于在多个接收者之间传输视频流。因此，选择哪种类型的多播，需要根据具体的应用场景和网络需求来决定。

2.2　分布式同步

在分布式系统中，同步机制是确保不同节点之间能够协调工作、保证一致性和可预测性的关键。想要多个节点之间保持同步的进度来共同执行一项任务，就需要它们保持相同的时间和步调。本节主要介绍时钟同步算法、分布式互斥算法、分布式选举算法等基础算法。

2.2.1　时钟同步

在分布式系统中，时钟同步是一个重要的问题，因为不同的计算机节点可能位于不同的地理位置，它们的内部时钟可能会有细微的差异。时钟同步确保了系统中的事件能够按照一致的时间顺序进行记录和处理，因此对于确保一致性和性能至关重要。例如，在分布式数据库和分布式存储系统中，时钟同步可以确保事务的一致性和顺序性。时钟同步可以从物理时钟和逻辑时钟两种途径实现。

1. 物理时钟

每个进行运算的 CPU 都有属于自己的物理时钟。但在分布式系统中，一旦引入多个节点，使得每个节点上的 CPU 都有自己的时钟，情况就会发生根本的变化。虽然晶体振荡器（简称晶振）运行的频率通常相当稳定，但要保证不同计算机中的晶振都以完全相同的频率运行是不可能的。在实际过程中，当一个系统有 n 台计算机时，所有 n 个晶振的运行速度会略有不同，导致时钟逐渐不同步，并在读取时给出不同的值。这种时间值的差异称为时钟偏差。由于这种时钟偏差，希望获取到与文件、对象、进程或消息相关的正确时间，并且独立于生成它的机器（即它使用的时钟）的程序可能会失败。因此，使用实际的时钟时间非常重要，在这种情况下需要设置额外的物理时钟，于是统一协调时间（universal time coordinated，UTC）成了一种基本的解决方案。

UTC 是一种国际标准时间，是基于原子时钟的时间尺度，通过闰秒调整以保持与天文时间的同步。UTC 通过广播站（WWV）和一些卫星（GEOS）广播，分别有±10ms、±0.5ms 的误差。UTC 接收器是商业可用的，并且大部分计算机上都进行了装备。如果系统中所有节点都没有 UTC 接收器，那么每个节点都会记录自己的时间，因此需要尽可能使所有的节点都保持一致。然而在实际的分布式系统，包括云计算系统中，不会每个节点都装备 UTC 接收器。常用的时钟同步方式是通过互联网上的时间服务器进行时间校准的。

网络时间协议（network time protocol，NTP）是一种用于在计算机网络中进行时钟同步的协议。NTP 通常采用层次结构的模型，包括多个层级的服务器。最顶层的是一级服务器，它们直接与非常精确的参考时钟同步，如 UTC 原子钟或 GPS 时钟等。NTP 使用时间戳来记录消息的发送和接收时间，这些时间戳用于计算传输延迟。客户端向服务器发送时间请求，服务器响应其当前时间。客户端接收到响应后，通过比较发送和接收的时间戳来计算往返时间（round trip time，RTT）。具体来说，客户端先向服务器发送一个时间请求，并记录发送时间 T_1。服务器收到请求后，记录当前时间 T_2，并将该时间发送回客户端。客户端收到响应并记录接收时间 T_3，并计算往返时间 T_3-T_1。考虑往返时间的对称性，客户端与服务器的时间同步延迟为 $T_2-(T_1+T_3)/2$。后续客户端就能根据计算出的校正时间调整其本地时钟。另外，NTP 也使用了一些更复杂的算法提高时间校准精度，这里就不再展开介绍。

2. 逻辑时钟

虽然物理时钟的同步已经可以做到很高的精度，满足许多分布式同步机制的需求，但是同步物理时钟依赖于外部环境和物理设备。L. Lamport 在 1978 年提出了逻辑时钟的概念，开启了分布式系统时间同步的全新方式。这也是 Lamport 在 2013 年获得图灵奖的主要原因之一。其基本思路是，利用逻辑的计数器来取代物理时钟，通过专门的算法来调整和控制时钟的计时。逻辑时钟的时间可以与物理世界的时间完全没有关系。之所以能够采用逻辑时钟，主要的原因是分布式系统的同步其实是系统中不同节点和部件的同步，相应地，它们的时钟本质上是用来决定操作或者状态的先后顺序的。也就是说，相对顺序才是关键，而不是具体的时间值。

逻辑时钟的一个关键基础是因果关系（causality）。对于一个由多个进程构成的分布式系统，因果关系的基本定义如下。

P_1：如果 a 和 b 是同一个进程中发生的两个事件，并且 a 在 b 之前发生，则称为 a 先于 b，记为 $a \to b$（单进程因果）。

P_2：如果 a 是消息的发送事件，b 是消息的接收事件，则 $a \to b$（消息因果）。

P_3：如果 $a \to b$ 并且 $b \to c$，则 $a \to c$（传递因果）。

上面的定义可以简单、直接地刻画分布式系统中进程之间"事件"的逻辑顺序。这里的"事件"是抽象概念，泛指系统中发生的各种操作或者变化，如一次读写操作、一次运算，也可以是一个消息处理操作等。"先于"关系（happens-before）定义了两个事件之间的逻辑顺序。需要注意的是，基于先于关系的因果性是从分布式系统的执行行为上展现出来的形式上的顺序，并不代表在现实意义上两个事件有真正的因果联系。但是，从分布式系统的运行角度来说，人们关注的就是或者说只能是这种形式上的因果关系。另外，上面的因果关系是部分有序的，也就是说，两个事件 a 和 b，可能 $a \to b$，也可能 $b \to a$，还可能是这两者都不成立。如果两个事件相对独立，不存在确定的先于关系，称为并发（concurrency）。

基于因果关系，Lamport 提出了逻辑时钟算法来实现逻辑时钟的计时或者计数。算法的关键在于保证逻辑计数表达的事件时间戳符合事件之间的因果关系。算法的基本描述如下。

（1）每个进程 P_i 维护一个本地的计数器 C_i，初始值为 0，并且按照下面的方式调整计数。

（2）每当有新的事件发生，将 C_i 增加 1（事件包括各种操作和状态变化，如消息发送等）。

（3）如果要发送一个消息 m，给消息打上事件时间戳 $t_s(m)=C_i$。

（4）每当收到一个消息 m，比较本地时钟计数与消息 m 携带的时间戳，选择大的值作为本地时钟的新时间。

上述算法显然可以反映前面定义的事件因果关系。有一点需要注意的是，按照上面的方式调整逻辑时钟，会存在两个事件时间戳相等的情况。例如，两个进程都在初始状态下发送一个消息，这两个消息的时间戳可能都为 1。这个问题可以通过附加比较两个进程的 ID 值来解决，这也是分布式系统中打破等值关系的常用办法。

逻辑时钟在分布式系统中有广泛的应用，如用于全序多播等。要在一个分布式系统中具体实现 Lamport 逻辑时钟，可以采用中间件的方式。如图 2.9 所示，逻辑时钟中间件处在互联网络与应用程序之间。每当发送消息时，由中间件从应用程序获取消息，调整本地时钟并设定消息的时间戳，然后转送给下层的网络。每当收到消息时，同样由中间件先对本地时钟进行调整，然后把消息交付给上层应用程序处理。

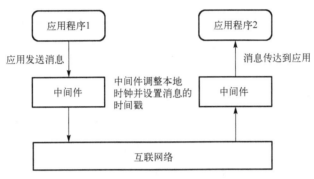

图 2.9 逻辑时钟实现为中间件

3. 向量时钟

向量时钟(vector clock)也是一种逻辑时钟，是在 Lamport 提出的基本逻辑时钟的基础上做的扩展。基本逻辑时钟的主要缺点是它对因果关系的表达是单方面的，$a \rightarrow b$ 与 $C(a) < C(b)$ 并不是等价的。具体来说就是，如果两个事件存在先于关系 $a \rightarrow b$，则其时间戳必然有序，也就是必然有 $C(a) < C(b)$。但是，从 $C(x) < C(y)$ 并不能推出 $x \rightarrow y$。本质上就是，基本逻辑时钟不能通过时间戳来"捕获"因果关系。

Fidge 和 Mattern 对基本逻辑时钟进行改进，提出了向量时钟的概念。系统中的进程各自维护一个向量，用来记录各个进程的逻辑时间。向量的每个元素对应一个进程。向量时钟算法的基本操作如下。

(1)每个进程 P_i 维护一个本地向量 VC_i，$VC_i[i]$ 是进程 P_i 自己的时间计数，$VC_i[j]$ 是 P_i 获知的进程 P_j 的时间计数。

(2)每当有新的事件发生，进程 P_i 将自己的时间计数加 1，$VC_i[i] = VC_i[i] + 1$。

(3)如果 P_i 要发送消息 m，将整个时钟向量值作为 m 的时间戳 $t_s(m)$。

(4)每当收到一个消息 m，比较消息的时间戳向量和本地时钟向量，每个元素对应取更大的值作为新的时钟向量值。

上面的算法在形式上也是比较简单的，相比 Lamport 的算法，只是把单个的时钟计数器换成了向量计数器，但是却完美实现了先于关系与时间计数值的等价对应。具体表达为：对于两个事件 a 和 b，$t_s(a) < t_s(b)$ 成立，当且仅当对所有的进程 P_k，$t_s(a)[k] \leqslant t_s(b)[k]$，并且存在一个值 k'，有 $t_s(a)[k'] < t_s(b)[k']$。

基于上面的表达可以知道，如果 $a{\rightarrow}b$，则必然有 $t_s(a) < t_s(b)$，反之亦然。如果 $t_s(a)$ 与 $t_s(b)$ 大小不可比，则两个事件 a 和 b 必然是并发关系。图 2.10 给出了一个简单的示例，可以验证上面的结论。

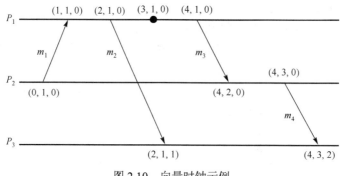

图 2.10　向量时钟示例

2.2.2　分布式互斥

分布式系统是由多个节点组成的网络，节点之间的多个线程和进程通过消息传递进行通信和协作。在这样的系统中，多个线程和进程可能同时竞争共享资源，如数据库、文件、锁等。因此，分布式互斥是一种关键机制，用于防止多个线程和进程同时访问共享资源，以避免数据冲突和一致性问题。分布式互斥算法可以分为以下两种。

1. 令牌算法

令牌算法是基于令牌的互斥(token-based mutual exclusion)，通过在各个节点之间传递称作"令牌"(token)的特殊消息来控制节点对共享资源的使用。系统中只有一个令牌，这个令牌可以是唯一的标识符，也可以是一个实体，如一个特殊的文件或内存区域等。当一个节点上的进程或线程需要访问共享资源时，它必须先申请获取令牌。如果令牌可用，进程或线程将获得令牌，并开始执行访问共享资源的操作。当进程或线程完成对应操作后，会将令牌传递给下一个正在等待访问共享资源的进程或线程。

在基于令牌的互斥中，由于令牌可以在进程间传递(通常基于环形覆盖网络)，系统不依赖于单一的锁管理器，因此可以实现去中心化互斥管理。通过合理设计令牌的传递策略，可以保证系统中的进程公平地访问临界区，每个进程都有机会访问共享资源，避免了饥饿现象的产生。另外，可以很容易地避免多个进程无限期地等待对方继续而造成的死锁，从而降低了处理死锁问题的难度。然而，当令牌丢失时(如保存令牌的进程崩溃等)，需要启动一个复杂的分布式过程来确保创建一个新令牌。但整个系统中只有唯一的令牌，因此在等待新令牌创建的过程中，所有节点上的线程或进程都无法访问共享资源，严重影响了系统的运行。

2. 许可算法

许多分布式互斥算法还使用了基于许可(permission)的方法。当进程需要访问临界区或者共享资源时，需要从其他进程获得许可。申请和控制许可是算法的核心要点。

最简单的许可算法就是设置一个集中式的协调者来控制许可的分发。一个节点需要访问临界资源时向协调者发送请求，协调者对这些请求进行排序，并按顺序发放许可。当一个节点完成临界操作后释放资源，协调者就给下一个节点发放许可。这种算法易于实现，但是存在单点故障风险。为避免这个问题，可以采用一组协调者集体负责许可发放，或者采用分布式的请求-许可方法。这样的算法有很多，基本原理与集中式算法相似，具体差异在设计巧妙的请求-许可方法降低消息开销。这里就不再具体介绍。

2.2.3 分布式选举

分布式计算中经常需要一个或多个节点承担一些特殊任务，如上面分布式互斥过程中的协调者角色等。分布式选举是指从一组节点或者进程当中选举出领导者或者协调者节点，并且所有节点都要保持一致的选举结果。Bully 算法可能是最经典的选举算法，其原理也比较简单。它利用节点的能力值(如节点 ID 或优先级等)来决定领导者。当系统需要新的领导者时，能力值最高的节点被选为领导者。如果当前领导者失效，所有能力值小于它的节点会向能力值更高的邻居节点发送通知，直到找到新的能力值最大的节点作为新的领导者。选为领导者的节点会向所有其他节点发送确认消息。由于每次都是能力值大的节点获得最终的选举胜利并成为领导者，因此这种算法称为欺凌(bully)算法。

Ring 算法是一种基于环结构的选举算法，所有进程按照物理或逻辑顺序排序，组织成环形结构，如图 2.11 所示。任何进程都可以启动一次选举过程，该进程把选举信息传递给后继者。如果后继者崩溃，则会跳过该进程并把消息依次传递下去。在每一步传输过程中，发送者把自己的进程号加到该消息的列表中，使自己成为协调者的候选人。最终，消息返回到发起此次选举的进程，发起者接收到一个包含它自己进程号的消息时，消息类型变成协作者(coordinator)消息。再次绕环向所有进程通知具有最高标识符的列表成员是协调者，以及哪些进程还在系统中正常工作。

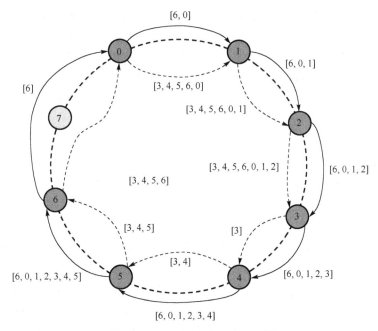

图 2.11 Ring 算法选举过程示例

2.3　数据副本与一致性

在分布式系统中，副本(replica)是指数据的复制版本，也即数据内容可能会有相同的多份副本，其主要目的是提高可靠性、可用性以及系统的服务能力。副本一般存储在不同的节点上，以提供高可靠性和可伸缩性。副本机制在分布式系统中至关重要，它可以增强系统的容错能力，提高数据的可用性和系统的访问效率。当某个节点发生故障时，其他节点上的副本可以继续提供服务，确保系统的连续性和可靠性。副本可以部署在不同的地理位置，用户可以从最近的节点获取数据，从而减少延迟、提升访问速度。通过在多个节点上分布副本，可以分散单个节点的访问压力，实现负载均衡。数据副本相关的技术问题主要有两个：副本放置与更新机制、副本一致性协议。

2.3.1　副本放置与更新

要使分布式系统中的副本都保持可用状态，对其进行管理则会面临很大的困难。首先要确定多个副本应该放在系统中的哪些位置、什么时候进行更新以及由哪个节点来进行管理，并在副本带来的访问便利以及更新开销之间进行权衡。同时还要考虑，随着系统规模的扩大，需要动态地添加或移除副本。这要求副本管理系统能够在不影响服务的情况下自动调整副本数量和分布。随着数据访问模式的变化，系统需要能够动态地重新平衡副本，以避免某些节点过载而其他节点空闲的情况。

副本的放置问题一般分解为两个子问题：一个是副本放在哪个服务器上，另一个是副本中放置哪些内容。副本服务器放置涉及找到放置服务器的最佳位置，该服务器可以托管存储(部分)数据。内容放置处理找到放置内容的最佳服务器问题，一般情况下是要寻找单个数据项的最佳放置位置。很明显，在进行内容放置之前，必须先放置副本服务器。

选择副本放置的最佳位置服务器的问题可以归约为经典的选址问题，即从 N 个位置中找到最佳的 K 个来放置副本($K<N$)。这是一个经典问题，有很多方法和算法，包括基于客户端与服务器之间距离的优化算法、基于区域划分的方法等。

分布式系统中的副本管理还需要将更新的内容分发到相关的副本服务器中，因此需要在多个方面进行权衡，并且可能会出现下面三种情况。

(1)只传播更新通知。

(2)将数据从一个副本传输到另一个副本。

(3)将更新操作传播到其他副本。

这三种内容分发方式无法区分哪一种是最佳的选择，实际过程中会高度依赖于可用的网络带宽和副本上的读写比例。

另一个需要考虑的问题是，更新的获取是靠节点主动拉取还是靠其他节点推送。基于推送的方法，也称为基于服务器的协议，更新传递给其他副本，而这些副本甚至不需要主动请求更新。基于推送的方法通常用于永久副本和服务器发起的副本之间，但也可以用于将更新推送到客户端缓存。基于服务器的协议通常应用于要求强一致性的场合。相比之下，在基于拉取的方法中，服务器或客户端会请求另一个服务器向它发送当前所有的更新。

还有一种混合了推拉操作的基于租约(lease)的更新传播方法。在副本管理的过程中，租约是服务器的承诺，它将在指定的时间内向客户端推送更新。当租约到期时，客户端需要通过拉取的方式向服务器获取更新，并在必要时拉取修改后的数据。另一种选择是，当前一个租约到期时，客户端请求一个新的租约来推送更新。

2.3.2　副本一致性

在分布式系统中，确保所有副本的数据一致性是困难的，特别是在面对网络分区、节点故障和并发写入操作时。在多主副本或某些特定的复制方案中，网络分区可能导致系统出现脑裂，即两个或多个分区各自认为自己是系统的唯一有效部分，从而导致数据不一致。另外，强一致性要求通常会导致性能下降，因为需要等待所有副本同步完成。选择适当的一致性模型需要在一致性和性能之间做出权衡。

由于多节点并发操作的存在，分布式系统中的副本不可能做到绝对的一致，不同的副本或多或少会存在一定范围、一定时间的差异。因此，为了实现数据副本一致性保障，首先需要定义什么样的副本差异是符合要求的，可以认定为"一致"的，然后设计相应的一致性保证协议来确保达到一致性模型的要求。根据一致性模型的不同，数据副本一致性机制可以分为以数据为中心的一致性和以客户端为中心的一致性两类。

1. 以数据为中心的一致性

以数据为中心的一致性模型主要关注在不同副本之间保证数据的一致性。这种模型通常由服务器负责管理和同步副本，确保所有副本都能看到相同的数据。下面给出四种一致性模型的定义。

因果一致性（causal consistency，CC）：在因果一致的存储系统中，所有与其他请求具有因果关系的请求必须在所有副本上以相同的顺序执行，而不相关的请求可以按照任意顺序执行。

顺序一致性（sequential consistency，SC）：该模型是一种非常严格的一致性模型。不像因果一致性，仅要求具有因果依赖关系的操作必须在所有的数据副本上以相同的顺序执行。顺序一致性将其扩展到了所有的操作，要求在所有的数据副本上以相同的顺序进行序列化，同一客户端的多个操作请求按照系统接收到的顺序执行。这样，数据副本需要对非因果相关请求的顺序达成一致，该模型是比因果一致性更严格的模型。

最终一致性（eventual consistency，EC）：这种模型要求系统在没有接收到更新请求并且没有错误出现的情况下，所有的数据副本最终都要收敛成一致的状态。模型中的一致状态简单地定义为所有的副本都是相同的。由于最终一致性并没有对执行顺序进行严格的保证，因此系统接收到的操作可能会以任意顺序在所有副本上执行。虽然最终一致性无法满足分布式系统中的所有情况，但现实世界本身就是最终一致的，因此该模型是目前使用最广泛且最容易实现的一致性模型，并且相较于使用悲观锁（pessimistic concurrency control，PCC）来说，具有更好的性能，但实际运用时需要开发人员在应用层解决数据产生的冲突。

弱一致性（weak consistency，WC）：顾名思义，这种模型提供的一致性保障非常弱，甚至可能根本不存在。本质上来讲，弱一致性没有确定地保证副本会变得一致。什么时候会变得一致，是没有直接要求的。这样的模型显然只适用于对一致性不敏感的系统。

上面的一致性模型有强有弱，适用于不同的应用场景和环境，需要根据具体的需求来选择。要在分布式系统中实现这些模型，就需要相应的一致性协议。显然，弱一致性模型不需要特别的一致性协议，系统中的节点可以根据需要自发去进行数据副本读写。而采用最终一致性模型的系统，需要确保数据更新操作最终能够传播到所有副本节点，也就是说所有写操作都要能完成。

顺序一致性和因果一致性需要专门的协议来保证。常用的协议有主从写协议和复制写协议两类，每一类又包含两种经典协议。这些协议的关键点是控制副本数据写操作的顺序。

第一种主从写协议称为远程写协议。这是最简单的一种协议，基本过程如图 2.12 所示。有一个事先指定的主副本节点，其他副本节点为从副本节点。当一个客户端要写 x 时，写请求发送给某个从副本节点，通常是离得最近的节点。然后收到写请求的从副本节点需要把这个请求转发给主副本节点，由主副本节点执行写操作，然后将执行后的 x 更新发送给从副本节点。从副本节点完成更新后发确认给主副本节点。当收到所有从副本节点的确认后，主副本节点返回确认给客户端，这个确认也是由最初收到写请求的从副本节点来转发的。当一个客户端需要读数据 x 时，它只需要向最近的从副本节点发送读请求，然后收到请求的从副本节点返回 x 的值。请注意，写操作是对数据项的运算，运算的结果称为更新值。一般认为写操作的内容比更新值要复杂、传送成本高。

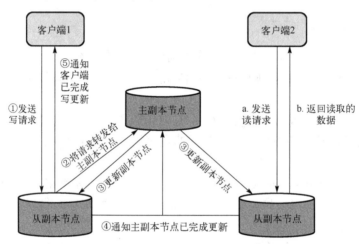

图 2.12　远程写协议基本过程

远程写协议显然可以保证顺序一致性，因为主副本节点实现了对数据更新操作的全局排序。对于保存在副本节点上的数据，所有的进程会看到相同的写操作顺序，不管它们从哪一个副本节点来读取。但是这种集中式的写操作控制必然存在主副本节点成为瓶颈的问题。

另一种简单的主从写协议是本地写协议。该协议可以看作远程写协议的扩展，其差别主要是主副本节点是向着写请求节点动态迁移的。当一个从副本节点收到一个来自客户端的写请求时，这个从副本节点不是转发写请求给主副本节点，而是向主副本节点申请角色切换，自己成为新的主副本节点。然后这个节点就可以以主副本节点的身份执行写操作，然后把操作后的更新发给所有从副本节点。相比远程写协议，本地写协议的优势是避免了写操作的转发。

复制写这一类协议中，副本节点角色对等，没有主从之分。客户端的写请求会直接多播给所有或者一部分副本节点，由这些节点并发执行写操作。由于没有主副本节点负责排序，写操作的执行顺序需要专门的机制来控制。根据采用的机制不同，形成了不同的具体协议。

活跃(active)写协议，要求客户端的写请求直接广播给所有的副本节点，每个副本节点各自执行收到的写操作，完成更新。因此，一致性的保证就由广播协议来负责。相应地，能保证什么样的一致性取决于广播协议的能力。如果采用完全有序多播协议，则能保证顺序一致性。完全有序多播协议能够在收到消息后对消息进行排序，然后交付给上层应用程序。各副本节点上，所有的消息都以相同的顺序交付给应用程序，从而能保证副本节点的所有操作顺序一致。这样的多播协议有很多，可以基于前面讲到的逻辑时钟实现，也可以通过选举协调者节点实现。如果采用因果有序多播协议，则活跃写协议只能保证因果一致性。因果有序多播的操作与完全有序多播类似，但其仅控制有因果关系的消息以相同顺序交付，并发的消息可以顺序不同。因此，因果有序多播可以用向量时钟实现。

Quorum 写协议也是一种复制写的一致性协议。如果一个客户端要写数据，相应的写请求要发送给一组能构成 Quorum 的副本节点，它们都要完成写操作，客户端才能认为写成功。当客户端需要读数据时，也需要将读请求发送给一组读 Quorum 的副本节点，然后选择版本最新的副本节点的数据。写 Quorum 的节点数量记为 NW，读 Quorum 的节点数量记为 NR。任何 NW 个节点可以构成写 Quorum，任何 NR 个节点可以构成读 Quorum。一个包含 N 个副本节点的系统，为了保证读操作能读到最新版本，其 NR 和 NW 要满足如下要求。

(1) NR+NW > N。

(2) NW > $N/2$。

显然，第 1 条要求能够保证读写操作之间的顺序，第 2 条能够保证写写操作之间的顺序。具体如何选择节点构成所需的 Quorum，有很多不同的方法。一个最简单的办法就是将 NR 和 NW 都设为 $N/2+1$。

2. 以客户端为中心的一致性

以客户端为中心的一致性模型主要关注客户端如何看待系统的一致性。这种模型将一致性管理的责任部分转移给客户端，让客户端来决定如何处理可能存在的不一致。

单调读一致性(monotonic read consistency，MRC)：保证客户端在读取某个数据副本版本为 n 的值后，再次读取该数据副本时其值的版本将始终大于或等于 n。从客户端的角度来看，数据更新的可见性可能不是即时的，但这一模型保证了数据的版本至少是按时间顺序对客户端可见的，即对客户端来说，系统不会在时间上"倒退"。

读写一致性(read your writes consistency，RYWC)：保证客户端在向某个数据副本写入版本为 n 的值后，再次读取该数据副本时其值的版本至少和 n 一样新。这一模型可以让客户端观察到自己的更新已经生效，避免客户端认为第一次请求失败后再发送多次同样的请求。因为对于幂等操作来说，多次请求不会改变结果，但会加剧系统的负载。而对于非幂等操作来说，多次请求会给系统造成严重的不一致。

单调写一致性(monotonic writes consistency，MWC)：保证同一客户端的多次写操作会按照到达数据副本的顺序进行序列化，并在所有的数据副本上按照同样的顺序执行。当一个客户端执行了两次写操作，但第一次的写请求由于各种原因在第二次写请求之后到达，这一模型可以避免后面写入的值被前面写入的值覆盖，从而导致更新丢失。

写读一致性(write follows read consistency，WFRC)：保证客户端在某个数据副本上读取

了版本为 n 的值后,基于这个值产生的更新操作只能在版本大于或等于 n 的数据副本上执行。这一模型延伸了 MWC 的保证,使得某个客户端的更新能被其他客户端在执行写操作时感知到,并且能够防止数据被版本小于 n 的延迟到达的更新请求覆盖。

为了实现上面这些以客户端为中心的一致性模型,也需要相应的一致性协议。这里给出比较简单的实现。首先,假设每个写操作 W 都分配了全局唯一标识符。标识符可以由收到写请求的副本节点复制分配,相应地,这个副本节点称为 W 的初节点。然后,对于每个客户端,需要维护两个包含写操作(标识符)的集合。读集合包含了所有与这个客户端的读操作相关联的写操作,写集合则包含了这个客户端自己执行过的写操作。

实现单调读一致性。当客户端想要执行读操作时,须将其读集合的信息连同读请求一起发给所连接的副本节点。副本节点对读集合进行检查以便确保所有与读请求相关的写操作都已经本地完成。如果有未完成的,则需要联系相应写操作的初节点,完成相应更新后才能执行读操作。当然也可以把读操作转发给已经完成更新的节点来执行。当读操作执行之后,相应副本节点上发生的与此次读操作相关的写操作会添加到读集合发回给客户端。

其他三种以客户端为中心的一致性模型的实现与单调读一致性的操作流程类似,仅不同模型要检查的操作集合有差别。单调写和读写一致性需要检查写集合以确保同一个客户端之前提交的写操作都已经在当前副本节点完成。而写读一致性需要检查读集合。

上述基于读集合、写集合的简单协议显然能保证相应的以客户端为中心的一致性。但是其开销可能会因为两个集合的大小增加而增加。如果系统运行时间很长,就可能导致集合太大而难以实际执行。一个可能的办法是将客户端的读写操作组织成会话(session),然后读写集合变成以会话为范围边界,可以大大减小集合的大小。

2.4 进程失效与分布式共识

前面已经多次提到,分布式系统包含众多软硬件实体,失效是非常常见的。2.3 节的数据副本是面向数据存储节点失效的机制,而本节的分布式共识算法是用来处理分布式系统中进程或者节点失效的。其基本思路是,将一组节点或者进程设置为共识组(类似数据副本的一组节点),这组节点可以在部分成员失效的情况下通过交互协同对需要做决定的操作或者状态达成一致。

系统中的节点失效可能会呈现多样化的行为,不同的行为其影响显然会有差别。经典的失效模型将失效行为分为五种,即崩溃(宕机)失效(crash failure)、遗漏失效、时间失效、响应失效、任意失效(arbitrary failure)。对分布式计算影响最大的是崩溃失效和任意失效,这也是分布式共识算法专门考虑的失效模型。其他三种失效可以通过重发请求等进行处理。

崩溃失效:当服务器一直正常运行,但由于某些原因突然停止工作,这时就发生了崩溃失效。比较严重的后果就是,一旦服务器发生崩溃失效,就无法再从这个服务器获得任何消息。

任意失效是最严重的一种失效,也称为拜占庭失效(Byzantine failure)。这种情况下,服务器可能产生了它本不应该产生的输出,但却无法检测出错误。因为服务器的行为可能有任意表现,其中有些可以是恶意的,有些也可以是非恶意的。

2.4.1 分布式共识

分布式共识问题的基本定义是：在有失效场景下，所有非失效进程在有限步骤内就某个值(如选举协调者、是否提交事务等)达成一致。一个共识算法的正确性具体刻画为三个属性：非失效的进程最终都能做出决定并输出结果、所有非失效进程的输出值相同、所输出的结果都是有效值(系统可以接受的值)。

分布式共识的达成受两个因素影响。一个因素是失效类型或失效模型，一般考虑崩溃失效和任意失效两种。任意失效场景下的分布式共识称为拜占庭容错(Byzantine fault tolerance，BFT)，在 2.4.2 节专门介绍。本节专注崩溃失效的共识。另一个因素是系统的同步性，也就是节点处理器的速度、消息传递延迟是不是有界限。如果系统是同步的，崩溃失效的分布式共识是比较容易达成的，如可以用简单的洪泛传播实现等，因为可以基于时间准确探测到进程失效，然后做针对性处理。如果系统是异步的，分布式共识就变得非常困难。已经有学者证明，在纯异步系统中，即使只有一个进程崩溃，系统也无法保证正确的分布式共识，其关键是异步性导致系统无法直接区分失效进程和非失效进程。

现实中的分布式系统在异步性方面是介于同步跟异步之间的，既难以保证有准确的处理速度下限和消息延迟上限，也不太可能是无限慢和无限长。这种半同步性的具体表现可以有多种不同的定义。

考虑分布式共识问题，在最终一致性模型的假设下，是可以用共识协议(也称为共识算法)保证正确的共识达成的。最早的分布式共识协议是 Lamport 于 1998 年提出的 Paxos 协议，该协议晦涩难懂，他于 2001 年重新进行了简化描述。基于上面介绍的经典 Paxos 协议，人们也提出了很多改进和扩展，这里就不再展开描述。下面简要介绍 Paxos 协议的基本过程。

Paxos 协议需要假设系统中是无恶意行为的，同时要求是最终同步系统，进程间的通信不可靠，消息可能丢失、重复和乱序，但损坏的消息能够被检测到(在后续处理中可以忽略)。系统中所有操作都是确定的，即操作一旦执行，其结果确定。Paxos 允许进程可能会出现崩溃失效，但不是任意失效。另外要求进程之间不会相互串通、欺骗。

Paxos 协议的核心思想是基于提议者(proposer)、接收者(acceptor)和学习者的角色的。每个提议者都可以向接收者发送提案(proposal)，并且接收者可以接受或拒绝提议，最终达成共识，并让学习者保存最终选中的值，然后执行相应的操作。Paxos 算法通常分为多个阶段，包括准备(prepare)、提议(propose)和接受(accept)等。在准备阶段中，提议者向接收者发送一个准备请求，包含一个提案号。接收者如果之前没有接受过比提案号更大的提案，则返回已接受的最大提案号和对应的提案内容。在提议阶段中，提议者收到多数接收者返回的已接受的最大提案号和对应的提案内容后，选择一个提案号高于所有已接受提案号的提案，并将该提案发送给接收者。在接受阶段中，接收者收到提议者发送的提案后，如果提案的提案号大于或等于自身已接受的最大提案号，则接受该提案。

通过多轮的准备、提议和接受阶段，Paxos 算法确保了多个提议者和接收者最终能够达成对某个值的一致认知。一旦某个提案被多数接收者接受，就认为该提案已经达成一致，并且成为最终的决策结果。

Paxos 协议虽然能有效解决进程失效情况下的共识问题，但是其操作非常复杂，而且只是针对单个值进行共识，在实际应用到分布式系统中时要做大量的补充设计和封装，应用难度很大。迄今为止，Paxos 协议广为人知的实际应用可能有谷歌公司的分布式协同工具 Chubby。

当前最流行的分布式共识协议应该是 Raft。其与 Paxos 最根本的差别在于，通过持续性存储的日志信息来帮助共识协议保存历史状态，从而大大简化进程间的消息交互过程。关于 Raft 算法有非常丰富的文献资料，也有完善的代码可供使用。

2.4.2　拜占庭容错

拜占庭容错(BFT)是指针对分布式系统中节点任意失效/拜占庭失效的共识机制。BFT 问题最初也是由 Lamport 提出的，并且设计了基本的 BFT 协议，能够在同步系统中实现拜占庭共识。

BFT 协议中的节点通常包括客户端、主节点(primary)和备份节点(replica)等角色。主节点负责向系统提交提案，备份节点负责验证提案并投票。BFT 协议通常包括多轮的消息交换和投票过程，以确保多个节点能够达成对系统状态的一致认知。

BFT 假设系统中存在一个主节点和多个备份节点，备份节点中保存着主节点中的数据副本。客户端可能会向主节点发送任意消息，可能是正确的，也可能不是正确的。系统中传递的消息可能会丢失，但这种情况一定会检测出来，而消息在检测出来之前一定不会损坏。最后接收到消息的节点可以可靠地检测出其发送者。此外，BFT 还要求：①每一个正常的备份节点都存储着和主节点相同的值；②如果主节点是正常的，则每一个正常的备份节点会实际存储主节点发送的数据。

在 BFT 过程中，首先节点会进行初始化来确定系统中的节点集合和它们的通信网络。之后，一个或多个节点提出一个值或事务(称为提案)，并将其发送给其他节点。节点接收提案后，会进行验证，如果验证通过，节点将预确认消息发送给其他节点。这个阶段可能涉及多轮通信，以确保足够多的节点接收到相同的提案。当一个节点从足够多的其他节点(称为法定人数，通常超过节点总数的 1/2)那里收到相同的预确认消息时，该节点将进入确认阶段。节点开始确认提案，并准备将该值或事务纳入其本地状态。一旦节点确认了提案，它就将该值或事务视为已接受，并更新其状态机以反映这一变化。如果一个节点在一定时间内没有收到足够的预确认消息，它可能会触发视图更换机制，以选出新的主节点并重新尝试达成共识。

Lamport 所提出的基本 BFT 协议比较简单有效，但是其缺点也非常明显。首先假设系统是同步的，这是现实系统难以完全做到的。不是说该算法完全没有用，只是当系统行为打破同步性要求的处理速度或者延迟界限时，算法会得到错误结果，需要额外操作进行干预。另一个缺点是消息开销太大，反复的 all-to-all 消息交换，使得共识成本非常高。

针对基本 BFT 算法的缺点，Liskov 等提出了 PBFT 算法，其核心要点是利用日志信息保存中间状态，从而提高系统可靠性、降低消息开销。这一变化与 Paxos 到 Raft 的变化是类似的。

PBFT 协议能够在系统中存在至多 f 个作恶节点时正常工作，通常要求系统中的总节点数为 $3f+1$。系统中的每个节点都运行着一个状态机的副本，PBFT 协议保证了这些副本能够达到一致的状态。在消息传递过程中使用数字签名来验证消息的发送者和内容的完整性，并通过多个阶段的通信来达成共识。图 2.13 展示了 PBFT 算法的不同阶段和执行过程。

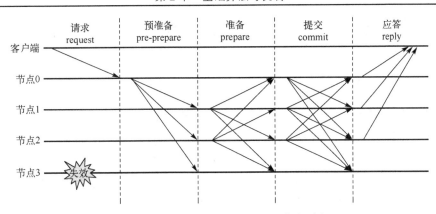

图 2.13　PBFT 算法的不同阶段和执行过程

在预准备 (pre-prepare) 阶段，主节点收到客户端的请求，并广播一个准备请求消息，包括请求的序列号、客户端的请求内容以及请求的签名。其他副本节点收到准备请求后，验证请求的签名，并广播一个预准备消息，包括请求的序列号、客户端的请求内容以及自己的签名。

在准备 (prepare) 阶段，副本节点收到预准备消息后，验证消息的签名，并广播一个准备消息，包括请求的序列号、客户端的请求内容以及自己的签名。其他副本节点收到准备消息后，验证消息的签名，并执行客户端请求。

在提交 (commit) 阶段，副本节点执行完客户端的请求后，广播一个提交消息，包括请求的序列号、客户端的请求内容以及自己的签名。其他副本节点收到提交消息后，验证消息的签名，并广播一个提交消息，包括请求的序列号、客户端的请求内容以及自己的签名。当客户端收到大多数副本的提交消息后，可以认为请求已经成功执行，并响应客户端。

当系统中的大多数节点检测到当前视图的主节点失效时，会触发视图变更。视图变更过程中，节点会广播一个视图变更请求 (view change request)，并选举新的主节点。新主节点选举完成后，系统进入新的视图，并重新开始执行请求。

PBFT 协议能够确保在面对拜占庭失效时仍能保持系统的一致性和正确性，即使在存在作恶节点的情况下，也能保证系统的安全性。同时，PBFT 协议能够较好地扩展到大规模系统中，通过增加更多的节点和副本来提高系统的容错性和可靠性，并且能够在大多数节点正常工作的情况下继续前进并达成共识。相比原始的拜占庭容错算法，PBFT 通过优化降低了消息传递的复杂度，因此在性能上有了较大的提升，能够更快地达成一致性。

2.4.3　分布式提交

分布式提交通常指的是在分布式系统中，多个组件或节点需要协同工作以完成一个事务的过程，其主要目标是要么所有参与节点都成功地提交事务，要么所有参与节点都回滚事务，从而确保数据的一致性和系统的可靠性。在一般的分布式提交场景下，通常会有一个节点作为协调者 (coordinator) 来负责管理整个提交过程，其他的节点作为参与者 (participant) 进行实际的分布式事务提交。在这个过程中，节点间传递的消息不会丢失，即使丢失也可以通过重发机制处理。但节点或者进程可能会失效，从而导致分布式事务提交过程无法按预期进行，因此，需要使用分布式提交协议来保证在这种情况下数据在所有节点上的一致性。

1. 两阶段提交协议

两阶段提交协议(two-phase commit protocol，2PC)是分布式系统中实现一致性事务的一种经典方法，将提交过程分为两个阶段，如图 2.14 所示。在准备阶段，协调者向所有参与者发送一个投票请求 vote-request。每个参与者执行自己的事务操作。当收到来自协调者的 vote-request 消息后，如果已经完成本地操作并可以提交，则返回 vote-commit 给协调者并等待协调者进一步指示；否则返回 vote-abort 给协调者，并进入 ABORT 状态结束事务执行。在提交阶段，如果所有参与者都返回 vote-commit，说明都准备好做提交，则协调者向所有参与者发送提交请求 global-commit。如果有任何参与者返回失败响应，协调者向所有参与者发送中止消息 global-abort。参与者根据协调者的请求进行提交或中止，并发送确认消息(ACK)给协调者。

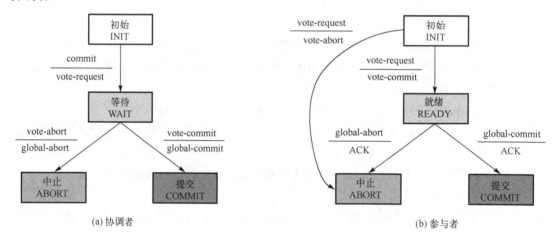

图 2.14   2PC 中协调者和参与者的状态转换过程

可以看到，协调者和参与者都需要接收到对方发送的消息后才会进入到下一个状态。然而，当系统中出现进程或节点失效时，其他进程或节点可能会无期限地等待来自该进程的消息，从而一直阻塞在其中一个状态中。因此，2PC 使用了超时机制来缓解这一问题的发生。如果参与者一直没有收到协调者对某一事务发起的投票请求，则它会阻塞在 INIT 状态，在超时后对该事务直接发送 vote-abort 消息并进入 ABORT 状态，在本地中止对该事务的提交过程。同样地，当协调者一直处在 WAIT 状态并等待所有的参与者对提议进行表态时，如果长时间没有收到所有参与者的回复，则它会发送 global-abort 消息，让所有的节点中止对该事务的提交过程，并且协调者会进入到 ABORT 状态中。

另外，当参与者一直处在 READY 状态时，表示正在等待协调者第二个阶段的指令。如果因为协调者失效而导致长时间没有收到协调者的消息，则它会持续等待直到协调者恢复；否则该节点会向其他参与者 Q 询问当前的状态。如果 Q 已经提交或者中止，则该参与者也采取同样的动作并进入同样的状态；如果 Q 处在 INIT 阶段，表示协调者在给 Q 发送投票请求之前就已经宕机，事务无法正常提交，因此该节点会进入 ABORT 状态。但如果 Q 也处在

READY 状态，则该节点无法判断事务提交的过程处在哪一个状态，因此会向其他的节点询问，或者一直等待协调者的消息。如果所有的参与者都阻塞在 READY 状态，则整个协议都会阻塞，直到协调者恢复并发送下一步动作的指令。

为了能让失效节点在恢复后更方便地恢复提交过程，每个节点可以将消息日志持久化到存储中，并在恢复后根据之前的状态采取不同的措施。当参与者在失效前的状态为 INIT 时，恢复后可以安全地决定在本地中止事务，并报告给协调者。同样，如果参与者在做出提交或者中止决定之后失效，则可以在恢复之后仍然保持该状态，并将决定重传给协调者。然而当参与者处于 READY 状态失效时，恢复后需要同阻塞时一样，询问其他节点的状态并采取对应的动作。同样，如果所有的参与者都处于 READY 状态，则无法确定下一步将如何进行，只能等待协调者恢复并发送下一步动作的指令。协调者只需要跟踪两个关键状态，当进入第一阶段时，需要将 WAIT 状态记录下来，以便在恢复后有可能将投票请求消息重传给所有参与者。如果在第二阶段做出了决定，则需要将 COMMIT 或者 ABORT 状态记录下来，以便在恢复时可以重传。

2. 三阶段提交协议

从前面的介绍中可以看到，当所有的参与者都收到并处理了来自协调者的投票请求消息，同时协调者崩溃时，参与者可能需要阻塞直到协调者恢复。在这种情况下，参与者无法合作决定最终采取的行动。因此，2PC 也称为阻塞提交协议。为了解决这个问题，可以利用多播原语，在收到消息后立即多播给其他参与者，使得所有参与者可以达成一致决定；或者使用三阶段提交协议(three-phase commit protocol，3PC)，使得每个协调者和参与者的状态都满足：没有一种状态可以直接转换到 COMMIT 状态或 ABORT 状态，同时，没有一种状态是不能做出最终决定的，也没有一种状态是不能转换到 COMMIT 状态的。

三阶段提交协议是两阶段提交协议的改进版本，通过引入一个额外的预提交(precommit)阶段来减少阻塞时间，并提高系统的可用性。其基本过程如图 2.15 所示。协调者收到所有参

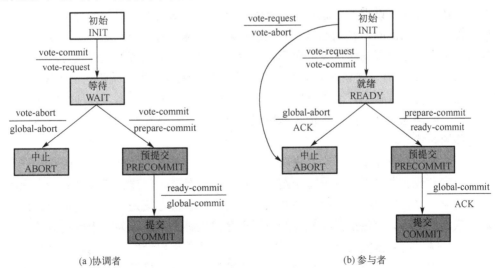

(a)协调者   (b)参与者

图 2.15 3PC 中协调者和参与者的状态转换过程

与者发来的 vote-commit 响应后，发送 prepare-commit 消息给参与者，而不是直接发送 global-commit，然后进入 PRECOMMIT 状态。参与者收到 prepare-commit 后，返回 ready-commit 消息。处于 PRECOMMIT 状态的协调者收齐 ready-commit 消息后才会发送 global-commit 给参与者。然后参与者才做提交操作。

与 2PC 相同，如果参与者长时间阻塞在 INIT 状态，或者协调者长时间阻塞在 WAIT 状态，则此时系统中出现了节点失效，事务无法正常提交，所有的节点都会进入 ABORT 状态。如果协调者长时间阻塞在 PRECOMMIT 状态，则表示某个参与者失效，但是协调者这时可以确定所有的参与者都表示能够提交，因此会发送全局提交消息进入 COMMIT 状态，并等待失效的节点恢复来提交它的事务。当参与者长时间阻塞在 READY 状态，同 2PC 一样，需要询问其他参与者来决定下一步的动作。如果其他参与者 Q 处在 COMMIT 或者 ABORT 状态，则需要进入同样的状态；如果所有的参与者都在 PRECOMMIT 状态，则该事务可以正常提交；如果另一个参与者 Q 仍然处于 INIT 状态，事务可以安全地中止。

如果询问的大多数参与者都处于 READY 状态，则事务应该中止。因为事务没有继续往下推进（PRECOMMIT），说明此时已经有参与者宕机，但无法确定该参与者恢复后的状态。如果该参与者恢复到 INIT 状态，则事务只能停止。但无论是哪种情况，中止事务才不会造成数据不一致的情况发生。与 2PC 的区别在于，在 2PC 中，崩溃的参与者可以恢复到 COMMIT 状态，而其他所有参与者仍然处于 READY 状态。在这种情况下，剩余的操作进程无法做出最终决定，必须等到崩溃的进程恢复。而在 3PC 中，如果任何操作进程处于 READY 状态，那么崩溃的进程都不会恢复到 INIT、ABORT 或 PRECOMMIT 之外的状态。因此，未失效的进程总是可以做出最终决定。

2.5 检查点与消息日志

容错的基础是从错误中恢复。其中，错误是系统中可能导致失败的部分，因此错误恢复的基本思路就是用没有错误的状态替换错误的状态。错误恢复本质上有两种形式。一种是后向恢复，将系统从当前的错误状态恢复到先前正确的状态。为了做到这一点，需要不时地记录系统的状态，并在出现问题时恢复所记录的状态。每次记录系统的当前状态时，就建立了一个检查点（checkpoint）。错误恢复的另一种形式是前向恢复。当系统进入一个错误状态时，不会回到之前的检查点状态，而是试图使系统进入一个正确的新状态，以便继续执行。前向恢复机制的主要问题是必须提前知道哪些错误可能发生，只有在这种情况下，才能纠正这些错误并转移到新状态。

然而，设置检查点通常是一个昂贵的操作，可能会有严重的性能损失。因此，许多容错分布式系统将检查点设置与消息日志相结合。在这种情况下，创建检查点之后，进程在发送消息之前记录其消息（称为基于发送者的日志）。另一种解决方案是让接收消息的进程首先记录传入消息，然后将其交付给正在执行的应用程序，这种方案也称为基于接收者的日志。当接收进程崩溃时，需要恢复最近的检查点状态，并由此重播已经发送的消息。因此，将检查点与消息日志相结合，可以在不增加检查点开销的情况下恢复最近的检查点以外的状态。下面将对这两种机制进行详细介绍。

2.5.1　检查点

检查点机制是一种在分布式系统中用于状态恢复的技术。它通过定期将系统的状态快照（snapshot）保存到稳定存储中，以便在系统发生故障时能够从这些快照中恢复。检查点机制可以进一步分为协调检查点算法和独立检查点算法。

在协调检查点算法中，所有节点的检查点都是同步进行的，以确保在检查点时系统的一致性。一个（或多个）中心协调器向所有节点发送一个检查点开始的信号。每个节点在收到检查点信号后，立即停止处理新的输入，将其当前状态（包括内存中的数据和处理进度）写入稳定存储。所有节点完成局部快照后，向中心协调器报告完成情况。中心协调器在收到所有节点的报告后，宣布检查点完成。如果系统发生故障，所有节点可以从最近的检查点开始恢复，并重新开始处理。协调检查点确保了在检查点时系统的一致性，但可能会引入较大的延迟，因为所有节点必须等待其他节点完成快照。

在独立检查点算法中，每个节点独立地创建自己的检查点，不需要与其他节点同步。每个节点定期将其当前状态写入稳定存储，不需要等待其他节点的信号。如果系统发生故障，每个节点可以从自己的最近检查点开始恢复。独立检查点减少了同步开销，但可能会引入一致性问题，因为在检查点之间可能存在数据不一致的状态。例如，两个进程 P 和 Q，在某个时间段内，P 给 Q 发送了一条消息并且 Q 成功接收并记录。如果其中某个进程发生了错误并通过独立检查点恢复到发送或者接收消息之前的检查点，那么另一个进程也需要恢复到发送或者接收消息之前的检查点。如果整个系统中存在很多有依赖关系的节点，当发生错误时，可能会造成系统级的回滚。

2.5.2　消息日志

消息日志机制是一种在分布式系统中用于保证数据可靠性和一致性的技术。它通过记录所有发送和接收的消息到一个稳定的日志中，确保在系统发生故障时能够恢复消息历史和处理状态。消息日志机制通常与检查点机制结合使用，以提高恢复的效率。

每当节点发送或接收消息时，系统将消息及其相关信息（如时间戳、消息序号等）记录到日志中。这些日志条目通常包括消息的类型、内容、源节点、目标节点等信息。为了确保日志的持久性，日志通常会同步到稳定存储。这可以通过写入到本地磁盘，或者通过网络复制到其他节点的磁盘上实现。节点间的消息传递可以是同步的或异步的。在同步消息传递中，发送节点会等待接收节点确认收到消息后才继续执行。在异步消息传递中，发送节点在日志记录后立即继续执行，不等待接收节点的确认。如果系统发生故障，可以根据日志重放消息，从而恢复系统的状态。这可以通过从最近的检查点开始，然后重放日志中该检查点之后的消息来实现。

在分布式系统中还可能出现一些孤立进程（orphan process），孤立进程是指在另一个进程崩溃后存活下来的进程，但该进程的状态与崩溃后恢复进程的状态不一致。如图 2.16 所示，进程 Q 接收到消息 m_1 和 m_2，假设 m_2 还没记录进日志。之后进程 Q 向 R 发送消息 m_3，并发生崩溃然后恢复。此时 R 收到消息 m_3，但当前的系统状态中没有进程给 R 发送这个消息，因此 R 就变成孤立进程。

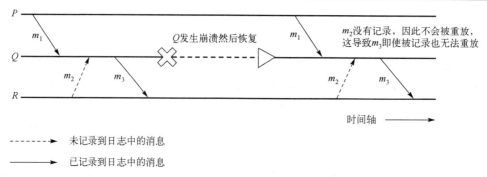

图 2.16 孤立进程示例

如果用 $\mathrm{DEP}(m)$ 表示接收到消息 m 的进程，另一个消息 m^* 与消息 m 的发送具有因果依赖关系，并且消息 m^* 已经被进程 Q 接收，则可以表示为 $Q \in \mathrm{DEP}(m)$。然后 $\mathrm{COPY}(m)$ 表示进程已经创建了消息 m 的副本，但还没来得及将其存储。FAIL 表示崩溃进程的合集。如果进程 Q 为孤立进程，则可以表示为 $\exists m : Q \in \mathrm{DEP}(m)$ and $\mathrm{COPY}(m) \subseteq \mathrm{FAIL}$。为了避免出现孤立进程，在进行消息日志记录时可以采取下面两种方法。

一种是悲观日志协议(pessimistic logging protocol)，对于每个不稳定消息 m，最多有一个进程依赖于它，即悲观日志协议可以确保每个不稳定的消息 m 最多只交付给一个进程。只要 m 传递给进程 P，P 就会成为 $\mathrm{COPY}(m)$ 的成员。在最坏的情况下，进程 P 还没来得及记录消息 m 就发生崩溃。如果使用悲观日志记录，P 则不允许在收到消息 m 之后发送任何消息，除非先确保 m 已经保存到可靠存储中。这样就没有其他进程会依赖于 m 到 P 的传递，也没有重现 m 传递的可能性，从而避免了孤立进程。

另一种方法是乐观日志协议(optimistic logging protocol)，其恢复工作是在崩溃发生后完成的。具体来说，假设对于某个消息 m，$\mathrm{COPY}(m)$ 中的每个进程都发生崩溃。如果使用乐观日志方法，则 $\mathrm{DEP}(m)$ 中的任何孤立进程都将回滚到之前不属于 $\mathrm{DEP}(m)$ 的状态。这种方法需要跟踪依赖关系，从而使实现变得复杂。

第 3 章 虚拟化技术

虚拟化是将物理 IT 资源转化为虚拟 IT 资源的技术过程。这里的 IT 资源可以是各种各样的，包括服务器主机、存储设备、网络设备等。相应地会有不同的具体虚拟化技术。虚拟化的主要目的是将硬件资源软件化，方便资源的池化管理和共享分配，提高物理资源的透明性、弹性和容错性，方便用户使用，提高系统层面的资源效率。下面主要介绍服务器主机虚拟和网络虚拟化两个方面的技术。

3.1 虚拟机技术

虚拟机技术是一种将计算机硬件虚拟化的技术，它允许在一台物理计算机上同时运行多个独立的操作系统和应用程序。虚拟机技术的核心思想是通过虚拟机管理器(hypervisor 或 virtual machine monitor/manager，VMM) 创建一种虚拟的计算环境，这种环境具有自己的虚拟 CPU、内存、硬盘等资源，但实际上是在宿主计算机上共享物理资源。

虚拟机技术通过资源隔离，实现多个独立操作系统和应用程序在一台物理计算机上同时运行，提高了系统的稳定性和安全性。同时，它还能够共享硬件资源，提高硬件利用率，节约成本。虚拟机的灵活性和可移植性使得应用程序的部署和管理变得更加便捷，快速部署和备份功能则简化了系统的管理和维护流程。

3.1.1 虚拟机架构

虚拟机架构主要可以分为两种，一种是寄生架构，另一种是裸金属架构。下面详细介绍这两种架构。

1. 寄生架构

寄生架构虚拟化是一种在宿主操作系统之上运行的虚拟化技术，如图 3.1 所示。寄生架构虚拟化不需要完全模拟硬件，而是利用宿主操作系统的功能来提供虚拟化环境。在寄生架构虚拟化中，虚拟化层的虚拟机管理器直接运行在宿主操作系统之上，而不是运行在硬件上。

寄生架构虚拟化利用宿主操作系统的功能来提供虚拟化环境，具有性能优势、资源共享、便捷性和灵活性以及系统集成等特点。通过在宿主操作系统之上直接运行虚拟化层，寄生架构虚拟化实现了较低的虚拟化开销，同时可以与宿主操作系统无缝集成，为用户提供方便、高效的虚拟化解决方案。常见的寄生架构虚拟化技术包括 KVM (kernel-based virtual machine) 和 VMware Workstation。它们都是利用宿主操作系统的内核来提供虚拟化功能的，为用户提供了方便、高效的虚拟化解决方案。

下面以 KVM 为例介绍寄生架构的基本原理。KVM 是一种开源的寄生架构虚拟化技术，用于在 Linux 操作系统上创建和管理虚拟机。KVM 利用了 Linux 内核中的虚拟化扩展，将 Linux 操作系统转变为一个虚拟化平台，能够为虚拟机提供访问硬件的能力。如图 3.2 所示，KVM 通常与 QEMU（quick emulator）配合使用，QEMU 提供了虚拟化所需的设备模拟和管理功能，KVM 则利用 Linux 内核的虚拟化扩展来提高性能。KVM 已经成为许多企业和云计算提供商的首选虚拟化解决方案，广泛应用于服务器虚拟化、云计算和开发测试等领域。

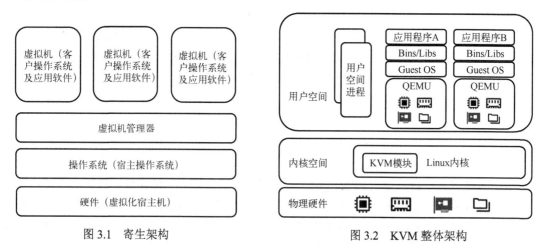

图 3.1　寄生架构　　　　　　图 3.2　KVM 整体架构

在 KVM 中，有三种关键的执行模式，它们定义了不同级别的系统特权和访问权限。

（1）客户机模式（guest mode）：在虚拟化环境中，客户机模式是指虚拟机内部的执行模式。当虚拟机运行时，其操作系统和应用程序在客户机模式下执行，虚拟机中的软件无法直接访问物理硬件资源，而是通过虚拟化层来访问。客户机模式下的代码可以是用户态代码或内核态代码。

（2）用户态（user mode）：操作系统提供的一种执行级别，用于运行应用程序。在用户态下，程序只能访问受限的资源，例如，它不能直接访问硬件设备或操作系统的核心功能。大多数应用程序在用户态下执行，包括用户界面、应用逻辑等。QEMU 在用户态运行，为虚拟机模拟执行 I/O 类的操作请求。

（3）内核态（kernel mode）：操作系统的最高特权级别，允许代码访问系统的所有资源和功能，包括硬件设备和内核数据结构。在内核态下，操作系统内核可以执行特权指令，控制硬件资源，并执行系统调用等核心任务。

在 KVM 中，虚拟机的操作系统和应用程序在客户机模式下执行，客户机模式中的代码会根据需要在用户态和内核态之间切换。虚拟化层负责管理客户机模式和虚拟化宿主机之间的交互，以及在客户机模式下的特权级别切换，从而实现对虚拟机的隔离和管理。

2. 裸金属架构

在裸金属架构中，虚拟化层直接运行在物理硬件上，而没有宿主操作系统的存在，如图 3.3 所示。这意味着虚拟化软件本身直接控制硬件资源，负责虚拟化的管理和实现。裸金属架构是一种无操作系统的虚拟化架构，虚拟化软件直接运行在物理硬件上，具有直接硬件访问、高性能、资源隔离以及可定制性等特点。由于省略了宿主操作系统的层，裸金属架构可以根据实际需求定制虚拟化环境。常见的裸金属虚拟化软件有 VMware ESXServer 和

Microsoft Hyper-V 等。Microsoft Hyper-V 是一种基于虚拟机管理器的虚拟化技术，适用于某些 x64 版本的 Windows 系统，其整体架构如图 3.4 所示。

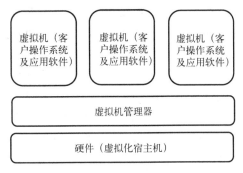

图 3.3　裸金属架构

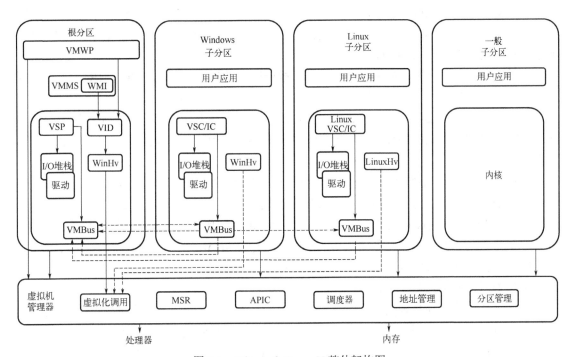

图 3.4　Microsoft Hyper-V 整体架构图

图中各部分解释如下。

（1）APIC：高级可编程中断控制器。一个允许将优先级分配给其中断输出的设备。

（2）子分区：托管客户操作系统的分区。子分区对物理内存和设备的所有访问权限均通过虚拟机总线（VMBus）或虚拟机管理器来提供。

（3）虚拟化调用：用于与虚拟机管理器通信的接口。通过虚拟化调用接口可以访问虚拟机管理器提供的优化项。

（4）虚拟机管理器：位于硬件与一个或多个操作系统之间的软件层。它的主要工作是提供称为分区的隔离执行环境。虚拟机管理器控制并裁定对基础硬件的访问。

（5）IC：集成组件。允许子分区与其他分区和虚拟机管理器通信的组件。

（6）I/O 堆栈：输入/输出堆栈。

（7）MSR：内存服务例程。

（8）根分区：有时称为父分区。管理计算机级别的功能，如设备驱动程序、电源管理和设备热添加/删除等。根（或父）分区是可以直接访问物理内存和设备的唯一分区。

（9）VID：虚拟化基础结构驱动程序。为分区提供分区管理服务、虚拟处理器管理服务和内存管理服务。

（10）VMBus：基于通道的通信机制。用于在具有多个活动虚拟化分区的系统上进行分区间通信和设备枚举。VMBus 随 Microsoft Hyper-V 集成服务一起安装。

（11）VMMS：虚拟机管理服务。负责管理子分区中所有虚拟机的状态。

（12）VMWP：虚拟机工作进程。虚拟化堆栈的用户模式组件。工作进程将父分区内 Windows Server 2008 实例中的虚拟机管理服务提供给子分区中的客户操作系统。虚拟机管理服务会为每个正在运行的虚拟机生成一个单独的工作进程。

（13）VSC：虚拟化服务客户端。其位于子分区中的综合设备实例。VSC 利用父分区中的虚拟化服务提供程序(VSP)提供的硬件资源。它们通过 VMBus 与父分区中相应的 VSP 进行通信，以满足子分区设备的 I/O 请求。

（14）VSP：虚拟化服务提供程序。其位于根分区中并通过虚拟机总线(VMBus)为子分区提供综合设备支持。

（15）WinHv：Windows 虚拟机管理器接口库。WinHv 本质上是已分区操作系统的驱动程序与虚拟机管理器之间的桥梁，它允许驱动程序使用标准 Windows 调用约定来调用虚拟机管理器。

（16）WMI：虚拟机管理服务公开了一组基于 Windows 管理规范(Windows management instrumentation，WMI)的 API 以管理和控制虚拟机。

分区是 Microsoft Hyper-V 虚拟机管理器支持的逻辑隔离单元，操作系统将在其中运行。Microsoft Hyper-V 的虚拟机管理器至少需要一个运行 Windows 的根分区。虚拟化管理堆栈在父分区中运行，并且可以直接访问硬件设备。根分区创建子分区来托管客户操作系统，并通过虚拟化调用 API 来创建子分区。

分区不能直接访问物理处理器，也不能解决处理器中断问题，但它们拥有处理器的虚拟视图，并可以在分配给每个来宾分区的虚拟内存地址空间中运行。虚拟机管理器解决处理器中断问题并将其重定向到相应的分区。Microsoft Hyper-V 还利用输入输出内存管理单元(I/O memory management unit，IOMMU)对来宾虚拟地址空间之间的地址转换进行硬件加速，IOMMU 将物理内存地址重新映射到子分区使用的地址。

子分区不能直接访问其他硬件资源，系统为其提供虚拟资源视图作为虚拟设备(VDev)。虚拟设备的请求通过 VMBus 或虚拟机管理器重定向到父分区中的设备，以处理这些请求。VMBus 是逻辑分区间的通信通道。父分区托管虚拟化服务提供程序，通过 VMBus 处理子分区的设备访问请求。子分区托管虚拟化服务客户端，通过 VMBus 将设备访问请求重定向到父分区中的 VSP。整个过程对客户操作系统是透明的。

虚拟设备还可以将名为"启发式 I/O"的 Windows Server 虚拟化功能用于存储、网络、图形和输入子系统。启发式 I/O 是直接利用 VMBus 的高级通信协议(如 SCSI)的专用虚拟化感知实现的，并会绕过任何设备模拟层。这会使通信更加高效，但需要一个能够感知虚拟机管理器和 VMBus 的启发式来宾。Microsoft Hyper-V 启发式 I/O 和虚拟机管理器感知内核是通过安装 Microsoft Hyper-V 集成服务提供的，包括虚拟化服务客户端，驱动程序的集成组件也可用于其他客户端操作系统。Microsoft Hyper-V 需要一个包括硬件辅助虚拟化的处理器，如配备 Intel VT 或 AMD 虚拟化技术 AMD-V 的处理器等。

　　两种虚拟机架构各有优点，特点非常鲜明。寄生架构依赖宿主操作系统，管理维护相对简单、灵活性高，适于在不同操作系统上运行；但是其缺点是宿主操作系统的存在影响了系统性能。裸金属架构则刚好相反，虚拟机直接访问硬件，性能高，但是没有宿主操作系统的帮助，管理维护变得复杂。一般来说，寄生架构适用于个人场景的虚拟化桌面，而裸金属架构更多用于专门的专业服务器系统。

3.1.2　主机虚拟化方法

　　除了基本架构的差别，主机虚拟化在具体方法上也有不同。一般分为四种方法，分别是硬件仿真虚拟化、全虚拟化、半虚拟化以及硬件辅助虚拟化。

　　硬件仿真虚拟化，通过软件层模拟物理硬件环境，虚拟机能够在模拟的环境中运行，而无须对客户操作系统进行修改。其基本原理是通过软件对处理器指令集、设备接口等进行模拟，从而实现对虚拟机的支持，如图 3.5 所示。硬件仿真虚拟化的优点在于能够运行未经修改的操作系统实例。但通常性能会比其他虚拟化方法差，因为需要对所有硬件操作进行模拟，导致了额外的性能开销。这种虚拟化技术适用于需要在不同架构或操作系统之间进行移植和测试的情况，以及需要运行非常旧的操作系统或软件的情况。常见的硬件仿真虚拟化技术包括 QEMU 和 Bochs 等。

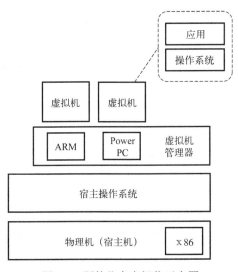

图 3.5　硬件仿真虚拟化示意图

　　全虚拟化技术，如图 3.6 所示，通过虚拟机管理器在物理硬件上创建多个虚拟机实例，并为每个虚拟机提供一个完整的虚拟硬件平台，使得虚拟机可以直接运行未经修改的客户操作系统。这种技术的优点在于提供了完整的虚拟硬件平台，支持运行未经修改的操作系统实例；缺点则可能包括较高的性能开销，特别是在 I/O 密集型工作负载下。全虚拟化技术适用于需要在虚拟环境中运行多个不同操作系统实例的场景，如服务器虚拟化和云计算环境等。

　　半虚拟化技术，如图 3.7 所示，要求客户操作系统在某种程度上被修改，以与虚拟化层进行通信,从而提高性能和效率。通常会修改操作系统的部分核心代码,以使其能够与虚拟化层进行通信,这样可以减少虚拟化软件对硬件的依赖,提高整体性能。相比于全虚拟化,半虚拟化通常能够提供更高的性能和效率,适用于需要高性能虚拟化环境的场景,如高性能计算和云计算环境等。

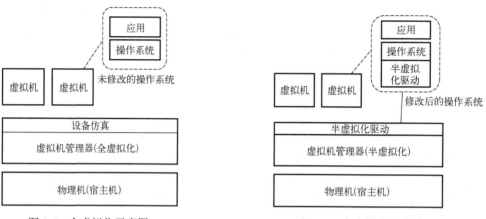

图 3.6　全虚拟化示意图　　　　　　　　　　图 3.7　半虚拟化示意图

硬件辅助虚拟化,不是独立的虚拟化技术,需要结合到全虚拟化或者半虚拟化技术当中。硬件辅助虚拟化通过对部分全虚拟化和半虚拟化使用的软件技术进行硬件化来提升性能,通过在处理器中添加虚拟化扩展,以提供对虚拟化技术的硬件支持,从而减少虚拟化软件对硬件的依赖,提高虚拟化性能。这种技术可以显著减少虚拟化软件和虚拟机之间的交互,降低虚拟化的开销,并提高整体的性能和效率。代表产品包括 Intel VT-x 以及 AMD-V(AMD SVM)等。

一个完整的虚拟机包含虚拟 CPU、虚拟内存和虚拟的 I/O 设备等各种部分。这些组件可以采用不同的虚拟化技术实现。

3.1.3　CPU 虚拟化

CPU 虚拟化就是将一个物理 CPU 通过虚拟化共享给不同的虚拟机使用。除了硬件仿真虚拟化是通过软件虚拟一个 CPU 部件的,其他虚拟化技术下的 CPU 虚拟化的本质是创建虚拟化的指令执行环境。因此,CPU 虚拟化的关键是将多个虚拟机操作系统并发发出的指令发送给物理 CPU 以实现安全高效的执行而不出现冲突。

操作系统中的大部分指令是可以直接在物理处理器上并发执行的,而涉及资源控制的指令是不能直接从虚拟机交由物理机执行的,会导致资源冲突。这样的指令一般称为虚拟化敏感指令(简称敏感指令)。CPU 虚拟化的基本思路是,一般的指令直接由虚拟机操作系统发送到物理机 CPU 执行;而敏感指令交由虚拟机管理器进行统一管控调度后再执行。这样既保证了系统的正确性和稳定性,又兼顾了指令执行效率。

因此,CPU 虚拟化的核心问题是敏感指令的处理。一般来说,敏感指令是操作和管理关键系统资源的指令,在 CPU 的指令集中往往是特权指令,必须在最高特权级上运行。典型的特权指令包括读写时钟、中断等寄存器、访问存储保护系统、地址重定位系统及所有的 I/O 指令等。特权指令的虚拟化执行可以利用特权等级异常来处理。可以将虚拟机操作系统的指令降低级别运行，当一个虚拟机要求执行特权指令时会由于特权级不够而触发异常，这些指令就会陷入虚拟机管理器来处理。

但是，不同的 CPU 架构定义的特权指令并不相同。精简指令集计算机(reduced instruction set computer，RISC)的 CPU 体系结构天然支持虚拟化，因为所有控制敏感指令和行为敏感指令都是特权指令。相比之下，x86 的 CPU 体系结构不适用于虚拟化，因为一些对虚拟化敏感的指令并非特权指令(图 3.8)，在虚拟机中执行时不会陷入虚拟机管理器中。因此，不同 CPU 架构对虚拟化的支持程度不同，适用的虚拟化技术也不同。

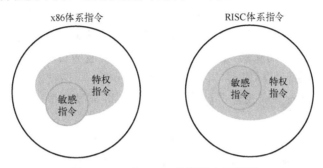

图 3.8　x86 与 RISC 体系指令示意图

在 x86 架构中，有 4 个特权等级，分别是环 0(ring0)、环 1(ring1)、环 2(ring2)和环 3(ring3)。操作系统内核需要直接访问硬件，运行在最高等级的 ring0。这样，内核可以适用于特权指令控制中断、修改页表以及访问设备。等级 ring1 与 ring2 也用于操作系统服务，但是被保留。而最低特权等级的 ring3 是应用程序所在的运行级别。通常来说，应用程序的一般指令运行在 ring3 等级，不受管控。如果应用程序执行时需要进行访问磁盘、发送消息等操作，则需要通过系统调用进入内核去执行，执行权限由 ring3 转到 ring0。任务完成后，系统调用返回，执行权限回归 ring3。这就完成了用户态和内核态的切换。对于 x86 架构来说，虚拟机作为一个应用程序运行在宿主机操作系统中，应该运行在 ring3；但是，虚拟机操作系统的内核指令又需要运行在 ring0，这是 x86 架构的 CPU 虚拟化需要克服的一个困难。

1. CPU 全虚拟化(模拟执行)

最先实现 CPU 全虚拟化技术的是陷入模式和模拟仿真技术。这种技术将操作系统(OS)需求的特权指令通过虚拟机管理器自动捕获的方式运行后返回 OS。当 OS 有特权指令产生时，虚拟机管理器自动将其捕获，然后通过虚拟机管理器运行之后将结果返回 OS。虚拟机管理器会将特权指令以模拟仿真的方式执行一遍。

1)优先级压缩技术

CPU 虚拟化中的优先级压缩技术，也称为环压缩(ring compression)，是一种用于提高虚拟机性能和降低开销的技术。在传统的虚拟化环境中，CPU 虚拟化涉及将客户机操作系统运行的指令转换为对底层硬件的访问。在这个过程中，CPU 指令需要进行特权级别的转换，通常由客户机操作系统的 ring0(内核态)到虚拟机管理器的 ring1(超级监管器态)，然后到物理硬件的 ring0。这种双重特权级别转换会引入额外的开销和延迟。

优先级压缩技术通过减少特权级别转换的次数来解决这个问题。具体来说，它通过合并客户机操作系统和虚拟机管理器的特权级别，将两者的特权级别压缩到一个环中，从而减少特权级别的转换。这样一来，虚拟机管理器和客户机操作系统可以在同一个特权级别下运行，从而避免了多余的特权级别转换。这种压缩可以通过硬件和软件的结合来实现，具体实现方式包括硬件辅助、指令转换和代码修改等。

通过减少特权级别转换，优先级压缩技术可以显著提高虚拟机的性能和降低系统开销。这对于需要高性能的虚拟化环境尤其重要，如云计算数据中心和大型服务器等。

2) 二进制翻译技术

二进制翻译 (binary translation) 技术是一种直接翻译可执行二进制程序的技术，可以将一种处理器上的二进制程序翻译到另一种处理器上执行。二进制翻译系统是一个软件层，位于应用程序和计算机硬件之间，通过将机器代码从源机器平台映射至目标机器平台，包括指令语义与硬件资源的映射，源机器平台上的代码适应目标机器平台。这样做的结果是，翻译后的代码更适应目标机器，具有更高的运行效率。该技术主要用于一些对虚拟化不友好的指令，通过扫描并修改客户机的二进制代码将难以虚拟化的指令转化为支持虚拟化的指令。

根据不同的实现方式，二进制翻译技术可分为三大类。

(1) 解释执行：最简单的二进制翻译技术，它直接在目标机器上解释执行源机器上的二进制指令。这种方法不需要提前将整个程序翻译成目标机器的代码，而是逐条指令地解释执行。虽然这种方法简单，但由于每条指令都需要解释执行，因此运行效率较低。

(2) 静态翻译：指在翻译过程中将整个源程序翻译成目标机器的代码，并生成一个完整的可执行文件。这个过程类似于传统的编译过程，但是针对的是二进制代码而不是高级语言。生成的目标代码可以直接在目标机器上执行，无须解释执行，因此具有较高的运行效率。但是，静态翻译需要在翻译时考虑目标机器的特性，因此可能会导致生成的代码不够优化或不能适应目标机器的情况。

(3) 动态翻译：它将源代码的片段在运行时动态地翻译成目标机器的代码，并将其缓存起来以便后续使用。这种方法兼具解释执行的灵活性和静态翻译的性能优势，可以根据程序的实际执行情况进行优化，提高运行效率。

解释执行是实现简单的翻译技术之一，但其复杂的实现方式显著降低了翻译系统的执行效率。相比之下，静态翻译虽然能提供高效的运行性能，但无法覆盖所有代码，并且仍然依赖解释器。与前两者相比，动态翻译技术能够很好地解决代码覆盖、自修改代码和精确中断等问题，并提供可接受的执行效率。

2. CPU 半虚拟化 (操作系统辅助)

半虚拟化是一种改进虚拟化性能和效率的技术，与全虚拟化不同，它涉及修改操作系统内核以与虚拟化层 (虚拟机管理器) 直接通信。在半虚拟化中，操作系统内核被修改以替换非虚拟化指令，这些指令被超级调用 (hypercall) 取代，直接与虚拟化层通信 (图 3.9)。此外，虚拟机管理器还提供了超级调用接口，用于其他关键的内核操作，如内存管理、中断处理和时间管理等。超级调用支持批处理 (batch) 和异步这两种优化方式，这使超级调用能得到接近物理机的速度。

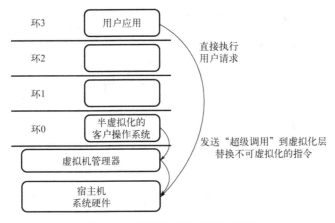

图 3.9 x86 架构的半虚拟化方法

与全虚拟化不同，半虚拟化的操作系统不知道自己被虚拟化，并且敏感的操作系统调用通过二进制翻译进行截取。相对于全虚拟化而言，半虚拟化的性能优势在于降低了虚拟化开销，提高系统的效率。但是半虚拟化无法支持未修改的操作系统(如 Windows 2000/XP 等)，因此其兼容性和可移植性较差。此外，在生产环境中，由于需要对操作系统内核进行深度修改，半虚拟化可能引入重大的支持和维护问题。

3. **硬件辅助 CPU 虚拟化**

硬件辅助 CPU 虚拟化是一种通过硬件功能来简化虚拟化技术的方法，通过引入新的指令和运行模式，来让虚拟机管理器和客户操作系统能分别运行在其合适的模式下。主要的硬件辅助虚拟化技术有英特尔(Intel)虚拟化技术(VT-x)和 AMD 的 AMD-V。它们都针对特权指令引入了新的 CPU 执行模式特性，允许虚拟机管理器在新的根模式下运行，位于环 0 以下。特权和敏感调用设置为自动陷入虚拟机管理器，消除了对二进制翻译或半虚拟化的需求。客户状态存储在虚拟机控制结构(VT-x)或虚拟机控制块(AMD-V)中。

Intel VT-x 支持两种处理器工作方式，如图 3.10 所示。一种是根模式，虚拟机管理器即运行于此模式，用于处理特殊指令。另一种是非根模式，客户操作系统即运行于此模式。当在非根模式下的客户操作系统执行到特殊指令时，系统会自动切换到根模式，即虚拟机管理器模式，以便使虚拟机管理器来处理特殊指令。

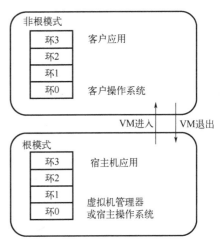

图 3.10 Intel VT-x 的处理器工作方式

3.1.4 内存虚拟化

内存虚拟化是虚拟化技术中的一个关键组件，它涉及共享物理系统内存并动态分配给虚拟机。虚拟机内存虚拟化与现代操作系统提供的虚拟内存支持非常相似。应用程序看到的是一个连续的地址空间，不一定与系统中的物理内存直接相关，如图 3.11 所示。操作系统通过页表来保持虚拟页号到物理页号的映射。为了在单个系统上运行多个虚拟机，需要另一层内存虚拟化，即需要虚拟化内存管理单元以支持客户操作系统。

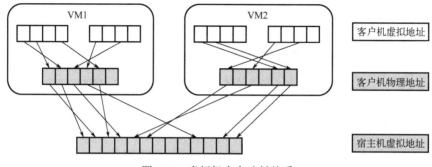

图 3.11 虚拟机内存映射关系

1. 影子页表技术

影子页表是一种内存的全虚拟化技术。影子页表的工作原理是，在虚拟机内部维护一组影子页表，这些页表将虚拟机的虚拟地址映射到实际物理主机的内存地址，如图 3.12 所示。当虚拟机操作系统更新其页表时，虚拟机管理器会捕获这些更新，并相应地更新影子页表。这样，虚拟机管理器就能够跟踪虚拟机操作系统对内存的操作，并将其映射到实际物理主机内存上。

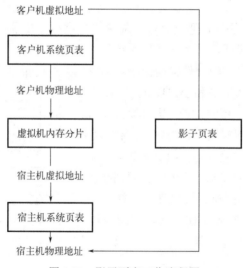

图 3.12 影子页表工作流程图

通过使用影子页表，虚拟机管理器可以在不影响虚拟机操作系统的情况下，对虚拟机的内存进行管理和控制。这种技术使得虚拟机可以独立地运行，在保证虚拟化性能和安全性的同时，实现对内存的有效管理。

2. 硬件辅助内存虚拟化

内存的硬件辅助虚拟化技术包括 Intel 的扩展页表（extended page tables，EPT）和 AMD 的嵌套页表（nested page tables，NPT），用于支持虚拟化环境中虚拟机对物理内存的访问。

EPT 的基本原理如图 3.13 所示。每个虚拟机都有一个独立的 EPT，用于将虚拟机的虚拟地址映射到物理主机的物理地址。当虚拟机操作系统发出内存访问请求时，处理器会首先根据虚拟地址在虚拟机的 EPT 中查找，然后根据 EPT 中的映射关系将虚拟地址转换为物理地址，最终访问实际的物理内存。

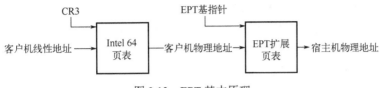

图 3.13 EPT 基本原理

EPT 使虚拟机操作系统可以直接访问物理主机的物理内存，从而避免了虚拟机管理器在地址转换过程中的介入，为虚拟化环境提供了更高的性能和更好的安全性，使得虚拟机能够更加高效地访问物理内存，同时降低虚拟化环境的管理成本。

3.1.5 I/O 虚拟化

I/O 虚拟化是虚拟化技术的一个组成部分，它通过软件将物理 I/O 资源映射到虚拟资源上，使得多个虚拟机可以共享相同的物理设备。I/O 虚拟化可以有效地提高硬件资源的利用率，降低成本，并且方便进行系统管理和维护。

有效 I/O 虚拟化的关键在于保留虚拟化优势的同时，尽量降低额外的 CPU 利用率。虚拟化管理程序将物理硬件虚拟化，并为每个虚拟机提供一组标准化的虚拟设备。这些虚拟设备有效地模拟了知名硬件，并将虚拟机的请求转换为系统硬件的操作。通过使用统一的设备驱动程序，虚拟机的标准化和可移植性得到了帮助，因为所有虚拟机都配置为在相同的虚拟硬件上运行，而不管实际物理硬件是什么。

I/O 虚拟化旨在为虚拟机提供所需的 I/O 资源，并确保虚拟机之间的隔离，同时减少虚拟化带来的性能开销。对应前面介绍的虚拟化方面，I/O 虚拟化有以下几种实现方式。

(1)软件模拟虚拟化：通过软件模拟 I/O 设备，将虚拟机操作交给主机操作系统的用户态进程处理，由其进行系统调用。

(2)全虚拟化：通过模拟 I/O 设备(如磁盘和网卡等)来实现虚拟化。虚拟机的 I/O 操作会陷入虚拟机管理器中执行，对虚拟机操作系统来说，它看到的是一组统一的 I/O 设备，设备完全透明。

(3)半虚拟化：通过前端(front-end)/后端(back-end)架构，将虚拟机的 I/O 请求传递到特权域(即 domain-0)。这种方式可以减少虚拟机管理器的介入，提高性能。

(4)硬件辅助虚拟化(直接划分)：使用 IOMMU 技术，使虚拟机直接使用物理设备(图 3.14)。通过采用直接存储器访问(direct memory access，DMA)、重映射(remapping)和 I/O 页表来解决 I/O 地址访问和 DMA 的问题，从而提高虚拟机的性能和效率。

下面以 KVM 为例具体介绍 I/O 虚拟化的技术原理。KVM 提供两种 I/O 虚拟化方式：默认流程和 Virtio 流程。其默认 I/O 操作流程如图 3.15 所示，基本步骤如下。

(1)虚拟机中的磁盘设备发起 I/O 操作请求。

(2)KVM 中的 I/O 捕获程序将这个请求捕获到，然后将处理后的请求放到 I/O 共享页中。

(3)KVM 通知 QEMU 有新请求放到共享页。

(4)QEMU 收到通知后到共享页中获取该操作请求的具体信息。

(5)QEMU 对该请求进行模拟,同时根据 I/O 操作请求的信息调用运行在内核态的设备驱动,进行真正的 I/O 操作。

(6)通过设备驱动对物理硬件执行真 I/O 操作。

(7)QEMU 将执行后的结果返回到共享页中,同时通知 KVM 模块已完成此次 I/O 操作。

(8)I/O 捕获程序从共享页中读取返回的结果。

(9)I/O 捕获程序将操作结果返回给虚拟机。

(10)虚拟机将结果返回给发起操作的应用程序。

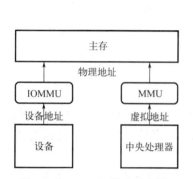

图 3.14 IOMMU 技术示意图

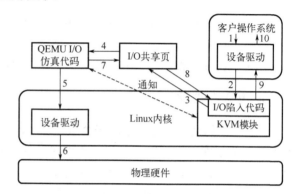

图 3.15 KVM I/O 操作流程(默认)

KVM 的另一种 I/O 虚拟化操作流程是 Virtio,如图 3.16 所示。其基本步骤如下。

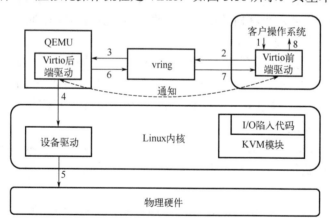

图 3.16 KVM I/O 操作流程(Virtio)

(1)虚拟机发起 I/O 操作请求。

(2)这个请求不经过 I/O 捕获程序,而是直接以前后端的形式放到环形缓冲区,同时 KVM 通知后端驱动。

(3)QEMU 到环形缓冲区获取请求信息。

(4)后端驱动直接调用真实的物理设备驱动进行具体的 I/O 操作。

(5)由真实的设备驱动完成 I/O 操作。

(6)QEMU 将处理结果返回到环形缓冲区,并由 KVM 模块通知前端驱动。

(7) 前端驱动从环形缓冲区获取操作结果。

(8) 前端驱动将结果返回给发起操作的应用。

需要说明的是，Virtio 技术既可以节省 QEMU 模拟所需的硬件资源，也可以缩短 I/O 请求路径，提高虚拟化设备的性能。

3.2 容 器 技 术

容器在操作系统中的运行是通过容器自带环境启动进程实现的，所有容器共用一个操作系统。这种共享操作系统的方式通过使用命名空间（namespace）和进程组（Cgroups）来提供隔离性。以 Docker 容器为例，它是一个开源的应用容器引擎，开发者可以将应用程序及其依赖项打包到一个可移植的容器中，并在任意机器上发布，以实现虚拟化的优势。

微课视频

图 3.17 展示了虚拟机技术与容器技术的架构性差异。相比虚拟机，容器虚拟化具有多方面的优势。首先，它采用轻量级虚拟化技术，避免了独立操作系统的额外开销，使得容器在启动和运行时资源消耗较小。其次，每个主机可以轻松支持大量容器，且容器的启动非常快，通常在毫秒级别，这有助于提高系统的可扩展性和弹性。另外，容器自带运行环境，开发者可以在开发过程中将应用程序及其依赖项打包到容器中，从而在生产环境中能够迅速部署。然而，容器虚拟化也存在一些缺点。由于多个容器共享操作系统内核，隔离性和安全性较差，容器之间可能会相互影响或者存在安全隐患。此外，由于无法随意修改操作系统相关的配置，容器在某些场景下可能不够灵活。

图 3.17　虚拟机技术与容器技术的架构性差异

容器技术的基本要素包括三个方面。首先是命名空间，它实现了视图隔离，使得容器内的进程只能看到自己所在命名空间中的世界，而无法感知其他命名空间中的内容。其次是 Cgroups（control groups），它实现了资源隔离，通过限制容器的资源使用，将容器的资源隔离在一个看不见的墙内，防止容器对系统资源的滥用。最后是 Rootfs，它实现了文件系统隔离，将容器的文件系统与宿主机操作系统的文件系统隔离开来。Rootfs 包含了容器所需的文件、配置和目录，但不包括内核，从而实现了容器内文件系统的隔离。这些基本技术共同构成了容器技术的核心，使容器具有轻量级、隔离性良好、资源管理灵活等特点。

3.2.1　命名空间

容器的命名空间技术是容器虚拟化的关键之一，它通过隔离和限制进程的视图，实现了容器之间的隔离。命名空间技术主要包括以下几个方面。

进程隔离：命名空间技术将进程隔离在不同的命名空间中，使得容器内的进程只能看到自己所在命名空间中的进程，而无法感知其他命名空间中的进程。

文件系统隔离：每个容器都有自己独立的文件系统命名空间，使得容器内的文件系统与宿主机操作系统或其他容器的文件系统隔离开来。这样，容器可以拥有自己的文件系统树，并且对于容器内部来说，它们的根目录是独立的。

网络隔离：命名空间技术还可以实现网络的隔离，使得每个容器拥有自己独立的网络命名空间。这样，容器内的网络配置、网络连接等都与其他容器或宿主机操作系统隔离开来，提高了网络的安全性和隔离性。

用户隔离：命名空间技术还可以实现用户的隔离，使得每个容器拥有自己独立的用户命名空间。这样，容器内的用户与其他容器或宿主机操作系统的用户隔离开来，防止了容器之间的用户冲突和权限泄露。

3.2.2　Cgroups

Cgroups 是 Linux 内核提供的一种资源管理机制，用于限制和控制进程组的资源使用。Cgroups 技术允许系统管理员按照需求将进程组划分为不同的层次结构，并为每个层次结构分配特定的资源配额和限制。这样可以有效地控制系统中的资源使用，防止某些进程过度消耗系统资源而导致整个系统性能下降或崩溃。

图 3.18 展示了 Cgroups 的管理架构。进程被组织成一个个进程组，每个进程组都可以包含一个或多个进程。管理员可以通过创建、删除和管理不同的 Cgroups 来对进程进行分组。例如，可以根据应用程序、用户、服务等不同的需求，将进程分配到不同的 Cgroups 中。一旦进程分配到特定的 Cgroup 中，就可以为该 Cgroup 分配特定的资源配额和限制。这些资源包括 CPU 时间、内存、磁盘 I/O、网络带宽等。管理员可以通过设置 Cgroup 的参数来限制该组内所有进程对资源的使用情况，如设置 CPU 使用率、内存配额、磁盘 I/O 速率等。

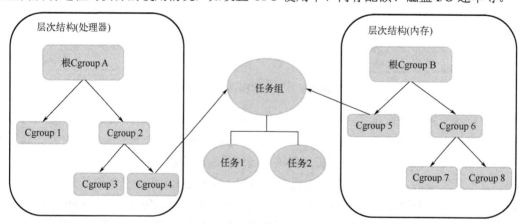

图 3.18　Cgroups 管理架构

Cgroups 的核心概念如下。

(1)任务：要被分组管理的进程。Cgroups 通过将任务放置在不同的控制组中，实现对资源的管理和限制。

(2)控制组：一组相关任务的集合，具体对应一组进程，是资源控制的基本管理单元。每个控制组都有一组资源限制参数，如 CPU 配额、内存限制等，这些参数可以动态地调整。

(3)层级：Cgroups 可以组织成层级结构，这种层级结构可以用来对不同的资源进行分层管理。层级结构由控制组和子控制组组成，允许更加灵活地管理和分配资源。

(4)子系统：一组负责管理特定资源的模块，如 CPU、内存、磁盘 I/O 等。每个子系统都有自己的控制接口，可以用来配置和管理相应资源的使用。通过使用不同的子系统，可以实现对不同资源的精细化管理。

此外，Cgroups 还支持对进程组的监控和调整。管理员可以实时查看各个 Cgroup 的资源使用情况，并根据需要调整资源配额和限制。这样可以确保系统中的各个进程组都能得到合理的资源分配，提高系统的整体性能和稳定性。

Cgroups 在 Linux 系统中通过文件系统暴露了一系列接口，供用户进行管理和配置。这些接口通常位于/sys/fs/cgroup 目录下，通过这些接口，用户可以方便地管理和配置 Cgroups，实现对进程的分组管理和资源限制。用户可以根据需要设置各种参数，监控资源使用情况，并对进程进行分组和调整，从而实现对系统资源的精细化控制和管理。

图 3.19 给出了一个简单的例子。假设有一种容器环境，其中每个容器运行一个 Nginx 服务器和一个 Java 应用程序，Java 应用程序由 Java 虚拟机(Java virtual machine，JVM)运行，其 GC 堆大小由参数-Xmx 指定。我们希望通过 Cgroups 来限制每个容器的 CPU 资源使用和内存大小，以确保容器之间资源的公平分配，并防止其中一个容器占用过多的系统资源从而影响其他容器的正常运行。

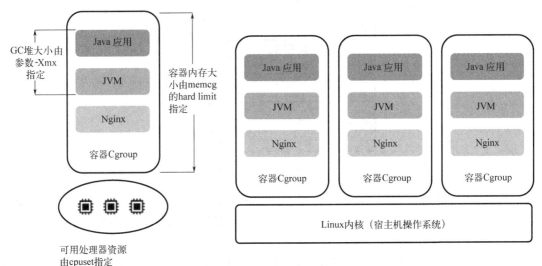

图 3.19　Cgroups 典型应用架构图

Cgroups 可以通过设置 CPU 份额(CPU shares)或 CPU 时间片(CPU period)来限制每个容器的 CPU 资源使用量。例如，可以为每个容器设置相同数量的 CPU 份额，以确保它们平等地共享 CPU 资源。

此外，使用 Cgroups 还可以通过设置内存限制(memory limit)来限制每个容器的内存使用量。根据实际情况，可以为每个容器设置不同的内存限制，确保它们不会超出系统可用内存的总量。

在这个应用例子中，Java 应用程序的 GC 堆大小由参数-Xmx 指定，而不受 Cgroups 限制。这是因为 Java 应用程序通常会根据-Xmx 参数来配置其最大可用内存，GC 堆大小会根据这个参数进行动态调整。因此，在设置 Cgroups 限制时，需要确保为 Java 应用程序设置了适当的-Xmx 参数，以避免内存溢出和性能问题。通过以上措施，可以有效地利用 Cgroups 来控制容器的资源使用量，包括 CPU 资源和内存大小，从而实现容器之间资源的公平分配和系统的稳定性。

3.2.3　Rootfs

在容器技术中，Rootfs 是容器的根文件系统，它提供了容器运行时所需的文件和目录。与传统的操作系统根文件系统类似，但容器中的 Rootfs 通常更加轻量化和精简，只包含容器所需的最小文件和目录，而不包含整个操作系统的完整文件系统。通过 Rootfs，容器可以在独立的文件系统空间中运行，并且容器之间的文件系统相互隔离。在容器技术中，Rootfs 通常由多个层组成，其中包括只读层(read-only layer)、可读写层(read/write layer)和 init 层(init layer)等，如图 3.20 所示。

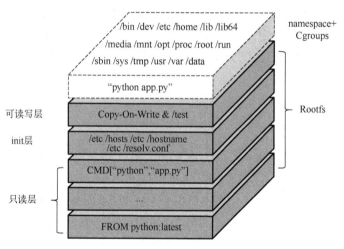

图 3.20　Rootfs 文件系统整体架构

(1)只读层：Rootfs 的基础层，包含了容器镜像的文件系统结构和静态文件。这些层通常由容器镜像的基础镜像构成，是不可更改的，即使容器运行时也不会被修改。

(2)可读写层：容器的可变层，用于存储容器运行时的变化和用户数据。当容器启动时，一个可写层会创建在只读层之上，容器内的所有写操作都会记录在这一层中，而原始的只读层则保持不变。

(3)init 层：一个特殊的层，用于在容器启动时执行初始化操作，例如，启动容器的 init 进程或者执行一些额外的初始化脚本。init 层通常是一个临时层，容器启动完成后会被移除。

这些层的组合构成了容器的文件系统，通过结合只读层、可读写层和 init 层，容器技术实现了高度的隔离性和可移植性，容器可以在相对独立的文件系统环境中运行，并且能够有效地管理容器的状态和数据。

3.2.4　Docker

Docker 是一个遵从 Apache 2.0 协议开源的应用容器引擎，是当今最流行的容器技术实现。Docker 的设计架构采用了传统的客户端-服务器模式，如图 3.21 所示。用户首先在 Docker 客户端与 Docker 守护进程创建通信并发送容器初始化请求。Docker 客户端的种类非常丰富，涵盖控制台命令行工具、任何遵循 Docker API 规范的客户端以及 Web UI 端。Docker 守护进程作为 Docker 架构中的主要用户接口提供了 API 服务响应并分发用户请求至不同模块以完成容器管理操作。

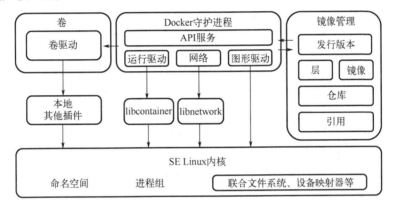

图 3.21　Docker 的基本架构

在用户容器创建时，镜像管理部分的发行版本模块和仓库模块会根据用户的指定路径从 Docker 仓库中拉取镜像。其中，发行版本模块负责与 Docker 仓库交互，上传以及下载镜像；仓库模块负责与 Docker 仓库实施身份验证以及镜像查找、验证等操作；镜像模块负责存储、查找镜像的元数据以及镜像层的索引操作；引用模块负责存储本地所有镜像的仓库以及标签名，并维护与镜像 ID 的映射关系；层模块负责对镜像元数据的增、删、改、查操作，并将其映射至实际存储镜像层文件系统的图形驱动模块中。

Docker 守护进程为实现统一的创建和管理容器操作，将操作分为容器执行驱动、卷存储驱动以及镜像存储驱动 3 大类，并相应实现了运行驱动、卷驱动以及图形驱动。其中，运行驱动实现了对 Linux 操作系统内包括命名空间资源隔离组件、Cgroups 资源限制组件、APParmon 资源访问安全模块以及 SELinux 内核安全模块中所有操作的二次封装，由 Docker 的 libcontainer 库作为默认实现方案。卷驱动则负责容器中数据卷（volume）的挂载以及增、删、改、查操作。数据卷是 Docker 中用于持久化存储数据的一种机制，可以在容器之间共享数据，并且在容器删除后数据仍然保留。常见的卷驱动实现方案有本地驱动器、网络文件系统（network file system，NFS）驱动器、Ceph 驱动器以及 AWS EBS 驱动器等。最后，图形驱动用于最终执行用户的所有容器镜像操作，其维护一组与镜像层对应的目录并记录镜像层之间关系的元数据。通过这样的方式，用户对镜像的操作最终映射为对镜像层目录文件以及元数据的增、删、改、查，让用户无须了解文件的底层存储方式即可进行容器操作。常见的图形驱动实现方案有 aufs、btrfs、zfs、devicemapper、overlay 以及 vfs 等。

在容器运行时，网络环境的创建以及配置方面，Docker 通过网络驱动模块抽象一个容器网络模型(container network model，CNM)以实现统一的调用接口。CNM 将主机网络抽象为沙盒(sandbox)、端点(endpoint)以及网络(network)三类对象，并通过网络控制器提供统一的调用接口以实现网络的管理，其架构如图 3.22 所示。沙盒是每个容器自身独有的网络命名空间，它负责隔离容器的网络栈和网络配置，使得容器之间的网络不会相互影响。端点用于表示容器内部的网络连接点。每个容器都有一个或多个端点，端点负责管理容器与网络之间的通信，包括 IP 地址分配、路由规则、连接状态等。网络是一组容器的集合，它们共享相同的网络配置和通信规则。CNM 定义了多种类型的网络，包括桥接网络(bridge network)、覆盖网络(overlay network)和主机网络(host network)等。驱动程序是实现不同类型网络的插件，它们负责创建、配置和管理容器网络。常见的网络驱动程序包括 Docker 自带的桥接网络、覆盖网络和主机网络驱动程序，以及第三方插件，如 Calico、Flannel 等。

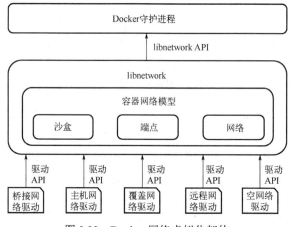

图 3.22 Docker 网络虚拟化架构

通过 CNM，Docker 提供了一种灵活和可扩展的容器网络架构，用户可以根据自己的需求选择适当的网络配置，并且能够与其他容器平台和网络设备进行集成。CNM 的标准化使得容器网络更加统一和易于管理，促进了容器技术在复杂网络环境中的应用和发展。

3.3 网络虚拟化

网络虚拟化是将传统上由硬件提供的网络资源抽象为软件的过程。网络虚拟化可以将多个物理网络组合成一个虚拟的、基于软件的网络，也可以将一个物理网络划分为多个相互独立的虚拟网络。网络虚拟化软件允许网络管理员在不重新配置网络的情况下在不同的域之间移动虚拟机。该软件创建了一个网络叠加层，可以在相同的物理网络基础上运行独立的虚拟网络层。网络虚拟化将网络资源从底层的硬件中抽象出来，使得网络更加灵活、可管理，并且能够满足不同应用场景下的需求。

在云计算环境中，云中路由器充当了连接数据中心内部网络和互联网的关键角色。数据中心的所有流量想要访问外部的时候，请求将发送到云中路由器，然后由云中路由器将请求路由到互联网上的目标服务器。云中路由器负责管理网络流量和执行网络地址转换等功能，以确保网络通信的顺畅和安全性。这种架构使得云中的虚拟机能够方便地与互联网上的资源进行通信，为用户提供了灵活、可靠的云计算服务。

　　二层交换机只具备网段内的通信转发能力，不具备网段间通信的数据转发能力。在典型的云计算业务场景中，可以把流量分为管理类流量、存储类流量以及业务类流量。对于不同类别流量之间的通信，可以分别使用不同类型的二层交换机，如图 3.23 所示。管理交换机负责转发物理服务器、存储设备以及用户之间的流量，以确保管理和控制流量的有效传输。存储交换机则负责转发物理服务器和存储设备之间的流量，以支持存储资源的高效访问和管理。业务交换机则专注于转发用户和物理服务器之间的流量，以满足用户对云服务的业务需求。这种分层的交换机架构有效地支持了云计算环境中各种不同类型流量的传输和管理，确保了云服务的稳定性和性能。

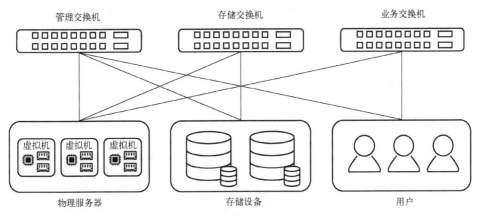

图 3.23　云中二层交换机互联功能

　　有时，数据中心内部也可能会出现不同的网段，一般来说，跨网段通信需要借助于路由器。然而，路由器的端口数量有限，并且路由的速度相对较慢，访问速度也会受到限制。在这种情况下，使用三层交换机是一种较好的解决方案。三层交换机的接口类型简单，拥有非常强的二层包处理能力，与此同时，它又能够在一定程度上完成路由器的部分功能。在云计算环境中，云中的三层交换机扮演着重要的角色，用于转发和路由多种流量，包括来自虚拟机的业务流量、来自存储设备的存储流量、来自物理服务器的管理流量以及来自用户的管理和业务流量，如图 3.24 所示。三层交换机负责将这些流量从源地址转发到目标地址，确保网络通信的有效性和安全性，从而支持云环境中各种业务和管理功能的正常运行。

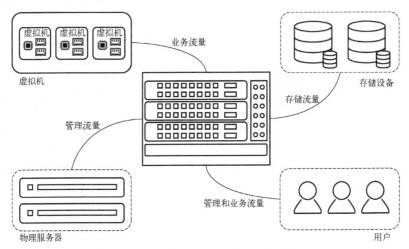

图 3.24　云中三层交换机互联功能

3.3.1 主机网络虚拟化

主机网络虚拟化是一种在单个物理主机上创建和管理多个虚拟网络的技术。它允许在一台物理主机上同时运行多个虚拟机，并使这些虚拟机能够拥有独立的网络环境，彼此之间相互隔离。虚拟交换机是主机网络虚拟化的核心组件，负责在主机上实现虚拟网络的连接和数据转发。它模拟了传统网络中物理交换机的功能，管理虚拟机之间的通信流量。如图 3.25 所示，虚拟网卡是虚拟机中用于连接虚拟网络的网络接口设备。每个虚拟机都有一个或多个虚拟网卡，用于与虚拟交换机及其他虚拟机进行通信。主机网络虚拟化的主要技术方法包括桥接与网络地址转换(network address translation，NAT)、虚拟交换机两种。

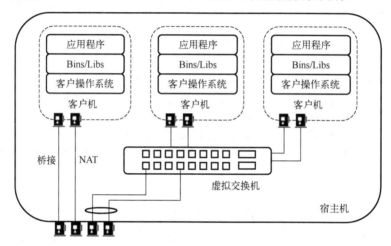

图 3.25　主机网络虚拟化基本架构

主机网络虚拟化使得虚拟机可以在不同的物理主机之间轻松迁移和复制，提高了系统的灵活性和可移植性。此外，主机网络虚拟化能够提供严格的资源隔离，确保不同虚拟机之间的安全性和隔离性，防止一个虚拟机故障导致整个系统崩溃。通过虚拟化技术，网络管理人员可以更简单地配置和管理虚拟网络，减少了网络管理的复杂性和工作量。

1. 桥接和 NAT 技术

桥接和 NAT 是常见的网络虚拟化技术，适用于个人或小型虚拟化网络环境中。其基本原理如图 3.26 所示。桥接技术将一台主机上的多个网络接口连接起来，其中一个网络接口收到的数据包会复制到其他网络接口。桥接相当于一个交换机，虚拟机的虚拟网卡连接到桥接设备的一个端口上，实现虚拟机之间和虚拟机与物理网络之间的通信。NAT 技术将网络包的源 IP 地址和目标 IP 地址进行转换，从而实现在不同网络之间的通信。在虚拟化环境中，NAT 相当于一个路由器，虚拟网卡连接到 NAT 设备的一个端口上，NAT 设备负责管理虚拟机的网络流量，使得虚拟机可以访问外部网络，并且外部网络也可以访问虚拟机。

2. 虚拟交换机

与前面的桥接或者 NAT 不同，虚拟交换机采用交换技术来连接虚拟机的虚拟网卡

（图 3.27），类似于物理网络中的交换机，适用于大型集群系统。其主要特点包括实现数据包的转发和交换、为虚拟机分配虚拟端口以连接到网络、实现虚拟机之间的网络隔离和流量控制以及提供管理接口进行配置和管理等。虚拟交换机在构建虚拟化平台和云计算环境中发挥着重要作用，为虚拟化资源的灵活管理和分配提供了关键支持。

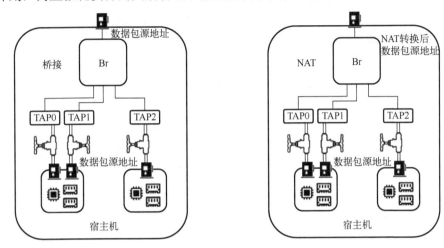

图 3.26　桥接和 NAT 示意图

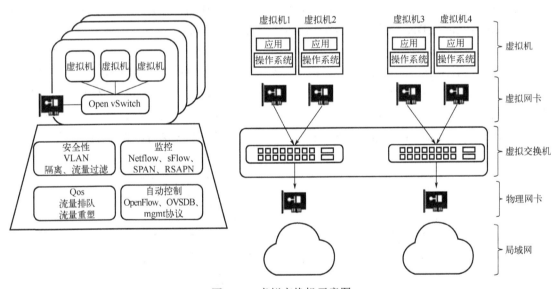

图 3.27　虚拟交换机示意图

3. 分布式虚拟交换机

分布式虚拟交换机是一种类似于普通物理交换机的网络设备，用于在虚拟化环境中实现跨节点的网络互联。每台主机都连接到分布式虚拟交换机中，其中一端与虚拟机相连的虚拟端口相连，另一端与主机上的物理以太网适配器相连的上行链路相连，如图 3.28 所示。不同物理机上的虚拟机连接到同一个分布式虚拟交换机上，使得这些跨节点的虚拟机可以共享网络环境，其互联效果等价于所有虚拟机都处在同一台物理机上，大大方便了通信和数据交换。

例如，虚拟机在进行跨主机迁移时能够保持其网络配置的一致性，从而确保了虚拟机的连通性和网络功能的稳定性。

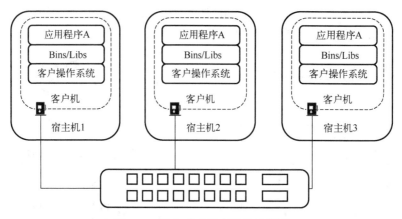

图 3.28　分布式虚拟交换机示意图

3.3.2　SDN 技术

前面的主机网络虚拟化实现了虚拟机到物理机到网络的连通，实现了基本的网络功能。在云数据中心层面，并没有专门的网络虚拟化技术。当前云中普遍采用软件定义网络(software defined networking, SDN)技术来实现全局层面的弹性网络控制和管理，起到了网络虚拟化的效果。

软件定义网络是一种新型的网络架构，旨在通过软件控制和管理网络设备，以实现更加灵活、可编程和可扩展的网络。传统的网络架构中，网络设备(如交换机、路由器等)的控制平面(control plane)和数据平面(data plane)是紧密耦合的；而在 SDN 中，这两个平面分离开来，其目的是更好地进行模块化管理，增加网络资源的弹性和灵活性。图 3.29 展示了 SDN 的基本架构。

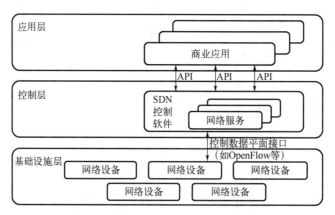

图 3.29　SDN 的基本架构

转发设备：这些是硬件或软件数据平面设备，执行一组基本操作。转发设备具有明确定义的指令集(如流规则等)，用于对传入的数据包采取操作(如转发到特定端口、丢弃、转发到控制器、重写一些头部等)。这些指令由南向接口(如 OpenFlow、ForCES、协议无关转发(POF)

等)定义,并由实现南向协议的 SDN 控制器安装在转发设备中。

数据平面:转发设备通过无线或有线链路相互连接。网络基础设施包括相互连接的转发设备,代表数据平面。

南向接口:转发设备的指令集由南向 API 定义,这是南向接口的一部分。此外,南向接口还定义了转发设备与控制平面元素之间的通信协议。此协议规范了控制平面和数据平面元素之间的交互方式。

控制平面:转发设备通过定义良好的南向接口实现由控制平面元素进行的编程。因此,控制平面可以视为"网络大脑"。所有控制逻辑都在应用程序和控制器中,它们构成了控制平面。

北向接口:网络操作系统可以为应用程序开发人员提供 API。此 API 表示北向接口,即用于开发应用程序的通用接口。通常,北向接口抽象出南向接口用于编程转发设备的低级指令集。

管理平面:利用北向接口提供的功能来实现网络控制和逻辑操作的一组应用程序。这包括路由、防火墙、负载均衡器、监控等应用程序。基本上,管理应用程序定义了策略,最终翻译为南向特定指令,用于编程转发设备的行为。

SDN 架构带来了多方面的优势。首先,通过将网络的控制与数据转发分离,实现了网络的灵活性和可编程性,网络可以根据需求动态配置和调整。其次,通过控制器实现对整个网络的集中管理,简化了网络管理和维护的复杂性。此外,SDN 架构还能够通过编程和自动化实现网络的自动配置和调整,提高了网络的运行效率和可靠性。最后,SDN 采用开放的接口和标准化的协议,促进了不同厂商设备的互操作性和开放性,为网络设备的发展提供了更广阔的空间。

第4章 数据中心管理

数据中心，准确来说是云数据中心，是指承载云计算任务的物理设施，由大量的计算设备和相关的支撑设施构成。数据中心网络负责连接各类计算设备，为设备间的通信和数据交换提供物理媒介，也为云用户访问云服务提供网络通道。本章主要介绍云数据中心构建的相关技术，包括数据中心网络、资源管理与监控两个部分。

4.1 数据中心网络

云数据中心网络，从技术类型来看，属于局域网范畴，因此基本的网络架构、互联协议也是基于已有的局域网技术的。但是，云数据中心是面向云计算服务的，与一般的计算集群不同，其在网络规模、通信要求等方面有自己的特殊性。

首先，节点数量规模比一般用于互联网接入的局域网大，有成千上万的计算设备。其次，数据中心网络中的通信负载比一般的局域网大得多，对带宽、延迟等网络性能有更高的要求，而且东西横向流量的占比也远高于一般的服务器集群。最后，云数据中心的设备类型、通信需求都具有多样化、动态化的要求，涉及几套相对独立而又资源共享的网络，分别用于承载集群管理、计算任务通信、存储系统访问等不同功能的通信需求。例如，基本的通信网络可能包括管理网络、存储网络、业务网络等，如图 4.1 所示。

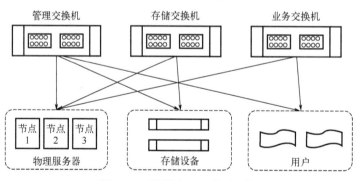

图 4.1 云数据中心多类型网络

下面将从网络架构与互联协议两个方面介绍数据中心网络的主要技术。

4.1.1 网络架构

微课视频

网络架构指数据中心网络的基本拓扑结构，可以粗略地分为三类：胖树架构、多维组构（fabric）架构和去中心化架构。

1. 胖树架构

早期的云数据中心采用基本的胖树架构进行网络互联，可能由两层或者三层交换设备构成。三层的胖树结构包括树根的核心层、中间的聚合层和树叶的边缘层(也称为接入层),如图 4.2 所示。这样的树形拓扑形成了高层设备需要更高带宽的特点,因此汇聚和核心交换设备需要高性能的网络设备。对大规模的数据中心网络来说,会大大提高建设成本。

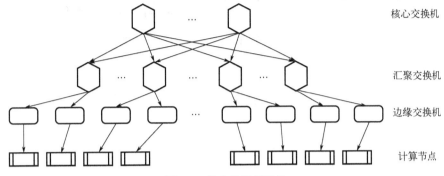

图 4.2　基本的胖树架构

为了降低对高性能交换设备的依赖,UCSD 的 AI-Fares 等将 CLOS 架构引入数据中心网络,提出了改进的胖树互联架构。CLOS 架构最早是由贝尔实验室的研究者 Clos 提出的一种电话交换网络,其核心思想是通过分级的交叉互联实现交换设备的能力聚合,从而用基本的、低性能的设备实现大规模的互联。CLOS 胖树互联架构也是典型的三层树形拓扑,其每层的交换设备规格相同。如图 4.3 所示,每台交换机有 k 个端口,每两台汇聚交换机和两台边缘交换机互联形成一个 Pod。每个 Pod 是一个基本的云服务部署单元,接入 k 台主机对应部署在一个机架(rack)上。CLOS 胖树互联架构中,任意两个 Pod 之间存在 k 条路径,相应的数据路由可以通过规则化的编址和路由机制实现。在 CLOS 胖树互联架构的基础上进一步演化出了多种不同变种,如微软的 VL2 架构等,这里就不再展开介绍。

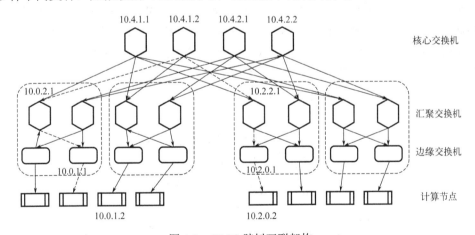

图 4.3　CLOS 胖树互联架构

2. 多维组构架构

现在大规模数据中心流行的架构是多维组构架构,该架构是由 Spine/Leaf 结构进行多重叠加构成的复杂架构,整体上形成多维的交换机组构结构,如图 4.4 所示。与传统的树形分层拓扑有很大不同,其平行路径要多得多,具有更高的通信容量和可靠性。

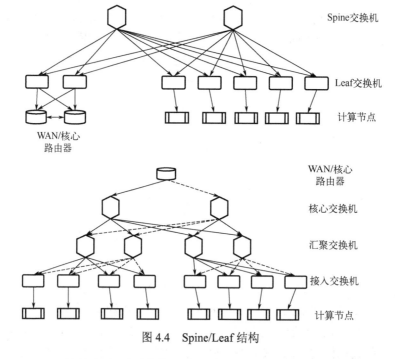

图 4.4　Spine/Leaf 结构

基本的 Spine/Leaf 结构包含两层交换设备。叶(leaf)交换机相当于传统三层架构中的接入交换机，一般负责连接一个机架中的计算节点。脊(spine)交换机相当于胖树架构中的核心交换机，但是只负责数据中心内部的东西(横向)数据流量。数据中心的南北数据流量是与叶交换机平行的边缘(edge)交换机负责的。从这个角度来说，可以认为多维组构架构是三层树形结构叠加多维的横向流量交换机阵列而形成的。

代表性的多维组构架构有 Cisco 的Massively Scalable Data Center(MSDC)、Brocade 的 Optimized 5-Stage L3 Clos Topology以及 Facebook 的多维组构架构等。如图 4.5 所示，在 Facebook 的架构中，每个 Pod 由 48 个叶交换机和 4 个组构交换机组成。脊层、组构层、叶层，形成了双重 Spine/Leaf 结构，形成 4 个脊面。

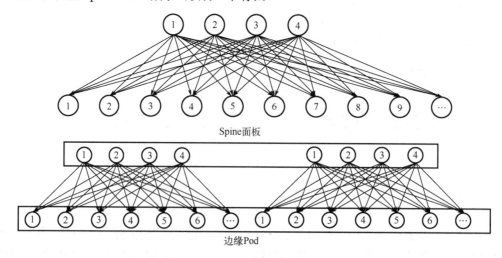

图 4.5　Facebook 数据中网络的 Pod

多维组构架构具有优异的扩展性，可以在不改变网络结构的前提下，方便地根据应用需求动态增减计算和交换设备。由于形成了大量的平行链路，其健壮性、可靠性都要明显优于传统的胖树结构。

3. 去中心化架构

去中心化架构是相对前面讲的基于交换设备分层的架构而言的。这类架构中，通过交换机接入计算节点形成基本的部署单元，然后在构建整体网络的方式上采用对等互联的模式：由多个小的单元对等互联形成高一级的单元，进而通过递归式对等互联构建成大规模架构。也就是说，通过大单元嵌套小单元的方式层层递归形成更大单元。

在这类结构中，往往是由网络设备和交换设备共同承载数据转发通信任务的，也就是说，计算节点需要根据路由选择，作为中间节点对过路数据包进行转发。这是树状分层架构中没有的。而且，一般不存在交换机到交换机的链路，也就没有直接的交换设备级联。去中心化架构的连接具有严格对称性，扩展能力非常强，能够利用少量的交换机实现大规模节点的互联，相应的容错能力、负载均衡能力也非常好。

下面介绍一个代表性的去中心化架构 DCell。DCell 是微软在 2008 年提出的一种数据中心互联架构，如图 4.6 所示。DCell 的最底层基本单元为 $DCell_0$，由一台交换机连接若干台主机构成。然后，$DCell_0$ 作为一个单元，与其他 $DCell_0$ 进行对等互联，构成一个更高层次的基本单元 $DCell_1$。依次类推，可以由 $DCell_i$ 构建更高层次的 $DCell_{i+1}$。DCell 架构的扩展能力是非常惊人的，例如，4 节点的基本单元，在第 3 层可以连接 176820 台服务器主机。这样的拓扑，其最高层数是由主机的网络接口数量决定的，因为在每一层，每台主机都需要使用一个网卡与其他单元进行连接。

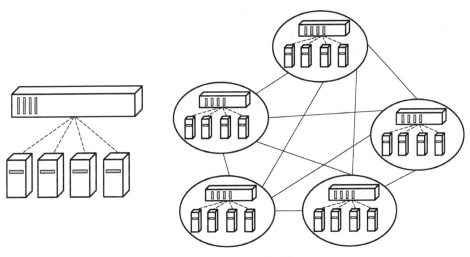

图 4.6　DCell 拓扑结构

另外，去中心化架构的缺点也非常明显：布线复杂、管理成本高，而且依赖主机承担通信数据转发，影响主机的服务处理能力。这些缺点使得去中心化架构很少在实际的部署中出现。

4.1.2 互联协议

网络架构规定了数据中心网络的物理拓扑和互联关系，而互联协议则是具体实现节点间数据交换的通信语言。数据中心网络是一种特定场景的局域网络，因此，最简单的是采用 TCP/IP 以太网互联协议，具体是以太网协议中的局域网通信协议。不过，为了适应大规模、高负载的数据中心通信需求，人们也设计了一些专用性的集群通信协议，既有 InfiniBand 这样的公开协议，也有 Proprietary 等私有协议。基本的 TCP/IP 协议是非常基础的互联协议，不做具体介绍。下面首先介绍远程直接存储器访问（remote direct memory access，RDMA）技术，然后介绍基于 RDMA 技术的主要互联协议：InfiniBand（简称 IB）、RoCE 与 iWARP。不过需要指出的是，未来的数据中心网络应该是朝着融合方向发展的，即超融合数据中心网络，基于 IP 协议统一数据中心的各种网络互联需求和目的。

1. RDMA 技术

RDMA 是 InfiniBand 协议率先引入的一种远程访问内存技术，可以大大提高节点间的数据访问性能。标准的 TCP/IP 协议中，通过网卡收发的数据需要先从网卡缓存/用户空间缓存复制到内核空间的 Socket 缓存，然后在内核空间进行封装后再复制到网卡缓存/用户空间缓存。内核空间中的数据封装需要通过一系列网络协议的处理，包括 TCP、UDP、IP 以及 ICMP 等，数据处理环节多，增加了处理器负担和处理延迟。

RDMA 是为了解决网络传输中服务器端数据处理的延迟而产生的，其基本原理如图 4.7 所示。RDMA 是最先在 IB 网络中引入的远程数据访问技术，最早在 InfiniBand 网络上实现。使用 RDMA 技术，一台主机可以从内存直接访问另一台主机或服务器的内存，无须操作系统和 CPU 对网络访问的参与。RDMA 的内核旁路机制允许应用与网卡之间的直接数据读写，将服务器内的数据传输时延降低到 1μs 以下。同时，RDMA 的内存零复制机制允许接收端直接从发送端的内存读取数据，极大地减轻了 CPU 的负担，提升了 CPU 的效率。

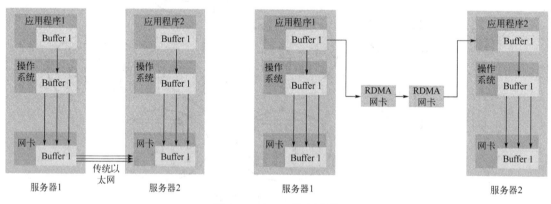

图 4.7 RDMA 基本原理

2. InfiniBand 协议

InfiniBand 是一种高性能的网络互联技术，最初由英特尔、IBM、微软、惠普等当时的 IT 巨头合作在 2000 年发布，具体是由 IBTA 联盟负责技术开发维护的。InfiniBand 的目标是取代 PCI 总线，引入 RDMA 协议，追求更低的延迟、更大的带宽、更高的可靠性，从而实现更强大的 I/O 性能。后来几经变更，IB 演变为面向计算机集群互联的高性能网络技术。

InfiniBand 具有一套完整的网络协议，分成 4 层，与 TCP/IP 的协议是类似的，即数据链路、网络、传输、应用 4 层，如图 4.8 所示。每层有自己明确的功能定位，相互独立。层次之间是上下服务关系，下层为上层提供服务。

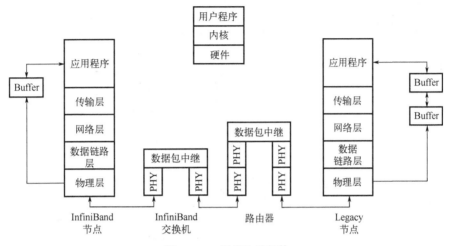

图 4.8　IB 网络协议架构

数据链路层：该层协议定义了数据包的格式和操作，如流量控制和子网内数据包路由等。链路层的数据包具体有链路管理数据包和一般数据包两种。

网络层：类似 TCP/IP 协议中的网络层，该层协议定义了子网间转发数据包的操作、数据包在子网间的路由转发。网络层是不参与子网内的数据传输的。

传输层：该层负责处理数据的切分、传输和重组。当消息的数据路径负载大于路径的最大传输单元(MTU)时，传输层负责将消息分割成多个数据包，并将数据包传送到指定的队列中。接收端的队列负责将数据重组到指定的数据缓冲区中。

应用层：定义了应用程序可以直接使用的上层协议，以及一些用于管理功能的消息和操作。InfiniBand 的应用层协议主要有 IPoIB、SDP、SRP、iSER、RDS、uDAPL 等。这些协议主要用于支持 RDMA 技术的使用。

IB 网络的数据同样以数据包(最大 4KB)的形式传输，采用的是串行方式。IB 采用 IPv6 的报头格式，其数据包报头包括本地路由标识符 LRH、全局路由标示符 GRH、基本传输标识符 BTH 等。IB 网络的数据包格式如图 4.9 所示。

3．RoCE 与 iWARP 协议

RDMA 技术对降低数据传输开销有显著作用，但是 IB 网络价格高昂。因此，把 RDMA 移植到 TCP/IP 以太网上就成为必然。目前融合 RDMA 的以太网技术有 iWARP 和 RoCE 两种，而 RoCE 又包括 RoCEv1 和 RoCEv2 两个版本。不同 RDMA 以太网的差异主要体现在融合程度上，如图 4.10 所示。RoCE 主要由 Mellanox 公司(该公司已经被 Nvidia 收购)研发，受到 IBTA 的支持；而 iWARP 则是由 IEEE/IETF 支持的，主要的技术研发公司有 Intel 和 Chelsio。相比之下，RoCE 更受欢迎，被超大规模客户使用。

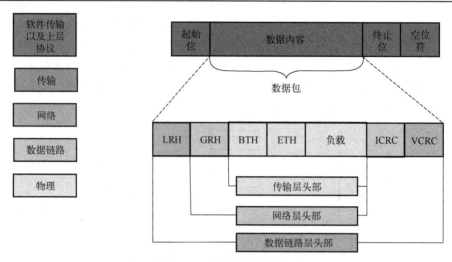

图 4.9 IB 网络的数据包格式

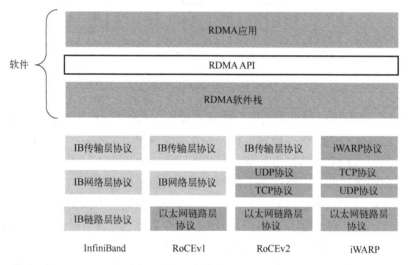

图 4.10 不同的 RDMA 技术

对比 RoCE 和 iWARP 两种协议,有以下几个方面的主要差异。首先,iWARP 采用 TCP,是基于连接的,只支持可靠的连接传输服务,不适合需要做多播通信的场景。而 RoCE 提供多种传输服务,包括可靠连接、不可靠数据报等,并支持用户级多播功能。其次,iWARP 的延迟更低,能实现长距离传输;而 RoCE 更适用于扩展性要求高的场景。

4.2 资源管理与监控

数据中心的核心功能是将各种底层资源以服务的方式提供给用户使用,其中,数据中心资源管理与监控是确保底层资源有效分配与使用的关键技术之一。这包括自动部署和监控服务器、存储、网络和其他基础设施资源,以确保它们的可用性、性能和安全性。下面从自动部署、集群监控、智能运维三个方面进行具体介绍。

4.2.1　自动部署

在数据中心内,多个物理集群通过物理网络实现互联,并将实际的物理资源虚拟化后自动地分发给用户使用。数据中心自动部署是指利用自动化工具和流程来快速、可靠地部署、配置和管理数据中心中的各种资源和服务。这种自动化可以涵盖硬件、操作系统、应用程序和网络设备等方面。通过实施数据中心自动部署,企业可以显著提高运维效率、降低成本,并加速应用程序的交付速度,从而更好地满足业务需求。下面介绍主要的自动部署技术及主流的工具。

1. 自动化脚本和模板

自动化脚本和模板是基本的计算集群管理手段,也是云数据中心管理的基本技术。管理人员编写自动化脚本和模板来定义和配置数据中心中的各种组件,如服务器、存储、网络等。这些脚本和模板可以自动执行,从而减少了手动操作和人为错误。自动化脚本是一组指令或命令的集合,以脚本的形式编写,用于执行特定的任务或操作。脚本可以使用各种编程语言编写,如 Bash、Python、PowerShell 等。

在用途方面,可分为任务部署、系统配置、数据处理以及故障排除。其中,任务部署指快速部署应用程序或服务,包括安装软件包、配置文件、启动服务等;系统配置指自动配置系统,包括用户管理、权限设置、网络配置等;数据处理包括日志分析、数据清洗、格式转换等;故障排除包括自动化快速故障检测和解决常见问题等。

2. 持续集成/持续部署

持续集成/持续部署(CI/CD)旨在通过自动化构建、测试和部署流程来提高开发团队的效率和软件交付速度。它包括两个主要概念:持续集成(continuous integration, CI)和持续部署(continuous deployment, CD)。

持续集成是指开发团队频繁地将代码集成到共享代码库(如版本控制系统等)中,并使用自动化的构建和测试流程来验证代码的正确性。持续集成的核心概念是通过自动化构建和测试来尽早地发现和解决问题,以确保团队在整合代码时不会引入新的错误。其关键要素包括自动化构建、自动化测试以及持续集成服务器。其中,自动化构建通过自动化工具(如 Jenkins、CircleCI 等)来执行构建过程,如编译代码、打包应用程序等;自动化测试包括单元测试、集成测试、端到端测试等,确保代码质量和功能正确性;持续集成服务器用于触发构建和测试任务,并生成构建报告和测试结果。

持续部署是持续集成的延伸,指将持续集成验证通过的代码自动部署到生产环境中。持续部署的目标是实现快速、可靠和频繁的软件交付,从代码提交到生产部署的时间尽可能缩短。其关键要素包括自动化部署、自动化发布以及环境一致性。其中,自动化部署使用自动化工具(如 Ansible 等)来自动化部署过程,减少人为错误和手动操作;自动化发布通过自动化流程将应用程序部署到测试环境、预生产环境和生产环境,并执行必要的验证和监控;环境一致性使用基础设施即代码(infrastructure as code, IaC)和容器化技术来确保各个环境的一致性,避免环境差异导致的部署问题。持续集成/持续部署的主要优势包括以下几点。

(1)更快的交付速度:减少手动操作和等待时间,加速软件交付过程。

(2)更高的代码质量：通过自动化测试和验证降低错误率，提高代码质量。

(3)更强的可靠性：降低人为错误和手动操作带来的风险，提高系统的稳定性和可靠性。

综合来看，CI/CD 是一种高效的软件开发和交付实践，通过自动化流程和持续集成/持续部署原则，可以实现更快速、更可靠的软件交付。

基础设施即代码是一种将基础设施的配置、管理和部署过程以代码的形式进行描述和管理的方法。它的核心理念是将基础设施的管理视为软件开发过程，通过编写代码来定义自动化基础设施的各种操作和配置，其关键概念和特点包括版本控制、自动化、可重复性、文档化、灵活性以及测试和验证。

(1)版本控制将基础设施的配置信息以代码的形式进行管理，并使用版本控制系统(如 Git等)对其进行跟踪和管理。这样可以轻松地查看历史版本、回滚修改、协作开发等。

(2)自动化通过编写代码来描述基础设施的配置和部署过程，实现自动化的基础设施管理。自动化可以减少手动操作，降低错误发生的可能性，并提高部署的一致性和可靠性。

(3)可重复性指基础设施即代码确保了基础设施的可重复性，即相同的代码可以在不同的环境中部署相同的基础设施，从而确保了环境的一致性和可复制性。

(4)文档化指通过代码来描述基础设施的配置和部署过程，基础设施的配置信息变得透明和可理解。代码本身就是最好的文档，可以直观地了解基础设施的配置和管理逻辑。

(5)灵活性指基础设施即代码提供了灵活的方式来管理基础设施，可以根据需求随时进行修改和扩展。通过修改代码，可以快速地响应业务需求和变化。

(6)测试和验证指基础设施即代码可以进行测试和验证，确保代码的正确性和稳定性。通过自动化测试和验证流程，可以减少潜在的问题和风险。

基础设施即代码可以采用各种自动化工具和编程语言来实现，如 Ansible Puppet、Chef等。它已成为现代 DevOps 文化和实践的重要组成部分，为构建、部署和管理可靠、可重复的基础设施提供了一种有效的方式。

3. 自动化部署工具

随着数据中心环境的规模和复杂性不断扩大，企业需要自动化工具来帮助他们管理负载、部署应用程序，并确保系统运行的安全以及合规。目前有许多自动化工具，其中最常见的自动化工具包括 Ansible、Puppet、Chef 等。这些工具提供了丰富的功能，可以帮助管理和配置数据中心中的各种组件。

1) Ansible

Ansible 是基于 Python 语言和 Paramiko 库开发的一个简单好用的模块化部署工具，主要模块包含 Ansible 的核心程序，HostInventory 模块记录由 Ansible 管理的主机信息，包括端口、密码、IP 等。Inventory 文件是 Ansible 的主机清单，其中定义了需要管理的主机和主机组。主机可以通过 IP 地址、主机名或者域名来标识；主机组则是一组主机的集合，可以按照功能、地区、环境等进行划分。

Playbooks 模块是 Ansible 的核心概念，它是一种以 YAML 格式编写的文件，定义了一系列的任务和配置。每个任务(task)包含一个或多个模块(module)，用于执行特定的操作，如文件操作、软件安装、服务启动等。CoreModules 实现任务管理的功能。CustomModules 用于自定义功能模块，用于实现 CoreModules 无法完成的功能。ConnectionPlugins 供 Ansible

和主机间通信使用。Ansible 使用安全外壳(secure shell，SSH)协议连接到目标主机，并且需要提供 SSH 登录凭据，包括用户名、密码或者 SSH 密钥。Ansible 在被管理节点上执行任务，并且收集执行结果。

在任务执行过程中，Ansible 按照 Playbooks 中定义的顺序执行任务，并且使用相应的模块来执行每个任务。模块向目标主机发送指令，并且获取执行结果，然后将结果返回给控制节点。Ansible 收集每个任务的执行结果，并且输出到标准输出或者日志文件中。执行结果包括每个任务的执行状态(如成功、失败、跳过等)、执行时间、执行输出等信息。如果在执行过程中出现错误或者异常，Ansible 会相应地处理并且尝试恢复执行。用户也可以自定义处理错误的方式，如忽略错误、终止执行、重试任务等。

Ansible 自动部署的执行模式可分为两种：ad-hoc 模式以及 playbooks 模式。其中，ad-hoc 模式主要用于实现批量单命令自动部署。playbooks 模式将不同任务的自动部署通过任务集合划分，并在每个任务集合内组合多条 ad-hoc 操作的配置文件以实现自动部署。Ansible 的执行流程如图 4.11 所示。

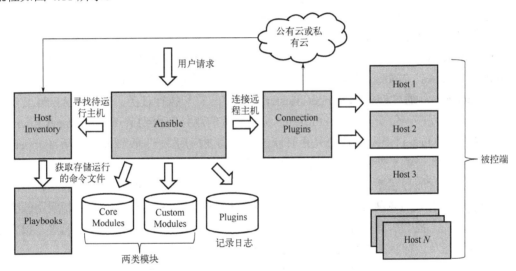

图 4.11 Ansible 执行流程

首先，从指定路径加载配置文件 ansible.cfg，该配置文件列出了需要管理的主机和主机组。清单文件可以是一个静态文件，也可以是一个动态生成的脚本。清单文件采用 INI 格式或 YAML 格式，指定了主机的 IP 地址、主机名、主机组等信息。Ansible 进而通过规则过滤主机目录中定义的主机清单列表。此后，Ansible 加载任务对应的模块文件并通过 CoreModules 将模块和命令打包为 Python 脚本文件。打包好的 Python 脚本文件将传输至远程服务器，对应用户目录的.ansible/tmp 路径并执行以及返回结果。

2)Puppet

Puppet 是基于 Ruby 语言开发的，使用自有的 Puppet 描述语言实现配置文件、用户、cron 任务、软件包、系统服务等系统实体的自动管理。Puppet 把这些系统实体称为资源。Puppet 设计之初的目标是减少资源的管理开销以及妥善处理资源间的依赖关系。Puppet 通过声明性、基于模型的方法进行自动部署，其基本组件包括 Manifests、Modules、Classes、Nodes、Facts、Puppet Master 以及 Puppet Agent 等。

Manifests 是 Puppet 中用于描述配置的文件。它们采用 Puppet 的声明式语言来定义系统的期望状态，包括文件、服务、用户、组等资源的配置信息。Manifests 通常以.pp 扩展名保存，可以包含一个或多个类和定义。

Modules 是 Puppet 中用于组织和管理配置的一种机制。每个模块都是一个独立的单元，包含了一组相关的资源和任务，如安装软件包、配置文件、启动服务等。Modules 提供了一种模块化的方式来管理配置，使得代码的复用和维护变得更加简单和有效。

Classes 是 Puppet 中的一种逻辑单元，用于组织和管理资源的配置。每个类包含了一组相关的资源和任务，如安装和配置一个特定的应用程序或服务等。通过将资源和任务组织成类的形式，可以实现代码的结构化和复用。

Nodes 是 Puppet 中需要管理的目标主机或节点。每个节点都有唯一的标识符以及一组属性，包括节点的硬件、操作系统、网络配置等信息。Puppet 使用节点的属性来确定需要应用的配置和任务。

Facts 是 Puppet 中用于描述节点特征和属性的信息的。每个节点都会收集一些事实信息，如操作系统类型、主机名、IP 地址等。Puppet 使用事实来确定节点的状态和配置要求，并根据事实信息来选择适当的配置。

Puppet Master 是 Puppet 中负责管理和分发配置信息的中心化服务。它存储了 Manifests、Modules、Classes、Nodes 等配置信息，并负责将配置信息传输到节点上。

Puppet Agent 通过连接到 Puppet Master 来获取配置和执行任务。Puppet Agent 是安装在节点上的代理程序，负责从 Puppet Master 获取配置信息并应用到节点上。Puppet Agent 周期性地与 Puppet Master 同步，并检查是否有新的配置需要应用。一旦收到配置更新，Puppet Agent 将会执行相应的任务来保持节点状态与期望一致。

Puppet 执行流程包括定义、模拟、强制、报告四部分，如图 4.12 所示。其中，定义步骤通过 Puppet 的声明性配置语言定义基础设施配置的目标状态；模拟步骤在强制应用改变配置之前进行测试；强制步骤在强制部署达成目标状态期间纠正任何偏离目标的配置；报告步骤记录当下状态及目标状态的变化，以及达成目标状态所进行的任何强制性改变。

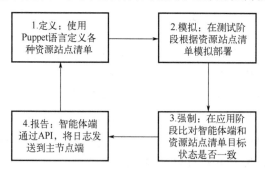

图 4.12　Puppet 执行流程

3）Chef

Chef 也是使用 Ruby 语言开发的，用于管理服务器、数据库以及其他数据中心基础架构组件的配置。Chef 的核心模块包括 Cookbooks、Recipes、Nodes、Roles、Chef Server 以及 Chef Client。其中，Cookbooks 是 Chef 中用于组织配置和任务的基本单元。每个 Cookbook 包含一组相关的配置和任务，如安装软件包、配置文件、启动服务等。Cookbooks 由 Ruby 脚本、配置文件和模板组成，以 DSL（domain specific language）的方式描述了需要执行的任务。

Recipes 是 Cookbooks 中的一部分，定义了具体的配置和任务。每个 Recipe 由一系列步骤组成，其中包含了对应用程序或服务进行配置的命令和指令。通过编写 Recipes，可以实现对基础设施的自动化配置和管理。Nodes 是 Chef 中需要管理的目标主机或节点。Chef 使用节点的属性来确定需要应用的配置和任务。Roles 是 Chef 中用于组织和管理节点的一种机制。每个角色代表了一类节点所具有的共同特征和功能，如 Web 服务器、数据库服务器等。通过分配角色，可以将一组节点归类并应用相应的配置和任务。

Chef Server 是 Chef 中用于存储配置信息和管理节点的中心化服务。它存储了 Cookbooks、Recipes、Roles、Nodes 等配置信息，并负责将配置信息传输到节点上。Chef 客户端通过连接到 Chef Server 来获取配置和执行任务。Chef Client 是安装在节点上的代理程序，负责从 Chef Server 获取配置信息并应用到节点上。Chef Client 周期性地与 Chef Server 同步，并检查是否有新的配置需要应用。一旦收到配置更新，Chef Client 将会执行相应的任务来保持节点状态与期望一致。

图 4.13 展示了 Chef 的执行流程。Chef 工作站是用户与 Chef 基础设施交互的位置。有了 Chef Workstation，用户可以使用 Test Kitchen 等工具编写和测试 Cookbooks，并使用 Knife 和 Chef 命令行工具与 Chef Server 进行交互。Chef Client 按照计划执行，将系统配置到所需的状态。Chef Server 充当配置数据的集线器。Chef Server 存储 Cookbooks、应用于节点的策略以及描述由 Chef 管理的每个注册节点的元数据。节点使用 Chef Client 向 Chef Server 询问配置细节，如 Recipes、模板和文件分发等。

图 4.13　Chef 执行流程

上述三种自动化工具各有其优缺点。从易用性角度来看，Ansible 以其简单的 YAML 语法和无代理架构而著称，是最容易学习和使用的工具。即使是几乎没有自动化经验的初学者，也能很快上手使用 Ansible。相比之下，Puppet 和 Chef 需要更多的专业技术知识，并且它们使用的特定领域语言（DSL）需要额外学习才能掌握。从可扩展性角度来看，Puppet 和 Chef 比 Ansible 更有优势。它们专为处理大型数据中心部署而设计，可同时管理数千个节点。Ansible 的无代理架构会限制其在大型复杂环境中的可扩展性。不过，Ansible 的性能仍然可以令人接受，并高效处理大多数任务。从集成和兼容性角度来看，这三种工具都支持多种平台和操作系统，因此具有通用性和灵活性。不过，Chef 与 AWS 和 Azure 等云平台的集成度最高。它还提供了一套全面的工具，用于将基础架构作为代码进行管理，因此成为云原生应用程序的热门选择。

4.2.2　集群监控

集群监控是数据中心管理的一个重要组成部分,其通过轻量级的自治软件程序收集和处理不同资源的使用数据,进而保障数据中心集群系统正常运行以及提供故障预警等功能。下面通过具体的监控工具对具体的监控技术进行介绍。

1. Prometheus

这是一个开源的监控和警报工具,最初由 SoundCloud 开发,并于 2012 年作为开源项目发布。它专注于收集和存储集群底层资源使用情况的时间序列数据,并提供强大的查询语言和警报机制,用于监控和分析数据中心的性能和健康状态。Prometheus 相比传统监控技术的优势在于采用拉取式架构以及多维度数据模型。其中,拉取式架构指定期从被监控目标(如应用程序、服务、操作系统等)上获取指标数据。这种架构有助于降低被监控目标的负载,同时保持监控系统的灵活性和可扩展性。通过多维度数据模型描述监控数据时,每个时间序列都由一组标签(labels)和一个时间序列值(value)组成。这种数据模型允许用户对监控数据进行灵活的查询和分析。在数据存储方面,Prometheus 使用本地的时间序列数据库来存储监控数据,并支持多种存储引擎。默认情况下,Prometheus 使用一种称为时间序列数据库(time series database,TSDB)的存储引擎,它采用一种高效的压缩算法来存储和查询时间序列数据。

在数据查询方面,Prometheus 提供了一种灵活的查询语言(PromQL),用于查询和分析监控数据。PromQL 支持各种聚合、函数和操作符,可以进行实时查询、聚合和统计分析,帮助用户了解系统的性能和状态。在预警规则设计方面,Prometheus 提供了一种灵活的警报通知机制,可以根据用户定义的规则和条件触发警报,并发送通知给相关的团队或个人。警报规则可以基于查询表达式,对监控数据进行动态分析,并根据条件判断是否触发警报。在可视化方面,Prometheus 提供了一种基本的查询界面,用于执行查询和可视化监控数据。此外,Prometheus 还可以与 Grafana 等数据可视化工具集成,提供更丰富和灵活的图表和仪表板功能。

Prometheus 系统架构如图 4.14 所示,其中,Prometheus Server 从监控集群中直接拉取数据或通过推送网关间接拉取数据,在本地存储空间内存储抓取到的所有样本数据,进而执行一系列分析规则以汇总现有数据或生成告警信息,并通过 Grafana 工具实现监控数据的可视化。Exporter 将监控数据采集的端口通过 HTTP 服务的形式暴露给 Prometheus Server,Prometheus Server 通过访问该 Exporter 提供的 Endpoint 端点,实现抓取所需采集的监控数据。Prometheus targets 是 Exporter 提供的采集接口或应用本身提供的支持 Prometheus 数据模型的采集接口。AlertManager 作为 Prometheus 系统中的报警处理中心,实现了在 Prometheus Server 中创建基于 PromQL 查询语言的报警规则。若查询指令满足 PromQL 定义的规则,则相应的报警会在指定条件下触发,报警后续的处理流程则由 AlertManager 进行管理。在 AlertManager 中可以采用发送邮件的报警方式,也可以通过 Webhook 自定义报警处理方式。

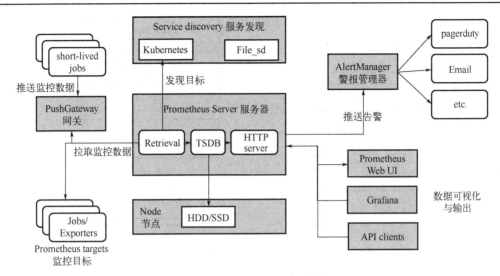

图 4.14　Prometheus 系统架构

　　PushGateway 用于在 Prometheus Server 无法直接与 Exporter 进行通信时提供中转服务，从而将内部网络的监控数据主动 Push（推送）到 Gateway 当中。Prometheus Server 也可采用同样 Pull（拉取）的方式从 PushGateway 中获取监控数据；Web UI 为 Prometheus 内置的 Web 控制台，可以查询指标、查看配置信息等，在实践中一般采用 Grafana。TSDB 为时间序列数据库，其中数据通过时间顺序进行索引。Service discovery 支持根据配置 File_sd 监控本地配置文件的方式实现服务发现（须配合其他工具修改本地配置文件），同时支持配置监听Kubernetes 的 API 来动态发现服务。

　　作为一种面向记录时间序列数据的监控工具，Prometheus 适用于以集群服务器为中心的监控，并在支持多维数据收集与查询方面有着特殊的优势。且同时部署多个 Prometheus Server 可提高监控系统的容错性，因为每个 Prometheus Server 都是独立运行的，不依赖于网络存储或其他远程服务。

　　2. Zabbix

　　这是一个开源的企业级网络监控工具，最初由 Alexei Vladishev 开发，后为其公司 Zabbix SIA 持续提供更新维护和技术支持。Zabbix 可用于监控各种数据中心资源，包括服务器、虚拟机、网络设备和应用程序等。它提供了丰富的监控功能，包括多种监控方式、历史数据存储、警报和通知、可视化报表等，帮助用户实时监控和管理其数据中心环境的性能和健康状态。

　　Zabbix 系统架构如图 4.15 所示，主要包括 Zabbix Server、Zabbix Agent、Zabbix Proxy、Zabbix Database、Zabbix Web Interface、Zabbix Sender 以及 Zabbix API 等组件。Zabbix Server 是 Zabbix 的核心组件，负责收集、存储和处理监控数据，以及执行监控配置和警报动作。它与数据库和前端界面交互，并通过 Zabbix Agent 或其他数据源获取监控数据。Zabbix Agent 是安装在被监控主机上的代理程序，负责收集本地系统的监控数据并发送给 Zabbix Server。Zabbix Agent 可以主动推送数据给 Zabbix Server，也可以被动接收 Zabbix Server 的请求并发送数据。

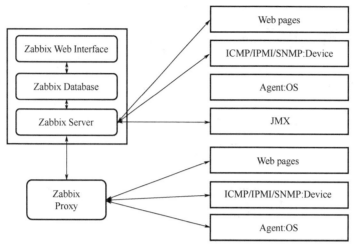

图 4.15　Zabbix 系统架构

　　Zabbix Proxy 是一个可选的组件，用于分散 Zabbix Server 的负载和减轻网络流量。它可以代理 Zabbix Agent 发送的监控数据，并将其汇总到 Zabbix Server。Zabbix Proxy 可以在不同的网络或地理位置部署，以提高监控的效率和可靠性。Zabbix Database 是用于存储监控数据和配置信息的关系型数据库。常用的数据库引擎包括 MySQL、PostgreSQL 和 SQLite 等。Zabbix Server 和其他组件通过数据库来进行数据交互和存储。

　　Zabbix Web Interface 是用户和管理员使用的管理界面，用于配置监控项、触发器、警报规则等监控配置，并查看实时监控数据、历史数据和报表。通过 Web 界面，用户可以对监控系统进行全面的管理和操作。Zabbix Sender 是一个命令行工具，用于手动发送监控数据给 Zabbix Server。它可以用于测试监控配置和发送自定义数据。Zabbix API 是一个用于与 Zabbix Server 进行交互的 Web Service 接口，提供了一组 RESTful API，允许用户通过编程方式访问和操作 Zabbix。Zabbix API 可以用于自动化配置、数据导入导出、报表生成等操作。

　　在监控方式的选择上，Zabbix 可选择主动监控和被动监控两种监控方式。主动监控是由 Zabbix Agent 主动建立 TCP 连接并向 Zabbix Server 端发送请求获取监控项列表，并将监控项数据提交给 Zabbix Server 实现的；被动监控是由 Zabbix Server 建立 TCP 连接并向 Zabbix Agent 端发送请求获取监控项数据实现的。Zabbix 的优势在于支持 Agent、SNMP、JMX、Telnet 等多种采集方式，支持主动和被动模式数据传输，支持用户自定义插件、自定义间隔收集数据以及支持 Proxy 分布式监控、分布式集中管理，拥有开放式接口，扩展性强，插件编写容易。

4.2.3　智能运维

　　随着数据中心的不断发展，运维工作逐步从服务器配置管理延伸到软件包管理、代码上下线、日志管理与分析、监控和告警以及流量管理等工作，并且经历了人工、工具自动化和智能化运维这几个阶段。智能运维旨在利用数据和算法强化运维的自动化程度并提高工作效率，具体可以定义为，在监控系统、服务平台以及自动化之上，利用大数据和机器学习技术扩展人类的运维能力。智能运维为运维技术方向增添了新的研究空间，在自动化运维的平台基础上解决了智能化问题，实现了使机器进行判断与决策的目标。以下是智能运维中常用的方法。

1. 异常检测

异常检测是一种通过对数据进行分析和模式识别,从监控系统收集的机器运行数据中发现与其他对象具有显著差异的对象的技术。这些异常可能表示系统的故障、性能下降、安全威胁等问题,需要及时发现并处理。以下是几种常见的异常检测技术。

1) 基于统计学的方法

这种方法基于数据的统计特征,如均值、方差、分布等,将与正常模式偏离较大的数据点识别为异常。常见的统计学方法有 Z-score、箱线图、3σ 法则等。

Z-score 通过计算数据点与数据集平均值之间的偏差,并将其标准化为标准差的倍数,从而确定数据点是否远离数据集的中心。一旦识别出异常值,可以根据具体情况采取适当的处理方法。Z-score 的优点包括简单易用、快速计算、对数据分布不敏感等。然而,它也有一些限制,如对数据分布要求较高(需要近似正态分布)、对异常点密度敏感(在高密度区域可能误报)、不能处理时序数据等。

箱线图可以直观地显示数据的分布情况,通过观察箱线图中的异常点(离群值),可以快速识别出可能存在异常的数据,并根据具体情况采取适当的处理方法。箱线图的优点包括简单易用、直观清晰、对数据分布不敏感等。然而,它也有一些限制,如无法捕获异常点的具体值、对数据分布偏斜较大的情况不敏感等。

3σ 法则基于正态分布的性质,假设数据呈现正态分布,并根据数据的均值和标准差来确定异常值的范围,异常值通常定义为距离均值超过 3 个标准差的数据点。3σ 法则的优点包括简单易用、快速计算、适用于正态分布的数据等。然而,它也有一些限制,如对非正态分布的数据不适用、对数据中存在趋势或周期性的情况不敏感等。

2) 基于机器学习的方法

这种方法利用机器学习算法从数据中学习正常模式,并将与学习模型不匹配的数据识别为异常。常见的机器学习方法包括支持向量机(SVM)、聚类算法、随机森林等。

SVM 异常检测利用支持向量机算法在数据集中找到最佳的超平面,将正常数据和异常数据分开。首先,选择适当的特征或属性来描述数据点,进而使用标记的训练数据集训练一个 SVM 模型。在训练过程中,SVM 算法会寻找最佳的超平面,使得正常数据点与异常数据点之间的间隔最大化。随后,使用训练好的 SVM 模型对未标记的数据进行预测。通过计算数据点到超平面的距离或决策函数的输出值,可以确定数据点是否为异常值。SVM 异常检测的优点包括能够处理高维数据、适用于复杂的数据分布、对异常点的探测能力较强等。然而,它也有一些限制,如对大规模数据集的计算复杂度较高、对超参数的选择较为敏感等。

基于聚类算法的异常检测通过将数据点分成不同的集合(或簇),并识别离群集中的数据点作为异常值。常见的聚类算法有 k-means、DBSCAN、层次聚类等。其中,k-means 聚类是一种基于距离的聚类算法,它将数据点分成 k 个簇,每个簇具有一个质心,使得簇内的数据点与质心之间的距离最小化。DBSCAN(density-based spatial clustering of applications with noise)是一种基于密度的聚类算法,它将数据点分为核心点、边界点和噪声点,根据密度连接的原则将核心点相互连接成簇。层次聚类将数据点逐步合并成层次结构的簇,形成树状的聚类图,可以基于距离或相似度进行自下而上(凝聚型)或自上而下(分裂型)的聚类。基于聚类算法的异常检测的优点包括能够处理复杂的数据分布、对异常点的探测能力较强、不需要标记的训练数据等。然而，它也有一些限制，如对高维数据集和噪声敏感、对聚类数目的选择较为敏感等。

基于随机森林的异常检测构建一个包含多个决策树的集成模型。每棵决策树在随机选择的特征子集上进行训练，并且采用自助采样(bootstrap sampling)的方式从训练集中有放回地抽取样本来构建。每个数据点通过随机森林模型中的所有决策树进行评分。通常使用的评分方式包括平均路径长度(average path length)或者袋外误差(out-of-bag error)等。较短的路径长度或者较高的误差可能表明数据点是异常的。根据设定的异常阈值，将评分高于阈值的数据点识别为异常点。基于随机森林的异常检测的优点包括对高维数据和大规模数据集的适用性、能够处理非线性关系、对异常值和噪声的鲁棒性较强等。然而，它也有一些限制，如需要调节一些参数、模型的解释性较差等。

3）基于深度学习的方法

这种方法利用深度神经网络等复杂模型从大规模数据中学习复杂的正常模式，并识别出与之不同的异常数据。常见的深度学习方法包括自动编码器(autoencoder)、生成对抗网络(GAN)等。

作为一种无监督学习的神经网络模型，自动编码器通常用于降维、特征提取或数据重构，并由编码器和解码器两部分组成。在异常检测中，首先使用无异常的数据训练自动编码器模型。训练过程的目标是最小化输入数据与重构数据之间的差异，即重构误差。对于每个数据点，通过自动编码器模型计算输入数据与重构数据之间的重构误差。通常使用的重构误差度量包括均方误差(MSE)或者平均绝对误差(MAE)等。进而根据设定的异常阈值，将重构误差高于阈值的数据点识别为异常点。自动编码器异常检测的优点包括对非线性关系的处理能力、对高维数据的适应性、不需要标记的异常数据进行训练等。然而，它也有一些限制，如对异常点的密度敏感、对异常点的分布情况要求较高等。

生成对抗网络由生成器和判别器两部分组成，两者间通过相互对抗的方式学习数据的分布。使用正常的数据训练生成对抗网络模型。训练过程的目标是使生成器生成的数据尽可能接近真实数据，同时使判别器无法区分真实数据和生成数据。对于生成的数据样本，使用异常检测算法(如基于统计学的方法或基于距离的方法等)进行异常检测。通过比较生成数据和真实数据之间的差异，识别可能的异常点。生成对抗网络异常检测的优点包括对复杂数据分布的建模能力、生成高质量的数据样本、不需要标记的异常数据进行训练等。然而，它也有一些限制，如训练过程中的稳定性问题、需要大量的训练数据和计算资源等。

4）集成检测方法

这种方法将多种异常检测技术进行组合和集成，以提高异常检测的准确率和鲁棒性。常见的集成方法包括组合多个异常检测模型、使用集成学习算法(如 Bagging、Boosting 等)等。其中，Bagging 方法可通过集成包括多个聚类算法以及随机森林算法作为基础模型的方式，使用不同的样本集训练不同模型，样本集可以通过自助采样的方式从原始数据集中抽取。对于每个模型，使用其训练得到的异常检测结果进行集成。常见的集成方法包括简单投票、平均值、加权平均等。根据集成后的异常检测结果以及设定的异常阈值，将集成后的异常检测结果超过阈值的数据点识别为异常点。Bagging 异常检测的优点包括能够降低模型的方差、提高异常检测的准确性、对异常值和噪声的鲁棒性较强等。然而，它也有一些限制，如需要更多的计算资源和时间来训练多个模型、对模型的选择和参数调优要求较高等。

Boosting 方法的思路类似 Bagging，也是首先以集成包括多个聚类算法以及随机森林算法的方式构建基础模型（弱学习器），并在每次迭代中加权训练样本，使得前一个弱学习器错误率较高的样本得到更多关注。常见的 Boosting 算法包括 AdaBoost、Gradient Boosting 等。对于每个弱学习器，使用其训练得到的异常检测结果进行集成。根据每个学习器的权重对结果进行加权平均或者简单投票，并将集成后异常检测结果超过阈值的数据点识别为异常点。Boosting 异常检测的优点包括能够降低模型的偏差、提高异常检测的准确性、对异常值和噪声的鲁棒性较强等。然而，它也有一些限制，如对模型的选择和参数调优要求较高、对异常点和噪声敏感等。

2. 故障诊断与分析

故障诊断与分析是智能运维领域的重要应用之一，通过使用人工智能和数据分析技术，帮助运维团队在较少依赖专家经验的同时更快速、更准确地发现、诊断和解决系统故障。在不需要人为总结显式规则的同时，基于算法和持续学习，挖掘隐含的故障规律。以下是两种常见的故障诊断与分析技术。

1）基于决策树的故障诊断

作为一种有监督学习方法，该方法首先收集系统的运行数据，包括日志、性能指标、事件等。然后，对数据进行预处理，包括清洗、去噪、归一化等，进而从预处理后的数据中选择合适的特征作为输入，这些特征应当能够有效地区分不同的系统状态或故障类型。同时，需要对数据进行标记，即为每个数据样本标注其所属的故障类型或状态。在训练过程中，决策树模型会根据特征值进行分裂，生成一系列的决策规则，这些规则可以帮助识别系统中的故障原因。最后，使用训练好的决策树模型对实时数据进行故障诊断和预测。根据模型的决策规则，识别当前系统的状态，并预测可能的故障原因。

常见的决策树算法包括 ID3（iterative dichotomiser 3）、C4.5、CART（classification and regression trees）等。其中，ID3 是最早的决策树算法，它通过选择具有最高信息增益的特征进行节点分裂。信息增益衡量了一个特征对于减小不确定性（熵）的贡献程度。C4.5 是 ID3 算法的改进版本，它解决了 ID3 算法中只能处理离散特征的问题，同时引入了悲观剪枝（pessimistic pruning）等技术来防止过拟合。CART 算法使用基尼指数（Gini index）来选择特征进行节点分裂，在每个节点上选择最佳的特征和阈值来划分数据集。在预防过拟合方面，CART 算法的剪枝分为预剪枝和后剪枝两种方式。预剪枝在每次节点分裂之前评估分裂的影响，如果不能显著提高模型的性能，则停止分裂。后剪枝在决策树构建完成后，通过修剪一些子树来减小模型的复杂度。

2）基于关联规则的根因分析

该方法利用关联规则挖掘数据中的潜在关联关系，帮助识别系统故障的根本原因。在关联规则挖掘中，频繁项集是指在数据集中经常一起出现的物品集合。一个项集的支持度（support）定义为包含该项集的事务数目占总事务数的比例。频繁项集是支持度不低于最小支持度阈值的项集。

该方法首先收集系统的运行数据，包括日志、性能指标、事件等。然后，对数据进行预处理，包括清洗、去噪、归一化等，以准备好用于关联规则挖掘的数据集。下一步使用关联规则挖掘算法（如 Apriori 算法、FP-Growth 算法等）从数据集中发现潜在的关联规则。

其中，Apriori 算法通过逐层搜索频繁项集来挖掘关联规则。首先，从单个项开始，找出频繁 1 项集。然后，利用 Apriori 原理(如果一个项集是频繁的，则它的所有子集也是频繁的)，基于频繁 1 项集生成候选 2 项集，并通过扫描数据集计算支持度，筛选出频繁 2 项集。接着，根据频繁 2 项集生成候选 3 项集，再次计算支持度，筛选出频繁 3 项集，依次类推并生成关联规则。

FP-Growth 算法首先对数据集进行扫描，并根据项的频度构建 FP 树(frequent pattern tree)。FP 树是一种压缩后的数据结构，用于表示频繁项集的结构信息。FP 树由根节点和多个项节点组成，每个项节点包含项的名称、支持度计数和指向相似项的链接。对于每个频繁项，构建其条件模式基(conditional pattern base)。条件模式基是以频繁项的前缀为条件，从 FP 树中提取出的所有路径。对于每个频繁项的条件模式基，递归地构建 FP 树。这样可以得到多个子树，每个子树代表了一个频繁项的条件模式基，进而根据构建好的 FP 树从树中提取频繁项集。通过遍历 FP 树的节点，对每个频繁项集的条件模式基应用递归过程，找出所有的频繁项集从而生成有效的关联规则。

通过关联规则算法挖掘得到的事件通常具有"前项"和"后项"的形式，这种形式表示两个事件之间的关联关系。接下来对挖掘得到的关联规则进行筛选和过滤，剔除低支持度和低置信度的规则，保留与根因分析相关的高质量关联规则。在获得挖掘到的高质量关联规则后识别系统中的潜在根因。根据规则的前项和后项，可以推断出导致特定问题或事件的根本原因，并对识别出的根因进行解释和验证，确保根因分析结果合理且可信。基于关联规则的根因分析的优点包括能够发现系统中隐藏的关联关系、不需要先验知识和复杂的模型训练过程等。然而，它也有一些限制，如可能存在大量的无意义规则、对数据质量和规模敏感等。

第 5 章 云计算平台

云计算平台相关技术，是处于物理资源和虚拟化资源之上、应用程序之下的中间部分，主要作用是调度运行应用程序和服务、分配和管理计算资源。从技术概念上来说，云计算平台属于操作系统的范畴。图 5.1 展示了一个一般化云计算平台的整体系统架构。整个云计算系统分为用户端、计算平台和数据平台三个大的层次。云计算平台提供的云服务可能是基于 Web 协议的，相应地，用户端发送到云计算平台的请求可能是基于 HTTP 协议的，也可能是基于其他协议的。用户的请求首先会被云端的入口设备接收，一般是负载均衡器，然后调度分发给相应的前端服务器。根据计算需要，前端服务器与后端服务器进行交互，完成用户请求的处理。后端服务器进一步与数据平台交互以完成数据访问和处理，再将结果发回给前端服务器。最后，由前端服务器发送响应给用户端。计算平台层还可能包括一些工具性的支撑服务，如管理方面的分布式协调机制、用户认证与安全管理服务，以及应用方面的位置服务、E-mail 服务等。

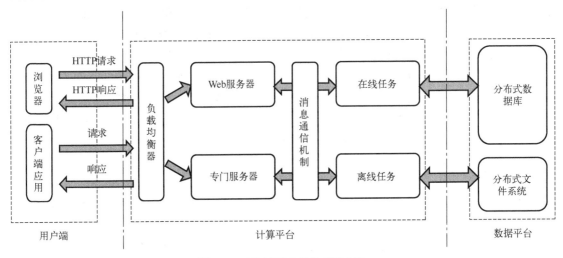

图 5.1　云计算平台整体系统架构

后端服务器上运行的计算任务可以粗略分为两类：在线任务和离线任务。在线任务指即时性的、服务型的计算操作，如搜索查询、在线购物等。这样的任务是用户的服务请求，相应的应用程序会持续运行，通过应用逻辑的编排实现业务流程的处理。对后端服务器来说，这些计算任务是一直在线的。前面提到的前端服务器上运行的应用一般都是在线服务类型的。离线任务则是指不需要即时完成的、可以在后台进行线下计算的任务。这样的任务往往是计算密集型的，会持续一定时间，但是不会一直运行，其运行时间长短可能差别很大。这些任务可能是用户直接提交的，也可能是云中其他节点或者进程提交的，因此也经常称为用户作业。

笼统来说，在线任务是需要尽快返回结果给用户的，是时延敏感的，QoS 要求高，需要预先部署服务实例并提供足够的资源。离线任务则可以线下完成，是基于用户的提交按需运行的，对时延不敏感，虽然可能有指定的完成期限。从云计算平台的构建、运维来说，两类任务差别很大，一般会部署各自的集群来承载。但是，两类任务对资源的需求又有很大的互补性，因此为了提高数据中心的资源效率，现在流行的做法是将两种任务部署在一个统一的集群上，即混部系统。这样的资源共享可以提高资源效率，但是也给任务调度和资源管理带来更大的挑战。

前面描述的云计算平台中的服务器可以是物理机、虚拟机或容器。云计算平台的构建涉及很多具体的关键技术，包括分布式协同管理、计算集群管理、任务调度与资源分配以及分布式数据管理等。本章主要介绍前三种技术。

5.1　分布式协同管理

分布式协同是指在分布式系统中，多个节点之间相互协作、共享资源、实现共同目标的过程。分布式协同可以涉及多种形式的协作和通信，包括互斥、选举、共识等。分布式协同是基础性机制，是云计算平台许多具体功能机制都要用到的。分布式协同相关的基础算法在第 2 章已经介绍过，本章的内容定位是，在基础算法的基础上实现具体的协同管理系统和工具，为云计算系统提供协同支持。这方面最知名的是 Google Chubby 和 Apache ZooKeeper（简称 ZooKeeper）。下面以著名的 ZooKeeper 为例，讲述分布式协同管理的具体实现技术。

ZooKeeper 是一个开源的分布式协调服务，用于在分布式系统中管理和协调各种资源。它提供了一个简单而健壮的分布式协调系统，用于执行如配置管理、命名服务、分布式同步、分布式锁和分布式队列等任务。ZooKeeper 的设计目标是将复杂且易出错的分布式一致性服务封装成一个高效可靠的原语集，并以一系列简单易用的接口供给用户使用。接下来从数据模型、原子性与一致性、监听机制以及访问控制机制四个方面来介绍。

5.1.1　数据模型

ZooKeeper 采用文件作为基础的数据模型，维护了一个迷你的文件系统。相应的协同操作具体是通过文件的读写来实现的。Zookeeper 的文件系统是改进版本的 Unix 文件系统，继承了树形文件系统的结构设计，同时引入特有的数据节点（ZNode）概念来替换传统文件系统中的目录和文件等实体。作为 ZooKeeper 数据模型中的最小单元，ZNode 既可以用于存储数据，也可以挂载子节点。通过树状结构将 ZNode 组织起来就构成了 ZooKeeper 的层次化命名空间，如图 5.2 所示。

组成 ZooKeeper 命名空间的一系列 ZNode 按其类型可分为持久节点（presistent）、临时节点（ephemeral）以及顺序节点（sequential），且每类节点的生命周期长短不尽相同。ZooKeeper 在运行期间基于上述三种节点组合式创建数据节点，具体可生成以下四种组合型节点类型：持久节点、持久顺序节点（presistent_sequential）、临时节点以及临时顺序节点（ephemeral_sequential）。

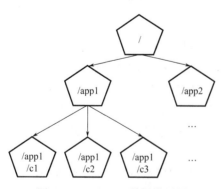

图 5.2　Zookeeper 数据模型图

最常用的是持久节点，该 ZNode 一旦被创建就会持续运行于 ZooKeeper 上，直到出现调用删除操作对该 ZNode 实施主动清除才会终止运行。持久顺序节点除具有持久节点的基本特性外，还表现出额外的顺序性。ZooKeeper 命名空间中每个父节点都会为其第一级的子节点维护一份顺序表，该顺序表记录了每个子节点的创建先后顺序。临时节点的生命周期相比前两种节点较短，由客户端的会话周期决定，当绑定的客户端会话失效后，ZooKeeper 会自动清理该临时节点。此外，临时节点仅能作为 ZooKeeper 命名空间中的叶子节点，不能自行创建子节点。临时顺序节点的基本特性与临时节点一致，仅额外添加了顺序特性。

ZooKeeper 的每个 ZNode 除进行数据写入和子节点的创建外，还存储了数据节点本身的状态信息，如表 5.1 所示，包括事务 ID、版本信息和子节点个数等。

表 5.1 ZooKeeper 数据节点状态信息表

状态属性	介绍说明
czxid	created ZXID，表示该数据节点创建时的事务 ID
mzxid	modified ZXID，表示该节点最后一次更新时的事务 ID
ctime	created time，表示该节点创建的时间
mtime	modified time，表示该节点最后一次更新的时间
version	数据节点的版本号
cversion	子节点的版本号
aversion	节点的访问控制列表（access control list，ACL）版本号
ephemeralOwner	创建临时节点的会话 ID
dataLength	数据内容的长度
numChildren	当前节点的子节点个数
pzxid	该节点的子节点列表最后一次修改时的事务 ID

在 ZooKeeper 中，事务定义为能够改变服务器状态的操作，包含 ZNode 的创建与删除、ZNode 内容更新和客户端会话创建与失效等操作。在事务处理过程中，ZooKeeper 会为每一个事务分配全局唯一的事务 ID，称为 ZXID（通常是一个 64 位数字的字符串）。由于每一个 ZXID 具有全局唯一性，ZooKeeper 可以从 ZXID 中间接识别出处理事务更新操作的全局顺序。

5.1.2 原子性与一致性

为保证分布式数据操作的原子性，ZooKeeper 为 ZNode 引入了版本的概念，其定义与传统定义的软件版本存在显著的区别，记录了 ZNode 内数据内容、子节点列表以及节点 ACL 信息的修改次数。每个 ZNode 具有三种类型的版本信息标识，包括 version、cversion 以及 aversion，为 ZNode 执行的任一更新操作都会触发版本信息的变更。其中，version 记录了当前 ZNode 的数据内容版本信息；cversion 记录了当前 ZNode 子节点的版本信息；aversion 记录了当前 ZNode 的 ACL 版本变更信息。例如，对 ZNode 的创建操作将对其 version 置 0，当对其进行一次数据内容更新操作后，version 更新为 1。需要注意，版本信息记录的是变更次数，即使执行更新操作后节点信息值并未变化，版本信息值依然会更新。

ZooKeeper 的版本概念实现了分布式事务管理中的乐观锁（optimistic concurrency control，OCC）机制。乐观锁是一种相对严苛的悲观锁的宽松形式实现方案。相比悲观锁假设不同事务的并发处理一定会发生相互干扰，进而通过强烈的独占与排斥特性避免不同事务对同一数据并发更新造成的数据一致性问题,乐观锁则首先假设多个事务处理期间不会发生相互干扰。在乐观锁机制中,事务通过回滚操作避免干扰,在提交更新请求前检查当前数据读取后其他事务是否进行了数据修改操作,若有其他事务执行了更新操作,则当前事务主动执行回滚操作,保证数据的一致性。具体来说,乐观锁控制事务的过程可分为三个阶段:数据读取、写入校验和数据写入。其中,写入校验实现了回滚策略,事务会检查数据在读取阶段后是否有其他事务进行了数据更新操作,以维护数据的一致性。

　　ZooKeeper 版本概念中的 version 属性是用于实现乐观锁机制的写入校验阶段的。当一个客户端尝试执行更新操作时,其首先检查对应数据节点上的 version 值与上次更新操作获取的 version 值是否匹配,若不匹配,则节点的数据版本发生了变化,从而中断此次更新并触发回滚策略。通过乐观锁机制,ZooKeeper 的客户端可以有效避免分布式更新的并发问题并构建更复杂的分布式锁服务。

　　除使用乐观锁机制外,ZooKeeper 还提供了原子广播(ZooKeeper atomic broadcast,ZAB)协议来保证数据一致性,并支持失效崩溃的恢复。其核心架构为主备模式。ZooKeeper 通过一个单一的主进程接收并处理来自客户端的所有事务请求。在此过程中,ZAB 协议将服务器数据的状态变更以事务 Proposal(提议)的形式广播给所有的副本进程。主备模式能够保证集群在同一时刻只允许一个主进程广播服务器的状态变更,进而处理客户端的并发请求。

　　在 ZAB 协议下,所有事务请求操作必须由部署在全局唯一服务器上的单一主进程协调处理。该全局唯一的服务器称为 Leader(领导者)服务器,集群内剩余服务器则是 Follower(跟随者)服务器。Leader 服务器将客户端事务请求转换为事务 Proposal,进而将该 Proposal 分发给集群内的 Follower 服务器。Follower 服务器随后发送反馈至 Leader 服务器,Leader 服务器在收到超过半数 Follower 服务器的正确反馈后会向所有 Follower 服务器分发 Commit(提交)消息并要求执行 Proposal 的提交操作。

　　ZAB 协议包含两种基本模式,分别为崩溃恢复以及消息广播。当 ZooKeeper 服务框架启动时遇到 Leader 服务器出现网络故障以及崩溃重启等情况时,ZAB 协议将主动切换至崩溃恢复模式并重新选举新的 Leader 服务器。在新 Leader 服务器与集群内超过半数的 Follower 服务器完成状态同步后,ZAB 协议会自动退出崩溃恢复模式。在这里,状态同步指数据同步,保证集群内半数以上 Follower 服务器与 Leader 服务器的数据状态一致性。在集群内半数以上 Follower 服务器与 Leader 服务器同步完成后,ZooKeeper 服务框架将进入消息广播模式。此时如果有额外同一遵循 ZAB 协议的服务器启动并加入集群内,则该新加入的服务器首先进入崩溃恢复模式,主动与 Leader 服务器通信并进行数据同步,然后参与集群的消息广播流程。

　　ZooKeeper 在运行中仅允许全局唯一的 Leader 服务器进行事务请求操作的处理。当其接收到来自客户端的事务请求后便生成相应的事务 Proposal,随后发起一轮新的广播协议。如果接收客户端事务请求的是集群内某一 Follower 服务器,则其首先将该事务请求转发给集群内的 Leader 服务器。如果在消息广播流程中,Leader 服务器出现崩溃或重启,或者集群内超过半数 Follower 服务器无法与 Leader 服务器保持正常通信,则 ZAB 协议也从消息广播模式切换至崩溃恢复模式,从而在重新开始新一轮原子广播事务操作前将所有进程通过崩溃恢复方式维护至一致的状态。

　　ZAB 协议在两种模式间执行与切换的过程可进一步细分为三个阶段:发现(discovery)、同步(synchronization)以及广播(broadcast)。组成 ZAB 协议的每一个分布式事务处理进程将循环执行这三个阶段，该循环称为一个 ZooKeeper 主进程周期。在 ZooKeeper 集群启动时，所有服务器都处于未知状态。在发现阶段，每个服务器都会尝试发送 Proposal 来争取成为 Leader 服务器。如果当前没有 Leader 服务器，则其中一个服务器可能会成为领导者，此时发现阶段结束。如果已经有 Leader 服务器存在，则其他服务器成为 Follower 服务器，并等待进入同步阶段。在同步阶段，Follower 服务器请求 Leader 服务器的最新数据状态。Leader 服务器则将最新的数据状态(事务日志)发送给 Follower 服务器，使它们能够追上 Leader 服务器的数据状态。这一阶段确保了所有服务器都具有相同的数据副本，并准备好接收新的数据更新。在广播阶段，一旦所有服务器都完成了同步，Leader 服务器就可以开始接收客户端的写请求，并将这些写请求转化为事务 Proposal。Leader 服务器通过 ZAB 协议将 Proposal 广播给其他服务器。一旦大多数服务器都接收了该 Proposal，Leader 服务器就可以提交 Proposal，并将结果发布到服务器上。这一阶段确保了所有服务器都按照相同的顺序应用相同的更新，从而保证了数据的一致性。

5.1.3　监听机制

在实际应用场景中，ZooKeeper 提供分布式数据的发布/订阅功能，类似 Kafka，使多个订阅者同时监听某一主体对象，并在该主体对象状态发生变化时告知所有订阅者。为实现这一需求，ZooKeeper 引入了监听(Watcher)机制。ZooKeeper 在运行期间允许客户端向服务端注册 Watcher 监听服务，当服务端的指定事件触发预定义的 Watcher 时，会向指定客户端发送事件通知来实现分布式通知功能。Watcher 可以监视以下事件类型：节点创建(node created)、节点删除(node deleted)、节点数据变更(node data changed)、子节点变更(children changed)。

如图 5.3 所示，ZooKeeper 的监听机制主要包括客户端线程、客户端 WatchManager 和 ZooKeeper 服务器三部分。其主要执行流程为，客户端线程向 ZooKeeper 服务器注册 Watcher 时将 Watcher 对象存储至客户端的 WatchManager 中，并在 ZooKeeper 服务器端触发 Watcher 事件时向客户端线程推送通知，客户端线程随后从 WatchManager 中取出对应的 Watcher 对象执行回调逻辑。Zookeeper 的 Watcher 具有如下几个特性。

(1)一次性。无论在客户端或服务器端，一旦触发一个 Watcher，ZooKeeper 会将其从存储位置中移除，这样的好处是减轻服务器端的负载压力。

(2)顺序性。客户端串行执行，客户端的 Watcher 回调过程是串行同步过程，保证了一致性。

(3)轻量级。每个 Watcher 的通知非常简单，仅告诉客户端发生了事件，但并不包含事件的具体内容，客户端须主动获取对应事件的数据。

此外，Watcher 通知是异步的，客户端需要通过回调函数或其他机制来处理 Watcher 通知。当节点状态发生变化时，ZooKeeper 服务器会异步地向客户端发送通知，客户端需要相应地处理这些通知。

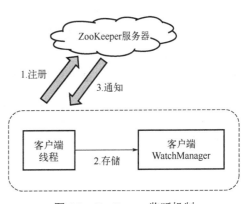

图 5.3　ZooKeeper 监听机制

通过 Watcher 机制，ZooKeeper 分布式系统可以实现高效的事件通知和协作机制，使得分布式应用程序能够实时响应节点状态的变化，并做出相应的处理。Watcher 在分布式系统中扮演着重要的角色，帮助实现了分布式系统的可靠性和灵活性。

5.1.4　访问控制

作为一种分布式协调服务框架，ZooKeeper 存储了大量的分布式系统运行时状态的元数据，涉及分布式锁、Leader 选举以及分布式协调等场景下的数据。这些数据直接影响基于 ZooKeeper 构建的分布式协调的运行性能，保障 ZooKeeper 元数据的安全性，避免误操作修改数据而导致的分布式系统故障是非常重要的。ZooKeeper 在这方面设计了一套完善的 ACL 机制来保障系统状态元数据的安全性。通过 ACL 机制，管理员可以定义哪些用户或角色有权执行特定操作，如读取节点数据、更新节点数据、创建节点、删除节点等。ZooKeeper 的 ACL 机制非常灵活，允许对节点的访问进行细粒度的控制。

传统 UNIX 文件系统中的权限控制通常采用 UGO（user、group 以及 other）机制，针对某一文件或目录分别为创建者、创建者所在组以及其他分配不同的权限。这是一种粗粒度的权限控制模式，仅能对三类用户的权限加以区分。与 UGO 机制相反，ACL 机制作为一种细粒度的权限控制模式，解决了针对任意用户和组的权限控制。ZooKeeper 的权限控制是基于 ZNode 节点的，分别对每个节点设置权限，其中，每个 ZNode 支持设置多种权限控制方案和多个权限，并且子节点不会继承父节点的权限。即使客户端无法访问某个节点，也可以访问其子节点。ZooKeeper 中的 ACL 机制主要由权限模式（scheme）、授权对象（ID）和权限（permission）组成。

权限模式用来确定权限认证过程中所应用的检测策略。ZooKeeper 中最常见的权限模式有四种，分别为 IP 模式，通过 IP 地址粒度或网段粒度来配置权限；Digest 模式，通过用户名加密码的形式进行权限配置，并且是最常用的模式；World 模式，是最开放的权限控制模式，在该模式下，数据节点的访问权限对所有用户开放，且可以看作一种特殊的 Digest 模式，所有用户不需要进行任何权限校验即可操作 ZooKeeper 上的状态元数据；Super 模式，也是一种特殊的 Digest 模式，在该模式下，指定的超级用户可以对任意 ZooKeeper 上的数据节点进行操作。在 ACL 机制中，某一 ZNode 设置了指定权限控制后，其他未授权 ZooKeeper 均无法访问该节点。这种方式可以很好地保障 ZooKeeper 的数据安全，但当该节点的创建者客户端退出或不再使用时，集群内其他客户端无权限清理该 ZNode。针对这一潜在隐患，Super 模式可以通过管理员身份清除无用的 ZNode，释放资源供给新的 ZNode。

授权对象是权限模式中赋予权限的实体，如用户、IP 地址或服务器等。不同权限模式下的授权对象不尽相同。表 5.2 列出了所有权限模式以及对应授权对象之间的关联关系。

表 5.2　ZooKeeper 权限模式与授权对象的关联关系

权限模式	授权对象
IP	通常是一个 IP 地址或是 IP 段
Digest	用户自定义
World	只有一个 ID："anyone"
Super	与 Digest 模式一致

权限则是通过指定模式下的权限检查后允许执行的操作。ZooKeeper 定义了如下权限操作：READ（R），ZNode 的读取权限，允许授权对象访问该数据节点并读取其数据以及子节点列表等信息；WRITE（W），ZNode 的更新权限，允许授权对象对该数据节点进行更新操作；CREATE（C），ZNode 的创建权限，允许授权对象在该数据节点下创建新的子节点；DELETE（D），ZNode 子节点的删除权限，允许授权对象删除该数据节点下的任一子节点；ADMIN（A），ZNode 的管理权限，允许授权对象对该数据节点进行 ACL 相关的设置操作。

除上述基础操作权限外，ZooKeeper 还提供了特殊的权限控制插件体系，允许开发人员通过指定方式对 ZooKeeper 的权限使用插件进行扩展，该机制也称为 Pluggable ZooKeeper Authentication。用户在完成自定义权限控制器的开发后将其注册至 ZooKeeper 服务器中即可，ZooKeeper 支持通过系统属性和配置文件两种方式注册自定义权限控制器。

通过 ACL 机制，ZooKeeper 提供了安全性和隔离性，允许对分布式应用程序的数据进行细粒度的权限控制，从而确保数据的保密性和完整性。ZooKeeper 的 ACL 机制支持多种身份验证方案，这使得 ZooKeeper 在各种环境中都能够实现安全访问控制。此外，ZooKeeper 的 ACL 机制对于应用程序开发者是透明的，开发者在使用 ZooKeeper 的过程中无须过多关注 ACL 的细节，只需要简单地设置所需的权限即可。但对于复杂的系统，管理 ACL 可能会变得非常复杂，特别是在拥有大量用户和节点的情况下。并且 ACL 的检查和授权会增加系统的性能开销，特别是在 ACL 列表非常大或者频繁修改 ACL 的情况下，这可能会对系统的性能产生一定的影响。综上所述，ZooKeeper 的 ACL 机制在提供安全性和灵活性的同时，也面临着管理复杂性和性能开销的挑战。因此，在设计和配置 ACL 时，需要综合考虑安全需求、系统复杂性和性能要求以及合理权衡各方面的利弊。

5.2　虚拟化资源集群

计算集群是云数据中心组织计算资源的基本形式，也是云计算模式之间的承载实体。云计算系统中的集群可以是物理资源，也可以是虚拟化资源，也可能两种形态并存。物理集群的管理在数据中心管理一章已经有介绍，这里聚焦虚拟化资源的集群化管理。虚拟化集群是云计算模式中实现弹性资源管理的直接基础。虽然虚拟化集群的管理平台软件有很多，但是基本功能、构成是类似的。下面以广泛使用的虚拟机管理平台 OpenStack 和 Kubernetes 为例介绍虚拟机集群管理和容器集群管理的基本技术原理和方法。

5.2.1　虚拟机集群管理

OpenStack 是亚马逊 AWS 虚拟化云平台的开源版本。OpenStack 遵循开放标准和协议，允许用户使用标准的 API 进行操作和管理，如 OpenStack API、RESTful API 等。这种开放性使得 OpenStack 能够与其他云平台和工具集成，并支持混合云和多云环境。OpenStack 中的所有子模块均以标准化 API 实现服务调用。

1. 整体架构

OpenStack 由多个独立的子模块组成，每个子模块负责实现特定的功能，如 Nova（计算）、Swift（对象存储）、Neutron（网络）等，如图 5.4 所示。每个子模块又采用分层设计理念依次拆分为 API、逻辑处理以及底层驱动适配三个层次。每个子模块均可以独立部署与使用，用户可以根据需求选择并部署特定的功能模块，从而构建适合自己需求的云平台。

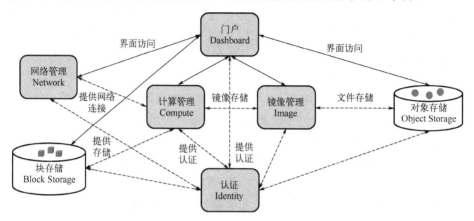

图 5.4　OpenStack 整体架构图

计算管理(Compute)由 Nova 子模块实现，对应 AWS 中的 EC2，用于实现物理服务器的虚拟化并提供虚拟机，将计算资源以虚拟机的形式交付给用户。这也是 OpenStack 最核心的构成部分。

网络管理(Network)由 nova-network 以及 Quantum 子模块实现，对已创建虚拟机的网络资源进行管理。

块存储(Block Storage)由 nova-volume 和 Cinder 子模块实现，类似于 AWS 中的 EBS 弹性云硬盘，实现向虚拟机提供块存储的管理服务。块存储将物理磁盘按需切分为不同存储空间并供给虚拟机。

对象存储(Object Storage)由 Swift 子模块实现。与 AWS 中的 S3 存储模块基于一次写入、多次读取、无须修改的思路类似，通过键值对方式实现流式存取对象文件的操作，适用于图片、视频以及邮件等海量数据的存储。

镜像管理(Image)由 Glance 子模块实现，用于管理 OpenStack 中的虚拟机，提供虚拟磁盘镜像的目录分类管理以及镜像库的存储管理等。

认证(Identity)由 Keystone 子模块实现，为 OpenStack 平台的所有子模块提供统一的授权和身份验证服务。

门户(Dashboard)由基于 OpenStack API 开发的 Horizon 模块实现，并以 Web 访问形式呈现给用户。

OpenStack 为终端用户提供两种访问入口，分别是门户以及 API。所有子系统提供标准化 API，终端用户通过指定 API 访问以及调用不同子模块的服务，并且不同子模块间也使用 API 进行接口调用。OpenStack 的 API 以描述性状态迁移(representational state transfer，REST)风格为主，基于 HTTP 协议以类似 Web Service 的方式调用指令。其设计理念包括：网络上的事物均抽象为资源(resource)且每个资源均有唯一的资源标识(resource identifier)；资源通过通用的连接器接口(generic connector interface)进行操作且对资源的操作无法修改资源标识；所有状态均是无状态(stateless)的。通过基于 REST 标准设计的 API，OpenStack 具备了基于 HTTP 的负载均衡能力，以及高可用和高扩展的分布式部署能力。此外，使用面向接口服务的开发模式使不同子模块间实现了低耦合并可以灵活调整具体的接口实现方式以及具有合理的集成能力。

2. 虚拟机管理

OpenStack 通过 Nova 子模块实现对虚拟化资源的管理，包括创建、启动、停止、暂停、删除等操作。用户可以通过 Nova API 或命令行工具来管理虚拟机实例。Nova 负责管理和调度计算节点，将虚拟机实例调度到可用的计算节点上进行运行。它可以根据虚拟机的需求和资源的可用性，进行调度和负载均衡操作。此外，Nova 支持虚拟机的迁移功能，包括冷迁移和热迁移。冷迁移是在虚拟机关机状态下进行迁移；而热迁移是在虚拟机运行状态下进行迁移，无须停机。Nova 允许用户创建虚拟机的快照，以便在需要时进行备份和恢复。虚拟机快照可以捕获虚拟机的当前状态，并在需要时使虚拟机恢复到该状态。在安全性和隔离方面，Nova 确保了不同用户的虚拟机实例之间的隔离性，并对虚拟机实例进行安全性检查和控制。Nova 具有良好的水平扩展性，可以轻松地扩展到成百上千台物理服务器以及支持成千上万个虚拟机实例，并提供了丰富的插件和扩展机制，允许用户根据自己的需求定制和扩展功能，以满足特定的业务需求。

Nova 集成现有多种主流的开源虚拟化技术，如 KVM、Xen、QEMU、VMware ESXi 等，实现了在不同场景下针对不同虚拟化技术的各自优势进行取舍并建设合适的虚拟化资源集群。OpenStack 通过在不同的虚拟化技术中与 VMM 交互实现物理资源的虚拟化以及访问等功能。图 5.5 展示了 Nova 子模块实现不同物理资源(如 CPU、内存、磁盘等)的虚拟化以及向用户交付的流程架构。Nova 通过不同适配 API 实现对不同虚拟化技术的集成：NovaAPI 通过调度器发送虚拟化资源管理指令至 Novacompute，Novacompute 在接收到指令后调用底层适配 API 与指定的底层 VMM 交互。其中，Libvirt API 实现了面向 KVM 以及 QEMU 虚拟化技术的 VMM 交互；VMware API 实现了 VMware ESXi 虚拟化技术的 VMM 交互；XenAPI 实现了与 Xen Server 的 VMM 交互。

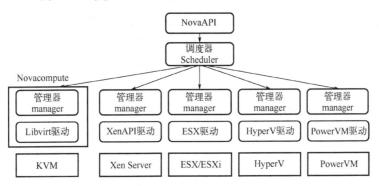

图 5.5　Nova 虚拟化架构

总体来说，Nova 具有弹性、可扩展性和灵活性等优点，但同时也面临部署配置复杂以及在大规模和高负载的情况下，可能会出现性能和效率问题的情况，如计算节点资源不足、虚拟机调度不均衡等挑战。对于需要构建和管理大规模云计算环境的组织来说，合理使用和优化 Nova 可以发挥其优势，提高资源利用率和运行效率。

5.2.2　容器集群管理

Kubernetes(简称 K8s)是以容器编排为核心的分布式集群管理框架，是 Google Borg 集群管理系统的开源版本。K8s 提供了自动化部署、扩展和管理容器化应用程序的完整解决方案，其整体架构如图 5.6 所示，为典型的主从模式。

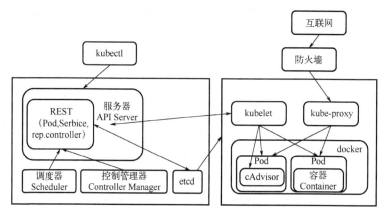

图 5.6　K8s 整体架构

Master 节点是整个容器集群的管理节点，部署有三个组件：API Server、Scheduler、Controller Manager。K8s 的组件间也是通过 API 进行交互的。所有 API 通过专门设计的 API Server 进行管理。调度器(Scheduler)的作用是将待调度的 K8s 最小单元 Pod 部署至合适的 worker(工作)节点上。控制管理器(Controller Manager)内集成了一组控制器，实现对如副本(replication)以及工作节点等的控制管理。每个工作节点上部署了两个重要组件，分别为 kubelet 以及 kube-proxy。其中，kubelet 是用于管理部署在本节点上的所有 K8s 最小调度单元的 agent(代理)；kube-proxy 则负责 K8s Service 的流量转发工作。

K8s 的核心概念是 Pod。Pod 是 K8s 中最小的可创建、调度以及管理的单元，它包含一个或多个紧密耦合的容器，并共享网络和存储资源。Pod 是部署和扩展应用程序的基本单位。每个 Pod 内的容器共享同样的网络命名空间、IP 资源以及端口区间。Pod 内的容器通过 volume(卷)机制实现共享存储。每个 Pod 有自己的生命周期，它们可以被创建、删除或重新启动。Pod 也可以被 K8s 调度到集群中的节点上，以确保它们的容器在运行时有足够的资源。一个 Pod 内的所有容器总是一起调度、运行和终止。这意味着它们在同一节点上启动和停止，并且共享相同的生命周期。Master 节点上的控制管理器在运行期间不断检查每个 Pod 的状态值，以实施对 Pod 的健康监控。Pod 的状态值及其基本含义如表 5.3 所示。

表 5.3　K8s Pod 的状态值及其含义

状态值	含义
Pending	Pod 的创建请求已经被系统接受，但该 Pod 仍有容器处于未启动状态，可能是处于镜像拉取阶段
Running	Pod 已经绑定到工作节点上且 Pod 内所有容器均已创建，至少有一个容器在运行、启动或重启过程中
Succeeded	Pod 内所有容器均已正常退出，并未进入重启过程
Failed	Pod 内所有容器均退出并至少一个容器因为发生错误而退出
Unknown	由于某些未知原因，主机的 kubelet 组件无法获取 Pod 的状态信息

API Server 作为系统管理指令的统一入口，承担了对所有 K8s 资源操作的提交工作，其总体上由两部分组成，分别为 HTTP/HTTPS 服务以及功能性插件。API Server 对外提供基于

REST 的管理接口，实施对 K8s 资源对象（如 Pod、Service、worker 节点等）的增删改查、配置以及监听操作。此外，API Server 还提供了系统日志的收集功能。K8s 使用 etcd 作为元数据存储平台以实现对资源进行增删改查操作后的持久化保持。在功能性插件扩展方面，API Server 可调用 admission control（访问控制）插件对集群资源的使用进行管理控制。此外，API Server 还可以调用内部或外部的用户认证与授权机制以保证集群安全性。创建一个 Pod 的示例请求响应流程如下：首先，API Server 在收到用户的请求后，根据用户提交的参数值创建一个运行时的 Pod 对象，进而根据 API 请求的上下文与 Pod 的元数据来验证 namespace 是否匹配，若不匹配，则创建失败；在 namespace 验证通过后，API Server 向 Pod 对象添加系统元数据，如创建时间和 uid 等；此后，API Server 检查 Pod 元数据的有效性，如果必需字段存在空值，则抛出异常并退出创建过程；最后，当 Pod 元数据有效时，在 etcd 中持久化存储该 Pod 对象，完成 Pod 的创建过程。剩余步骤将交由 scheduler 和 kubelet 执行。

K8s 的 scheduler 是一个经典的单体调度器，其根据指定的调度算法将 Pod 调度到特定 worker 节点上，称为绑定（bind）。调度器将调度分为两个阶段，分别为 Predicates 和 Priorities。其中，Predicates 阶段检查 Pod 调度到某一 worker 节点上的可行性；Priorities 阶段则在可选调度的 worker 节点集内进一步筛选最合适的调度节点。调度器允许用户自定义和扩展调度算法和策略，以满足不同场景下的需求。用户可以通过资源需求、节点亲和性、节点污点以及集群中节点的可用性和负载等情况定制调度器插件，并将其注册到 K8s 集群中运行。

K8s 的控制管理器包含多种控制器，如 ReplicaSet Controller、Deployment Controller、StatefulSet Controller、Service Controller 等，每个控制器负责管理集群中的不同资源、监控集群状态，并且根据用户定义的期望状态来调节集群中的资源。控制管理器不断地监控集群中的资源状态，并根据用户定义的期望状态进行调节和修复。例如，当某个 Pod 被删除或者失败时，ReplicaSet Controller 会自动创建新的 Pod 来保持期望的副本数量。控制管理器是可扩展的组件，用户可以根据需要自定义和扩展控制器，以满足不同场景下的需求。用户可以编写自己的控制器，并将其注册到 K8s 集群中。控制管理器会根据集群中资源的实际状态和用户期望状态之间的差异，进行调节和调整。例如，Deployment Controller 会根据用户定义的副本数量和更新策略，来保证集群中运行的 Pod 符合用户的期望状态。此外，控制管理器会生成事件和报警，用于通知用户集群中资源的状态变化和异常情况。用户可以通过监控系统或者命令行工具来查看和处理这些事件和报警。

kubelet 是 K8s 集群工作节点上最重要的管理组件，负责管理节点上所有 Pod 的生命周期，包括创建、启动、监控、重启和销毁等操作。它会根据调度器的调度结果，从容器镜像中创建容器，并且根据 Pod 的状态来调整容器的运行状态。kubelet 定期检查节点上运行容器的健康状态，包括容器是否处于运行状态、容器是否正常运行、容器是否退出等。如果容器异常退出，kubelet 会尝试重新启动容器，并且将容器的状态报告给 API Server。此外，kubelet 会根据 Pod 的资源需求和节点的资源限制，对节点上的资源进行管理和调度。它会监控节点的资源使用情况，以确保节点资源的有效利用。kubelet 还负责设置容器的网络环境，包括为容器分配 IP 地址、配置网络路由和端口映射等操作，并与容器网络插件进行交互，以确保容器可以与集群中的其他节点和服务进行通信。为实现可靠的故障诊断分析，kubelet 会收集容器的日志和监控数据，并定期报告给 API Server。

K8s 基于 API 调用以及 Service（服务）等概念为用户提供了服务发现以及反向代理的服

务,这些服务的底层实现机制则由 kube-proxy 提供。kube-proxy 负责监听 API Server 中 Service 和 Endpiont(端点)的变化,并且根据这些变化更新节点上的网络规则和转发表。通过这种方式,当新的 Service 或 Endpiont 被添加或删除时,kube-proxy 能够及时地更新节点上的网络配置。kube-proxy 提供了基于 iptables、ipvs 或者直接代理的负载均衡功能,支持 TCP 和 UDP 连接转发,默认情况下基于轮询算法转发客户端流量,以确保请求能够平均分发到后端 Pod 上。它会根据服务的类型(ClusterIP、NodePort、LoadBalancer)和端口映射规则,来进行流量的转发和分发。kube-proxy 为每个服务创建了一个虚拟 IP 地址,客户端可以通过该 IP 地址访问服务。kube-proxy 会将客户端的请求转发到后端 Pod 上,以实现服务的透明访问。如果服务的后端 Pod 分布在多个节点上,则 kube-proxy 负责确保客户端的请求能够正确地转发到相应节点上的 Pod,以实现跨节点的通信。kube-proxy 支持监控和调试功能,可以通过日志和指标来查看网络流量和负载均衡情况,以便于故障诊断和性能调优。

　　Deployment 是一种资源类型,是由多个 Pod 构成的一个集合,可以确保指定数量的 Pod 在集群中运行,并且可以自动进行滚动更新。Deployment 允许用户以 YAML 语法文件通过声明式的方式定义应用程序的期望状态,包括期望的 Pod 副本数量、容器镜像、资源需求等。K8s 将根据这些声明来确保应用程序的状态与期望的状态一致。Deployment 支持滚动更新,即在不中断服务的情况下逐步更新应用程序的容器镜像版本。用户可以通过 Deployment 配置来指定更新策略和最大并发更新数量,以确保更新过程的可控性和稳定性。如果更新过程中出现问题或者用户希望回滚至早期版本,则可以使用 Deployment 提供的回滚操作将 Deployment 回滚到先前的版本,以恢复应用程序的状态。Deployment 还可以与水平自动伸缩 (horizontal pod autoscaler)结合使用,根据应用程序的负载情况动态调整 Pod 的副本数量,以确保资源利用率和性能。

　　Service 也是一种 K8s 资源类型,用于定义一组 Pod 的网络端点,并提供统一的访问入口。Service 可以实现负载均衡、服务发现和内部网络通信等功能。通过负载均衡,Service 可以将传入的请求平均分发到后端 Pod 上,这使得应用程序可以水平扩展并处理更多的请求,而无须显式地管理后端 Pod。Service 提供了一种自动发现后端 Pod 的机制,无论后端 Pod 的数量如何变化,应用程序都可以通过 Service 来发现和访问后端服务。Service 还可以用于内部通信,即使后端 Pod 在不同的节点上,它们也可以通过 Service 进行通信,无须暴露在外部网络中。K8s 支持不同类型的 Service,包括 ClusterIP、NodePort、LoadBalancer 和 ExternalName 等。每种类型的 Service 都有不同的用途和特性。Service 可以将一个或多个端口映射到后端 Pod 上的指定端口,使得应用程序可以通过 Service 的指定端口进行访问。

　　在 K8s 中,namespace 是一种虚拟的资源划分机制,namespace 允许用户在同一个 Kubernetes 集群中创建多个虚拟集群,每个 namespace 中的资源相互隔离,不会相互影响。这使得不同组或应用程序可以在同一个集群中独立管理和部署自己的资源。namespace 提供了一种逻辑分组机制,使得用户可以将集群中的资源进行组织和管理。用户可以在 namespace 中创建 Pod、Service、Deployment、ConfigMap、Secret 等资源,并且这些资源只对所属 namespace 可见。K8s 支持对 namespace 进行访问控制,用户可以为不同的 namespace 设置访问权限和配额限制,以确保资源的安全和可靠使用。namespace 还可以用于创建不同的环境,如开发、测试和生产环境等。每个环境可以在独立的 namespace 中管理自己的资源,以确保环境之间的隔离和稳定性。namespace 具有唯一的名称空间,不同 namespace 中的资源可以拥有相同的名称而不会发生冲突，这使得资源命名更加灵活和可控。

Volume 是 K8s 中用于持久化存储数据的机制，它可以将存储卷挂载到 Pod 中的容器中，并提供持久化的存储空间，而不受容器生命周期以及重新部署的影响。Volume 可以用于存储应用程序的配置文件、日志、数据库文件等数据。K8s 提供了多种类型的 Volume，包括 emptyDir、hostPath、persistentVolumeClaim（PVC）、Secret 和 ConfigMap 等。每种类型的 Volume 都有不同的用途和特性，可以根据应用程序的需求选择合适的类型。Volume 可以将数据目录或文件系统挂载到容器中的指定路径上，使得容器可以直接访问数据。K8s 支持动态管理 Volume，可以根据需要动态创建、扩展和删除 Volume，以适应不同应用程序的需求。K8s 支持各种存储插件，可以将 Volume 映射到不同的存储后端，如本地磁盘、网络存储、云存储等。

Secret 和 ConfigMap 是 K8s 中用于存储敏感信息和配置数据的资源类型，它们可以被容器挂载为文件或环境变量，并在应用程序中使用。Secret 用于存储敏感信息，如密码、API 密钥、证书等。Secret 中的数据是经过 Base64 编码的，K8s 会对其进行加密存储，以提高安全性。Secret 可以挂载到容器中作为环境变量或文件系统中的文件，以供应用程序使用，实现安全地传递敏感信息以及轻量级的更新和管理。ConfigMap 用于存储配置数据，如配置文件、环境变量、命令行参数等，其数据以键值对的形式存储，可以包含任意格式的文本数据。ConfigMap 可以挂载到容器中作为环境变量或文件系统中的文件，以供应用程序使用。此外，ConfigMap 可以将配置数据从容器镜像中解耦，使得容器镜像的配置更加灵活。

5.2.3 Azure Fabric

Azure Fabric 是微软公司的一个容器管理平台，用于部署基于微服务的云端分布式应用程序。Azure 平台上的数个重要服务，如 Azure SQL Database、Azure IoT、Azure DocumentDB、Azure Event Hub 等，都是使用 Fabric 作为基础所开发的。Azure Fabric 可在几秒内进行高密度的应用程序部署，即每台计算机部署成百上千个容器微服务。使用 Azure Fabric，可以在同一个应用中将进程中的服务和容器中的服务混用。

Azure Fabric 的整体架构如图 5.7 所示。Azure Fabric 同时支持无状态以及有状态两种微服务。其中，无状态微服务将其服务的持久状态存储在 Azure 存储、Azure SQL 数据库、Azure Cosmos DB 等外部存储服务中；有状态微服务则使用 Azure Fabric 内的 Reliable Collections 或 Reliable Actors 编程模型实现服务状态的管理。每个命名服务都有一个主要副本和多个次要副本。在写入主要副本时修改命名服务的状态。然后，Azure Fabric 会将此状态复制到所有次要副本以使状态保持同步。当主要副本失败时，Azure Fabric 会自动检测并将现有的某个次要副本升级为主要副本，进而创建新的次要副本。

图 5.7 Azure Fabric 整体架构

Azure Fabric 提供的 Reliable Collections 是一种数据存储机制，用于在可靠服务中管理和操作数据集。它提供了一组分布式的、高可靠的集合类型，如 Reliable Dictionary、Reliable

Queue、Reliable Queue 等，使得开发人员可以在分布式环境中轻松地存储和操作数据，并保证数据的一致性和可靠性。Reliable Collections 遵循可靠性原则，提供了一致性、持久性和高可用性的数据存储和操作保证。它采用副本机制和分布式事务来保证数据的一致性和持久性，确保在面对节点故障、网络分区等异常情况时数据能够保持一致。Reliable Collections 支持分布式事务操作，允许开发人员在多个数据集合上执行原子性操作。它提供了事务管理 API，包括事务的开始、提交、回滚等操作，确保多个操作能够原子性地执行，避免数据不一致性和数据丢失。Reliable Collections 使用 Reliable State Manager (可靠状态管理器) 作为底层存储引擎，将数据持久化存储在本地磁盘上，并通过副本机制和数据复制来保证数据的可靠性。它可以在节点故障或服务重启时自动恢复数据，并保证数据不会丢失。

　　Azure Fabric 提供的 Reliable Services 是一种基于可靠性原则的编程模型，用于构建高可靠、高可用的分布式微服务。Reliable Services 提供了一组 API 和开发模式，使开发人员能够轻松地编写和部署可靠的分布式微服务。在状态管理方面，Reliable Services 允许开发人员在服务中存储和访问状态数据。它提供了一组高级的状态管理 API，包括添加、更新、查询、删除等操作，可以确保状态数据的一致性和持久性。对于有状态微服务，Reliable Services 编程模型允许使用 Reliable Collections 直接在服务内以一致、可靠的方式存储状态。Reliable Collections 是一组简单的高度可用、可靠集合类。利用 Reliable Collections，可将状态存储在计算旁，获得与高可用性外部存储相同的高可用性和可靠性。此模型还能改善延迟问题，因为可将运行此模型所需的计算资源与状态放置在一起。在可靠性保证方面，Reliable Services 遵循一系列可靠性原则，包括原子性、一致性、隔离性和持久性 (ACID 性质) 等。它采用副本机制和分布式事务来保证服务数据的一致性和可用性，确保在面对节点故障、网络分区等异常情况时服务能够继续运行并提供可靠的响应。此外，Reliable Services 支持弹性扩展功能，可以根据负载情况和资源需求动态调整服务实例的数量。它可以自动添加或删除服务实例，并实现负载均衡和故障恢复，确保服务能够按需扩展和收缩。

　　Reliable Actors 框架在 Reliable Services 的基础上构建，是根据执行组件设计模式实现虚拟执行组件模式的另外一种微服务框架。Reliable Actors 框架使用称为执行组件的单线程执行的、独立的计算单元和状态。Reliable Actors 基于 Actor 模型，将应用程序分解为一组独立的 Actor，每个 Actor 都是一个轻量级的计算单元，具有自己的状态和行为。Actor 之间通过消息传递进行通信，并且每个 Actor 的状态都是私有的，只能由该 Actor 自己访问和修改。Reliable Actors 遵循可靠性原则，提供了一致性、持久性和高可用性的数据存储和操作保证。它使用 Reliable State Manager 来持久化存储 Actor 的状态，并通过副本机制和数据复制来保证数据的可靠性。Reliable Actors 支持分布式部署，可以在 Azure Fabric 集群中部署和运行多个 Actor 实例，并且可以根据负载情况和资源需求动态调整 Actor 实例的数量。每个 Actor 实例都运行在一个独立的服务实例中，具有独立的状态和行为。Reliable Actors 支持自动伸缩功能。它可以根据预定义的规则和策略自动添加或删除 Actor 实例，并实现负载均衡和故障恢复，确保服务能够按需扩展和收缩。Reliable Actors 之间通过消息传递进行通信，可以发送和接收消息来实现 Actor 之间的交互。它提供了一组高级的消息传递 API，包括发送消息、接收消息、处理消息等操作，可以实现复杂的并发和分布式计算任务。

5.3　在线任务调度与资源分配

为用户发送的请求或者提交的作业调度分配适宜的计算资源并启动执行，是任务调度器的主要职责。调度过程中，需要将计算任务的要求，包括资源需求、时间要求等，与系统中的可用资源情况进行匹配，形成合理的任务执行次序和资源分配状态。云计算系统中，众多用户共享计算资源，有效调度计算任务、合理分配资源是提高系统资源效率的最关键因素。

如之前提到过的，云计算平台中的计算任务复杂多样，总体上可以分为在线服务和离线作业这两大类。由于这两类计算任务的运行方式不同，其调度方式和资源分配也有很大不同，因此需要分别进行介绍。

5.3.1　在线服务

在线服务指持续运行在云系统中，接收来自客户端的请求，调度分发给合适的服务实例，执行计算逻辑，然后返回结果给客户端。这里的客户端可以是云服务用户，也可以是系统中的其他应用程序实体。提供服务的则是具体的应用程序实例，运行在云平台的物理或者虚拟化集群中，其构成可以是传统的单体程序，也可以是基于微服务或者函数即服务架构的模块化程序。由于在线服务是即时交互性的，延迟敏感，因此服务实例是持续运行的，而且系统必须按设定的资源需求保障其有足够的资源可用，并能够在运行过程中根据请求负载情况动态扩展。

因此，在线服务调度中的关键问题是客户端请求分发给哪个服务实例的问题，而不是请求的处理顺序问题，这与服务的负载均衡直接关联。在线服务的资源分配问题则主要是服务实例的放置和扩展问题。相应地，在线服务的调度问题可以分解成两个子问题，称为服务请求调度与服务实例调度。

5.3.2　服务请求调度与负载均衡

微课视频

客户端收到在线服务的请求都会立即处理，一般是按照到达次序逐个分配给相应的服务实例。也可以根据用户类型或其他属性给服务设定优先级，但是整体上仍然是依次即时进行处理的。在多服务实例的场景下，服务请求的调度问题主要是为请求选择合适的服务实例来进行处理，也即请求分发的问题。这其中的关键点是负载均衡。

与一般集群服务系统类似，云服务的请求分发也可以采用两种不同的方法。最简单的是基于 DNS 的负载均衡分发。不同的服务实例，这里一般是服务器主机，配置不同的 IP 地址，共享相同的互联网域名。在云服务请求发出前，客户端主机需要解析云服务地址的域名，而 DNS 服务器在解析域名时按照设定的调度策略选择不同的服务器 IP 地址给客户端，从而达到不同请求分发给不同服务器的目的。这样的服务请求调度虽然简单，但是缺乏灵活性，负载均衡效果没有保证。

相比之下，更好的选择是基于负载均衡器的服务请求分发方式，在计算集群入口处部署专门的负载均衡器来处理请求分发。服务实例可以在单个 IP 地址上显示为虚拟服务，由负载均衡器通过反向代理的方式将请求按照调度策略分发给不同的服务实例来处理。该方法可以实现细粒度(如每个连接等)的调度,达到更好的负载平衡。软件实现的负载均衡器既可以工作在网络协议的第 4 层(传输层),如 LVS 等,也可以工作在第 7 层(应用层),如 Nginx 等。

除了调度方法,服务请求调度的另一个要素是调度策略,也即选择服务实例的依据或者规则。一些常识意义上的策略都可以采用。下面的三种策略是 LVS 和 Nginx 都有的。

(1)轮询法(round-robin):每个请求依次逐一分配到不同的后端服务器。这是最简单的策略,适合服务器的资源能力相当、服务过程简单的应用场景。

(2)加权轮询:为不同的服务实例设定权值,按照权值确定所分配的服务请求数量。这种方式比较灵活,适用于服务器性能差异大的场景。

(3)地址哈希(IP_Hash):将客户端的 IP 地址进行哈希,按照哈希值分配服务实例。这样的策略可以保证相同客户端的请求被相同的服务实例处理,能够实现会话(session)保持。

5.3.3 服务实例调度与自动扩展

服务实例是指提供云服务的应用程序实体。云服务的实例一般有多个副本以提高容量和可靠性。服务实例的调度问题是为一个服务确定其实例的数量并分配合适的承载资源,如虚拟机、容器或者物理服务器等。这就与云服务的扩展问题直接关联起来,一般由专门的自动扩展机制来负责处理。为此,需要从云平台的监控系统中实时获取用户请求的负载变化以及系统的资源可用状态。当服务请求发生显著变化时,按照事先设定的条件进行服务实例的增减;也有可能因为现有实例发生故障,需要启动新的实例。当需要启动新的服务实例时,自动扩展机制需要向集群控制模块申请相应的资源,可能是虚拟资源,也可能是物理资源,然后利用这些资源启动新的服务实例并完成相关的配置调整。

对于这种服务实例调度或者扩展,关键点是选择合适的资源,也就是服务实例的放置问题。这一步主要由集群管理系统实现。以 Azure Fabric 调度器为例,可以按照多种不同的目标或者要求来调度,包括资源感知调度、容错性调度、负载均衡调度、弹性扩展调度以及服务感知调度等。

(1)资源感知调度能够结合集群中各节点的资源使用情况,包括 CPU、内存、存储等资源的利用率等情况,将服务实例分配到资源充足的节点上,以实现资源的均衡利用和避免资源瓶颈。

(2)容错性调度能够在节点发生故障或服务实例发生故障时进行故障转移和重新调度,通过监控节点和服务实例的健康状态,并在检测到异常情况时自动进行故障恢复操作,将服务实例重新分配到其他健康的节点上执行,以确保服务的高可用性。

(3)负载均衡调度能够根据节点的负载情况和服务的资源需求,动态调整服务实例的分配,以实现负载的均衡和优化。

(4)弹性扩展调度根据服务的负载情况和资源需求自动调整服务实例的数量。它可以根据预定义的规则和策略自动添加或删除服务实例,并实现负载均衡和故障恢复,确保服务能够按需扩展和收缩。

(5)服务感知调度能够挖掘服务之间的依赖关系和通信方式,将依赖关系密切的服务实例分配到同一个节点上执行,以降低网络延迟和提高服务之间的通信效率。

5.4　离线任务调度与资源分配

离线任务一般是计算密集型的任务，是由用户提交给云平台来运行的作业。这种任务本身需要占用的资源比较多，如果提交了大量任务，是需要排队执行的，也就是说，集群中的资源是不可能满足所有任务同时运行的。反之，如果用户提交的作业不多，系统资源足够同时运行，调度就变得非常简单，只要给每个任务分配相应资源并启动运行就可以。因此，离线任务调度问题是根据系统资源状态，按照设定的调度策略从队列中选择要执行的任务。其中的关键是调度策略，也就是选择任务的依据或者规则。另外，不同的调度器架构也是决定调度器设计的重要因素。

5.4.1　任务调度策略

调度策略是指以何种策略或者方法来确定计算任务的执行次序和资源额度。云计算平台可以采用一些最基本的经典调度策略。这些策略可以用于简单的单计算机系统，也可以用于云计算这种集群系统。

(1)先来先服务(first come first served，FCFS)：按照任务提交的顺序依次执行。这是一种简单直观的调度算法，但可能导致长作业等待时间过长，特别是存在大量短任务时。

(2)优先级调度(priority scheduling)：为每个任务分配一个优先级，并按照优先级依次执行任务。优先级高的任务先执行，这种策略可以确保重要的任务优先执行。

(3)加权调度(weighted scheduling)：为每个任务分配一个权重，并根据权重和其他因素选择下一个要执行的任务。这种策略可以根据任务的重要性进行优先级调整。

(4)最早截止期限优先(earliest deadline first，EDF)：根据任务截止期限选择下一个要执行的任务，以确保及时完成具有严格截止期限的任务。

上面的调度策略既可以用于在线任务调度也可以用于离线任务调度。下面的几个策略也是经典策略，但是主要用于离线任务的调度。

(1)短任务优先(shortest job first，SJF)：选择执行时间最短的任务优先执行。这种策略可以最小化平均等待时间，但可能会导致长任务等待时间过长。

(2)最短剩余时间优先(shortest remaining time first，SRTF)：SJF 的抢占式版本，在当前正在执行的任务被抢占时，其选择剩余执行时间最短的任务执行。这可以进一步减少任务的等待时间。

(3)轮询调度(round-robin scheduling)：按照轮询的方式依次执行任务，每个任务执行一段时期后暂停并切换执行下一个任务。这种策略适用于运行时间较长的任务，可以减少长任务的等待时间。

(4)最高响应比优先(highest response ratio next，HRRN)：根据任务的等待时间和执行时间比率来确定下一个要执行的任务。等待时间越长且执行时间越短的任务会优先执行。这样可以确保短任务优先的同时避免长任务的等待时间过长。

上面这些经典调度策略主要用于确定任务执行的顺序，对于任务所占用的资源额度，一般是假设任务独占相关资源，或者根据用户预先要求额度来分配的。当系统中可用资源不够时，任务延迟，直到有足够资源可用。但是云计算平台是多节点的分布式集群系统，众多计算任务共享集群中的资源是基本模式，而且会有一些资源需求额度不固定的任务。因此，除了确定任务执行顺序，还要确定使用多少资源、哪些资源执行各个计算任务，也就是资源调度/分配问题。下面介绍两种代表性的资源调度策略，是 Apache 调度器 YARN 中所采用的。

1. 容量调度

根据预先配置的队列容量来分配资源。每个队列都分配了一定比例的集群资源，并且可以设置最小资源保证和最大资源限制。容量调度可以满足多个用户对集群资源的不同需求，并且支持多级队列，以实现资源的多层次管理。例如，使用容量调度时，独立的专有队列会保证短任务在提交后尽快被调度。但由于队列容量是为不同任务专门保留的，因此这种容量调度是以整个集群的资源利用率为代价的。容量调度还可引入弹性队列，将其余队列中可用的空闲资源分配给该队列来获取超过其队列容量的资源。

在通常情况下，容量调度不会通过终止任务来抢占资源。因此，队列在资源量不足时仅能等待其余队列释放资源来实施队列的弹性伸缩。为队列设置不同的最大容量限制可以缓解队列间过度的资源侵占情况，但这同时牺牲了队列的弹性。因此，在实际中需要进行取舍并寻找折中方案。

容量调度支持延时调度，实现在集群繁忙时期根据集群负载情况和任务的优先级动态调整调度策略和资源分配方案。它会根据实时的资源利用情况和任务的执行情况，调整任务的执行顺序和资源分配比例，以最大限度地减少任务的等待时间和系统的响应时间。

2. 公平调度

以公平的方式分配资源给不同的应用程序。在公平调度中，所有的应用程序都有相同的调度权重，并且每个应用程序都能够按照其需求获得相应比例的资源。公平调度支持多个队列和多种资源类型，并且可以动态地调整资源的分配，以适应不同应用程序的需求。相比容量调度，使用公平调度前无须为不同队列预留资源量。公平调度可以根据集群负载情况和应用程序的需求动态调整资源的分配。它可以根据实时的资源使用情况和队列的负载情况，动态地调整资源的分配比例，以保证集群资源的最大化利用和系统性能的优化。

公平调度支持基于优先级的任务调度，可以根据任务的优先级和重要性调整资源的分配比例。这样可以确保重要任务得到优先执行，提高系统的整体性能和用户体验。公平调度支持抢占功能，允许调度终止占用资源量超过其公平分享份额的队列内的 container（容器），并释放资源分配给资源占有量低于其应得份额的队列。但抢占功能会降低集群的运行效率，因为终止的 container 需要在随后重新执行。公平调度也支持延时调度功能。

主导资源公平调度（dominant resource fairness，DRF）是公平调度的一个变种策略。对于单一类型资源的调度，简单使用容量以及公平性概念很容易开展调度。但当面临调度多种资源的情况时，不同维度资源需求的差异性给度量集群资源使用情况带来了挑战性。主导资源公平调度旨在采取一定的措施来保障任务不会独占过多的资源，从而避免其他任务无法获得足够的资源而受到影响。

对于每个任务，主导资源公平调度策略计算分配给该用户每种资源的份额。任务中所有份额的最大值称为该任务的主导份额，与主导份额相对应的资源称为主导资源。不同的任务可能拥有不同的主导资源。例如，运行计算密集型任务的主导资源是 CPU，而运行 I/O 密集型任务的主导资源是带宽。主导资源公平调度策略简单地将最大-最小公平应用于任务主导占比的资源上。也就是说，主导资源公平调度策略寻求最大化集群任务中最小的主导份额，然后是第二个最小的份额并以此类推剩余份额。

5.4.2 调度器架构

调度器是具体实现任务调度的实体，基于选定的策略进行任务调度和资源分配。云计算系统中的调度器可以从架构角度分为四种不同类型，即集中式、两级式、分布式和混合式。这些调度器架构可以用于在线或者离线任务的调度。

1. 集中式调度器

在集中式调度架构下，所有的调度决策都由一个中心化的调度器来管理和控制，其他节点只负责执行分配给自己的任务。

集中式调度器主要包含三个关键组件：节点管理器，部署在每个节点上，报告其状态(资源可用性，一般与监控系统结合)并管理在该节点上执行的任务；任务管理器，负责管理任务生命周期；集群资源管理器，接收来自任务管理器的请求，并根据自身集群状态的更新和全局视图为任务分配资源。

集中式调度器主要有两类：基于队列的调度器和基于流的调度器。基于队列的调度器维护一个或者多个用户队列用于管理待调度任务，根据任务调度策略选择要执行的任务，并根据资源分配策略(如公平性、容量和延迟策略等)在这些队列之间进行资源分配。基于流的集中式调度器使用相同的集中式架构，通过求解基于最小成本流的公式来实施调度。

集中式调度器的所有调度决策都由中心化的调度器来管理和控制，其优点有如下几点。首先，设计和实现相对简单直观，易于理解和管理。其次，由于有全局视角，全面了解集群中的资源分配情况，可以更好地进行资源优化和负载均衡。最后，可以统一管理云平台中的所有资源和任务，有效地协调不同部件之间的工作，更好地实现对集群的控制和管理。

但集中式调度器的缺点也较为明显。由于集中式调度器是集群的核心节点，一旦发生故障，可能导致整个集群不可用，系统的可靠性和容错性可能受到影响。集中式调度器的扩展性受限于其性能和处理能力。另外，随着集群规模的增大，调度器可能成为限制集群吞吐量的瓶颈，从而影响系统整体的资源利用率。

2. 两级式调度器

两级式调度器将整个系统的调度过程切分成两个阶段，分别由两个相对对立的子调度器负责。全局调度器(global scheduler)负责将系统资源切分给局部调度器(local scheduler)。局部调度器负责单个节点或区域内的资源管理和任务调度。全局调度器具有全局视角，监控整个系统中的资源状态和任务情况，并根据系统负载情况、任务优先级和资源约束等因素做出全局性的调度决策。局部调度器根据全局调度器的指示和本地资源情况，决定如何调度和执行本地节点上的任务，以最大化本地资源利用率和系统性能。

两级式调度器的工作流程通常如下：在全局调度阶段，全局调度器监控整个系统中的资源状态和任务情况。根据系统负载情况、任务优先级和资源约束等因素，全局调度器做出全局性的调度决策，确定各个任务在系统中的执行顺序和分配情况。在局部调度阶段，局部调度器根据全局调度器的指示和本地资源情况，接收任务并决定如何在本地节点上调度和执行任务。局部调度器可根据本地资源的实时状态和任务的特性，采用不同的调度策略来最大化资源利用率和系统性能。

两级式调度器的优点包括：在全局优化性方面，全局调度器具有全局视角，可以更好地进行资源优化和负载均衡，提高云平台整体的效率和性能；在局部灵活性方面，局部调度器可以根据本地资源的实时状态和任务的特性，灵活地调整任务的调度策略，以满足特定节点或区域的需求；在减少调度开销方面，两级式调度器通过将调度过程分为两个阶段，减少了全局调度器的负担，降低了系统的调度开销。然而，两级式调度器也存在一些缺陷，例如，其增加了系统的复杂度和管理成本，局部调度器之间的协调可能因通信中断而失效。

3. 分布式调度器

分布式调度器由一组独立运行的并行子调度器组成，各个子调度器相互协作完成任务调度和资源管理。分布式调度器适用于大规模和高并发的系统场景，可以更好地实现集群资源利用和负载均衡，提高集群的性能和可扩展性。子调度器作为分布式调度器的核心组件，负责调度任务和管理资源。每个子调度器负责一部分任务或资源，通过协作完成整个集群的任务调度和资源管理目标。任务队列用于存储待调度的任务，各个子调度器可以从任务队列中获取任务并执行。任务队列通常是分布式的，可以分散存储在多个子调度器上，以提高系统的可靠性和扩展性。资源管理器负责管理集群中的计算资源，包括 CPU、内存、存储和网络等。它可以根据集群负载情况和任务需求，动态调整资源的分配和利用。此外，分布式调度器需要使用通信协议来实现子调度器之间的通信和协作。常见的通信协议包括 HTTP、远程过程调用（remote procedure call，RPC）、消息队列等。

分布式调度器的工作流程通常包括以下步骤。首先，用户将待调度任务提交到任务队列中。然后，子调度器从任务队列中获取任务，并根据集群的负载情况和资源约束条件等因素决定如何调度任务。子调度器之间可能需要进行协调和通信，以保证任务的顺利执行。资源管理器监控集群中的资源状态和负载情况，并根据子调度器的指示调整资源的分配和利用，动态地调整资源的分配和释放，以平衡集群的资源利用率和任务的执行性能。最后，子调度器将任务分配给可用的集群节点，并监控任务的执行进度和状态。一旦任务执行完成，子调度器将执行结果返回给用户或存储到集群中。

分布式调度器的优点包括：将任务调度工作分工给多个子调度器，提高了集群的可靠性和容错性，避免了单点故障的风险；具有良好的可扩展性，可以根据集群的规模动态地添加或删除子调度器，以满足系统的需求和负载变化；具有灵活的架构扩展性，可以根据不同的应用场景和需求进行定制和扩展，实现更灵活和可定制的调度策略。尽管分布式调度器具有很多优点，但也存在一些缺陷，例如，集群管理的复杂性显著增加，子调度器之间存在通信、协调以及一致性和同步性等问题。因此，在设计和实现时需要综合考虑集群的需求、规模和特性，选择合适的调度架构和技术。

4. 混合式调度器

混合式调度器是一种将不同调度技术结合起来的调度架构。它可以同时利用集中式调度器、分布式调度器以及其他调度器的优势，根据系统的需求和特性灵活选择和组合调度架构，以实现更高效、可靠和灵活的任务调度和资源管理，其主要可分为三大类：完全混合式、共享状态混合式和混合式双调度器。

完全混合式调度器通常由集中式资源管理器和一组分布式调度器组成。其主要面向部署少量长时间运行且消耗最多资源的高优先级作业，以及存在大量低延迟且资源需求低任务的集群。在该调度器设计中，每种任务类型都由一个单独的调度器处理。长时间运行任务由集中式调度器使用复杂的调度策略开展调度；短时间运行任务则以分布式方式调度，以最小化调度延迟。

完全混合式调度器结合了集中式(长任务的最优调度)和分布式设计(短任务的快速调度)的优点，但其存在两个缺陷。首先，混合系统将传入的任务分为短期和长期两大类，然后根据每个任务的类别将其分配给专用调度器，但不同任务类别之间的界限确定是模糊不清的(即如何确定哪些作业是长时间运行的，哪些作业是短时间运行的)。此外，短任务在云平台的部署任务中占主导地位。完全混合式调度器通常使用简单或随机的任务放置策略来放置短任务。考虑云平台中短任务的高占比，任务的随机放置会导致平台效率和性能较低的问题。缺少全局视图来开展短任务的调度通常会导致较为严重的资源干扰问题。

共享状态混合式调度器允许分布式调度器使用部分由集中式调度器提供的节点状态信息。例如，通过维护一个节点状态向量声明是否部署了长任务。分布式调度器使用此向量将其任务分配给没有长任务的节点以缩短等待时间。此外，共享状态混合式调度器也可以通过共享每个节点上的调度延迟等信息实现节点间短任务的重新分配。

混合式双调度器仅由两个集中式调度器组成，其中，一个是专用于面向长时间运行任务的集中式调度器，另一个是为短时间运行任务准备的常规任务调度器。

混合式调度器的优点包括：可以根据系统的需求和特性选择和组合不同的调度策略和技术，实现灵活、可定制的调度管理；此外，混合式调度器还可以利用不同调度器的优势，实现更高效、可靠和可扩展的任务调度和资源管理；在适应性方面，混合式调度器可以根据系统的负载情况和资源变化动态调整调度策略和参数，以满足集群的需求和性能要求。尽管混合式调度器具有很多优点，但同时也存在一些缺陷，如调度策略的选择和组合、不同调度器之间的协调和通信、调度算法的设计和实现等。因此，在设计和实现混合式调度器时，需要综合考虑系统的需求、规模和特性，选择合适的调度策略和技术，以实现合理的任务调度和资源管理效果。

5.4.3 调度器实例

基于上述基本调度架构，许多成熟实用的调度器被设计以及部署到真实云平台上用于管理以及调度计算任务。下面介绍两个开源的主流调度器 YARN、Mesos。

1. YARN

YARN 是 Apache Hadoop 生态系统中的一个关键组件，是集中式调度器的代表。YARN 提供了一个通用的资源管理平台，支持多种数据处理框架(如 MapReduce、Spark、MPI 等)以共享集群资源。YARN 将编程模型与资源管理基础结构解耦，且支持多种调度策略(如任务容错等)以开展任务调度。YARN 调度器包括 ResourceManager、ApplicationMaster、NodeManager 等组件，如图 5.8 所示。

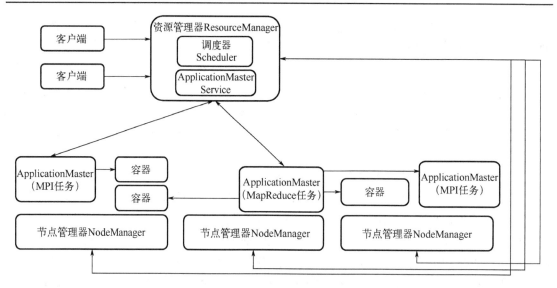

图 5.8 YARN 调度器整体架构

ResourceManager 作为一个 daemon（守护进程）部署在集群内的专有机器上，并在集群中充当任务间仲裁资源分配方案的协调器。基于全局集群资源视图，ResourceManager 可以跨多租户开展多样化属性的调度操作，如公平性、容量和局部性等。根据任务需求、调度优先级和资源可用性等状态信息，ResourceManager 动态地将资源容器分配给在特定节点上运行的任务。container 是资源分配的基本单位，它代表着集群中的一个资源分配单元，用于执行一个应用程序的特定任务。container 包含了执行任务所需的计算资源（如 CPU、内存等）和环境配置（如启动命令、环境变量等），并由 NodeManager 在集群节点上创建和管理。为了执行和跟踪这些分配，ResourceManager 与运行在每个节点上的称为 NodeManager 的特殊 daemon 进行交互。NodeManager 负责监控资源可用性、报告故障和管理容器生命周期（如启动、终止等）。ResourceManager 从这些 NodeManager 状态快照中组装它的全局视图。

ApplicationMaster 是负责协调和管理任务执行的组件。每个在 YARN 上运行的任务都会有一个对应的 ApplicationMaster，它负责与 ResourceManager 通信，请求资源，监控任务的执行状态，并协调任务的执行。ApplicationMaster 负责向 ResourceManager 请求所需的资源，包括 CPU、内存、容器等。一旦资源被分配，ApplicationMaster 将启动任务并负责管理任务的执行过程，根据需要调整任务的执行策略。它可以处理任务失败、重新启动任务以及在必要时向 ResourceManager 请求额外的资源。ApplicationMaster 具有容错机制，能够处理节点故障、任务失败等异常情况。它会尝试重新启动失败的任务，并在必要时重新申请资源。在多任务应用程序中，ApplicationMaster 负责协调不同任务之间的依赖关系和执行顺序。它可以确保任务按照正确的顺序执行，并在必要时等待其他任务的完成。当任务执行完成后，ApplicationMaster 负责向 ResourceManager 释放所使用的资源，包括容器和其他资源。这样可以确保集群资源的及时释放和回收，提高集群的资源利用率。

NodeManager 负责管理集群节点上的计算资源，包括 CPU、内存、磁盘和网络等。它通过监控节点资源的使用情况和负载情况，向 ResourceManager 报告节点的可用资源，并根据 ResourceManager 的指示分配资源给不同的应用程序。NodeManager 在节点上为每个任务启动和管理容器，容器是 YARN 中的基本资源分配单位，用于执行应用程序的任务。NodeManager 负责创建、启动、监控和销毁容器，确保容器能够按照预期执行任务并释放资源。

此外，NodeManager 负责为容器提供任务执行所需的运行环境，包括启动命令、环境变量、依赖库和配置文件等。它会根据应用程序的需求配置容器的执行环境，并确保容器能够顺利执行任务。NodeManager 定期向 ResourceManager 报告节点的状态和资源使用情况，包括节点的健康状况、可用资源的数量和容器的执行情况等。这些状态报告帮助 ResourceManager 更好地了解集群的状态和资源分配情况，从而更好地进行资源调度和管理。

YARN 具体采用的调度策略有三个（YARN 中称为"调度器"）：先进先出（first in first out，FIFO）调度器、容量调度器（短作业优先）以及公平（fair）调度器。前面已经介绍过。

2. Mesos

作为两级式调度器的代表，Mesos 旨在提供一种可扩展和弹性的调度架构使得跨分布式集群的云平台能够有效地共享资源。因为集群框架是高度多样化和快速发展的，Mesos 的设计理念是定义一个最小开销的接口，以实现分布式集群之间有效的资源共享。图 5.9 展示了 Mesos 的整体架构。主进程管理在每个集群节点上运行的 slave daemon（工作进程）并为任务分配资源。主进程使用 resource offer（可用资源目录）实现跨框架的细粒度资源共享，如 CPU、内存、磁盘、网络资源等。每个 resource offer 都是多个 slave 上的空闲资源列表。主进程根据调度策略（如公平共享或优先级等）决定向每个分布式框架提供多少资源。工作进程是节点的资源管理器，负责管理节点上的资源并执行任务。框架负责管理任务的生命周期，与 master 主进程交互获取资源，其调度流程如图 5.10 所示。

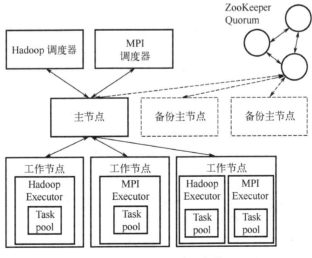

图 5.9 Mesos 调度器架构

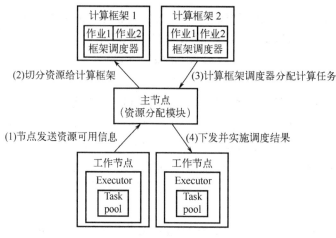

图 5.10　Mesos 调度流程

为了维护轻量级调度接口，Mesos 不需要框架指定自身资源需求或约束。相反，Mesos 为框架提供了拒绝要约的能力。框架可以拒绝不满足其约束的资源，以便等待满足约束条件的资源。因此，拒绝机制使框架能够支持任意复杂的资源约束表达式，同时保持 Mesos 的简单性和可扩展性。单独使用拒绝机制来满足所有框架约束的一个潜在挑战是效率。因为框架可能必须等待很长时间才能收到满足其约束的要约，Mesos 可能必须将要约发送给几个框架，然后等待其中一个框架接收该要约。为了避免这种情况，Mesos 还允许框架设置布尔谓词过滤器，指定框架将始终拒绝某些资源。例如，框架可以指定它可以运行的节点白名单。Mesos 将调度决策交由一个可插拔的模块实施，这样云平台管理员可以根据自身需要进行定制。

Mesos 通过利用现有的操作系统隔离机制，为运行在同一工作节点上的框架执行器之间提供性能隔离。由于这些机制依赖于云平台服务器，因此 Mesos 通过可插拔的隔离模块支持多种隔离机制。Mesos 目前使用操作系统容器技术隔离资源，特别是 Linux 容器技术，限制进程树的 CPU、内存、网络带宽情况。虽然这些隔离技术并不非常完善，但是使用容器隔离已经比 Hadoop 这种框架有优势，因为 Hadoop 框架中，来自不同作业的任务只在单独的进程中运行。

在容错管理方面，由于所有框架都依赖于 Mesos 的 master 主节点，因此使 master 主节点具有容错性是至关重要的。为了实现这一点，Mesos 将 master 主节点设计为软状态，以便新的 master 主节点可以根据 slave 节点和框架调度器持有的信息完全重建其内部状态。特别是，master 主节点的状态由活动的 slave 节点、活动的框架和运行任务列表组成。此信息足以计算每个框架正在使用多少资源并执行资源分配策略。Mesos 使用 ZooKeeper 配置运行多个 master 主节点进行 leader 选举。当活动的 master 主节点发生故障时，slave 节点和调度器将连接到下一个选举出来的 master 主节点并重新更新其状态。除了处理 master 主节点故障之外，Mesos 还向框架的调度器报告节点故障和 executor 的崩溃情况。然后，框架可以使用个性化定制的策略应对这些故障。最后，为了应对框架调度器可能发生的故障，Mesos 允许框架注册多个调度器，当一个调度器故障时，Mesos 的 master 主节点会通知另一个调度器接管。框架必须使用自身定义的机制在调度器之间共享状态。

第 6 章　云存储与文件系统

云存储与文件系统提供数据管理功能。作为一种典型的分布式集群计算模式，云计算系统中的数据纷杂多样，有结构化数据，也有非结构化数据，有用户数据，也有系统数据。相比基本的文件系统或者数据库，云中的数据管理更加复杂，因此需要的技术也更多。但是从整体架构角度来说，仍然是以存储系统为底层基础，在其基础上构建文件系统和数据库。本章主要讲述存储系统与文件系统的相关技术。

6.1　网络存储系统

云计算系统是典型的分布式系统，简单的主机本地存储(direct access storage, DAS)是无法满足需求的，而是需要采用基于网络的分布式存储系统。当前主要的网络存储系统从架构上分为网络附加存储(network attached storage，NAS)和存储区域网络(storage area network，SAN)两类，三种不同的网络存储系统基本架构如图 6.1 所示。下面分别进行介绍。

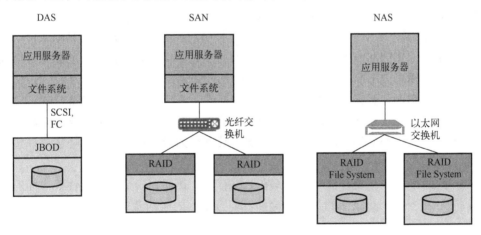

图 6.1　三种不同的网络存储系统基本架构

6.1.1　网络附加存储

网络附加存储是一种专用设备或服务，旨在连接到网络并提供文件存储和共享功能。它通常由硬件设备、运行专用操作系统的控制器以及以太网接口组成。这些设备类似于小型文件服务器，内置一个或多个硬盘驱动器(HDD)或固态驱动器(SSD)，用于存储数据。操作系统负责管理文件系统、网络连接以及其他相关功能；以太网接口则用于与局域网中的其他设备通信。

通过将存储设备与网络相连，NAS 实现了对数据的集中管理。NAS 设备包含硬盘驱动器和网络接口，连接到局域网后，用户可进行系统配置并创建共享文件夹来存储和共享文件。

NAS 支持多种网络文件访问协议，如网络文件系统(network file system，NFS)或通用网络文件系统(common internet file system，CIFS)等，使得用户能够通过网络进行数据的便捷访问。同时，NAS 设备提供访问权限控制功能，确保数据的安全性。此外，用户还可以通过互联网浏览器或应用程序远程访问 NAS 设备中的文件。因此，NAS 以其灵活、易用和可扩展的特点，满足了不同用户的存储需求，提供了高效、安全的数据管理服务。

　　NAS 通常为个人或企业单独使用而构建，部署在个人或企业内部防火墙内，对数据的安全性有很好的把控，也称为私有云服务器。它可以提供跨平台文件共享功能，通常在一个 LAN 上占有自己的节点，无须应用服务器的干预，允许用户在网络上存取数据。在这种配置中，NAS 集中管理和处理网络上的所有数据，将负载从应用或企业服务器上卸载下来，有效降低总拥有成本，保护用户投资。

6.1.2　存储区域网络

　　存储区域网络是一种专门用于连接存储设备与服务器的高速专用网络。它通过将存储设备与服务器分离，并提供一个独立的、专用的网络通道来传输数据，从而实现了高性能、高可用性、可扩展性和灵活性的数据存储解决方案。其核心是高速的数据传输技术，通常采用光纤通道(fibre channel)作为传输协议。光纤通道使用光纤作为传输介质，具有极高的带宽和低延迟，能够满足大规模数据存储和访问的需求。通过光纤通道交换机或路由器，服务器可以高速访问存储设备，实现数据的快速传输和共享。

　　SAN 架构提供了集中管理存储设备的能力，使用户能够灵活地添加、删除或移动存储设备，以应对不断变化的业务需求。此外，SAN 支持多种存储设备和协议，能够无缝集成多种服务器和操作系统，为用户提供更灵活的数据存储和访问方式。在安全性方面，SAN 提供了数据冗余和备份机制，确保数据的可靠性和高可用性。通过数据镜像、快照等技术，SAN 能够快速恢复数据，保障业务连续性。SAN 具有良好的扩展性，用户可以根据需要添加更多存储设备和带宽，满足不断增长的数据存储需求，使其成为云计算和虚拟化环境中理想的存储解决方案。

　　NAS 与 SAN 解决传统存储解决方案在数据存储、访问、安全和扩展性等方面的问题，提供更高效、更安全、更灵活的数据存储和管理方案。同时两者也存在一些差异，如表 6.1 所示。

表 6.1　NAS 和 SAN 对比

特性	NAS	SAN
连接方式	使用标准的 Ethernet 网络连接	使用专门的存储网络连接，如光纤通道(FC)或 iSCSI 等
数据访问	提供文件级别的数据访问，以共享文件和目录的方式呈现数据	提供块级别的数据访问，允许服务器直接读写存储设备上的块
性能	通常提供较低的性能	提供较低的访问延迟和更高的吞吐量
应用场景	适用于文件共享、备份、归档以及需要简单而经济的存储解决方案的场景	适用于需要高性能、低延迟和大容量的应用，如数据库、虚拟化、在线交易处理(OLTP)等

　　NAS 和 SAN 在企业存储解决方案中各自扮演着关键角色，它们的混合搭配为企业提供了前所未有的灵活性和性能优势。随着企业 IT 环境的异构化日益加深，NAS 的通用性和兼容性变得尤为重要，因为它能够轻松地集成到各种服务器环境中。同时，随着企业数据量的

不断增长，SAN 的高效性和可扩展性成为关键。NAS 在简化对 SAN 的访问方面发挥着重要作用。实际上，NAS 可以作为 SAN 的理想网关，将 SAN 提供的数据块以文件形式高效地路由到相应的服务器上。这种集成方式不仅提高了数据访问的便捷性，还增强了系统的整体性能。另外，SAN 通过卸载非关键数据的大容量存储任务，NAS 能够更专注于处理关键数据的存储和访问。这种分工合作的方式使得整个存储系统更加高效，同时也降低了企业的运营成本。

6.2　分布式文件系统

分布式文件系统通过网络连接多个地点的文件系统，形成一个文件系统网络，从而解决海量数据的存储和管理问题。分布式文件系统为分布在网络上任意位置的资源提供一种逻辑上的树形文件系统结构，使用户能够更简便地访问分布在网络上的共享文件。它将物理存储资源通过计算机网络与节点相连，或者将不同的逻辑磁盘分区或卷标组合在一起，形成一个完整且有层次的文件系统。这种方式不仅提高了数据存储和访问的效率，还增强了数据的安全性和可用性。分布式文件系统的具体实现技术有很多种，代表性的有 Google 文件系统（Google file system，GFS）、Hadoop 分布式文件系统（Hadoop distributed file system，HDFS）以及 Ceph 等。此外，传统的网络文件系统（NFS），在小型云计算系统中也有采用。下面对这几个文件系统进行具体介绍。

6.2.1　NFS

NFS，即网络文件系统，是一种用于在计算机系统之间共享文件和目录的协议。NFS 的出现极大地简化了不同计算机之间的文件共享和协作过程，使得远程计算机能够像访问本地文件一样访问和操作远程文件。NFS 的工作原理主要基于客户端/服务器架构。当客户端需要访问远程文件时，它会向 NFS 客户端发送请求。NFS 客户端接收到请求后，会将其发送到 NFS 服务器。服务器在接收到请求后，会访问本地文件系统，对请求进行处理，并返回结果给客户端。客户端在接收到服务器的响应后，会将结果返回给应用程序。这一过程中，NFS 使用 RPC 协议进行通信，这是一种用于在分布式计算环境中进行进程间通信的协议。NFS 主要由服务端、客户端、RPC 服务进程以及配置文件组成。

服务端：通过 NFS 协议将文件共享到网络。这是存储和提供文件访问的实体，它运行 NFS 服务器软件，并管理共享的文件和目录。

客户端：通过网络挂载 NFS 共享目录到本地。客户端是想要访问 NFS 服务器上文件的计算机。客户端需要安装 NFS 客户端软件，并使用特定的命令或工具来挂载远程 NFS 共享，从而使其看起来像本地文件系统的一部分。

RPC 服务进程：NFS 使用 RPC 协议在客户端和服务端之间传输数据和执行命令。RPC 是一种允许程序在另一台计算机上请求服务（如执行程序或访问文件等）而不必了解网络细节的协议。对于 NFS 来说，RPC 服务进程负责处理客户端的请求，并在服务端和客户端之间传输数据。

配置文件：NFS 服务器通常有一个或多个配置文件，用于定义哪些目录应该共享、哪些客户端可以访问这些共享目录以及访问权限等。

NFS 的工作流程涉及客户端与服务器之间的交互,如图 6.2 所示,主要由四个步骤组成。

第一步为客户端发送请求。当客户端需要访问 NFS 文件时,它首先会发送一个请求到 NFS 服务器。这个请求会指定要访问的文件系统和文件名,以及执行的操作类型(如读取或写入等)。

第二步为服务器响应请求。服务器在接收到客户端的请求后,会首先检查文件系统是否已经挂载。如果文件系统尚未挂载,服务器会拒绝该请求。一旦确认文件系统已挂载,服务器会尝试找到指定的文件,并准备执行客户端请求的操作。

第三步为 NFS 响应。服务器执行客户端请求的操作后,会生成一个 NFS 响应。这个响应包括请求的状态(成功或失败)、文件内容(如果是读取操作)以及任何相关的错误信息。

第四步为客户端处理收到的响应。当客户端接收到服务器的响应后,它会根据响应的内容进行相应的处理。如果操作成功,客户端可以访问或修改文件;如果操作失败,客户端可能会收到错误消息并采取相应的措施。

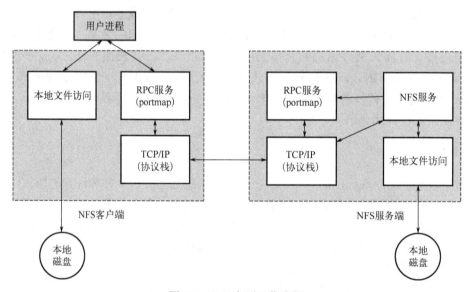

图 6.2　NFS 主要工作流程

除了上述的基本流程外,NFS 还涉及其他一些重要的概念和组件,如 NFS 缓存管理和文件同步等。为了提高文件访问的效率,NFS 客户端会在本地维护一份文件缓存,之后的访问可以直接从本地缓存中读取,从而避免频繁的网络传输。此外,当多个客户端同时对同一文件进行写入操作时,NFS 需要进行同步处理,以确保数据的一致性和避免冲突。

6.2.2　GFS 与 HDFS

随着数据的急剧增长,简单地增加硬盘个数已无法满足存储需求,且硬盘的传输速度有限。同时,还需要考虑数据备份和数据安全等问题,因此,单文件服务器类型的 NFS 无法满足业务发展的需求。为了提高数据的可靠性和可用性,需要实现数据的冗余和备份,人们提出了分布式文件系统(distributed file system,DFS)。DFS 可以将数据分散存储到多个节点上,即使部分节点出现故障,数据仍然可以保持完整性和可用性。接下来主要介绍 GFS 和 HDFS。

微课视频

1. GFS

GFS 是谷歌公司为解决数据规模呈指数级增长的问题而提出的文件系统。传统的文件系统无法有效满足谷歌处理海量数据的存储和管理需求，因此，GFS 应运而生。GFS 的组成结构包括主节点(master)、工作节点(chunkserver)以及客户端(client)，其架构以及流程如图 6.3 所示。

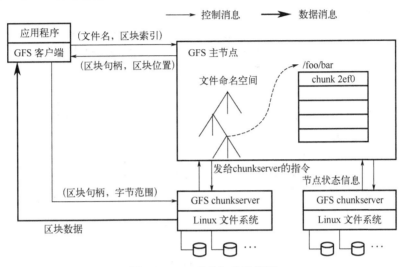

图 6.3 GFS 系统架构及流程

主节点在 GFS 中的作用是管理文件系统的元数据，包括文件和数据块的位置、副本数、权限等信息，以及协调客户端的文件访问请求和工作节点的数据存储操作，确保文件系统的可靠性和一致性。

工作节点负责实际存储文件数据的数据块副本，管理数据块的存储、复制和恢复，同时处理客户端的数据访问请求，提供数据块的读取和写入服务。

客户端通过与主节点和工作节点进行交互，实现文件的读取、写入和删除等操作，包括获取文件的元数据信息、直接与工作节点进行数据块的读写交互以及管理本地的数据缓存等，从而提供高效的文件访问和数据操作能力。

对于负载均衡与故障恢复，GFS 会自动平衡各个从服务器的负载，以确保系统的性能。如果从服务器出现故障，主节点会重新分配数据块，以确保系统的可用性。同时，GFS 还具有自动故障恢复功能，当从服务器上的数据块损坏时，主节点可以重新分配来自其他数据块的数据。

2. HDFS

HDFS 是 Hadoop 公司专为处理超大规模数据集而设计的分布式文件系统。HDFS 采用分布式存储的方式，将数据切分为多个块，并分散存储于集群中的多个节点上。这种设计不仅提高了数据的可靠性和容错性，还使得 HDFS 能够轻松满足 PB 级别甚至更大的数据存储需求。每个数据块在 HDFS 中都有多个副本，确保即使部分节点发生故障，数据依然可用。其次，HDFS 以流的形式访问数据，优化了大规模数据的读写性能。它并不追求低延迟的数据访问，而是更看重高吞吐量的数据传输。这使得 HDFS 在处理大规模数据集时，能够保持高效稳定的性能。

HDFS 主要由三个核心组件组成，包括 NameNode、DataNode 和 SecondaryNameNode，如图 6.4 所示。NameNode 是 HDFS 的主节点，负责管理整个文件系统的元数据。元数据是描述文件的数据，如文件的名称、大小、位置等。NameNode 还负责维护文件系统的目录树结构，即命名空间。具体来说，它记录了每个文件的数据块与 DataNode 之间的映射关系，确保数据块与 DataNode 之间的正确对应。此外，NameNode 还处理来自客户端的文件操作请求，如创建、删除和修改文件等。

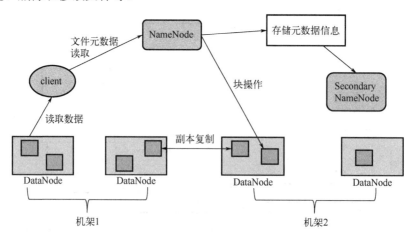

图 6.4　HDFS 架构

DataNode 则是 HDFS 的从节点，主要用于存储实际的文件数据块。HDFS 将文件切分为多个固定大小的数据块，并将这些数据块存储在多个 DataNode 上。DataNode 负责数据的读写操作，根据 NameNode 的指示来存储和检索数据块。同时，DataNode 还负责定期向 NameNode 发送心跳信息，以报告自己的存活状态，确保集群的稳定性和可靠性。

SecondaryNameNode 是 HDFS 的辅助节点，它的主要作用是辅助 NameNode 进行元数据的定期合并和备份。在 HDFS 中，NameNode 的元数据会随着时间的推移而不断增长，SecondaryNameNode 会定期从 NameNode 中获取这些元数据，进行合并和压缩，并生成新的检查点文件。当 NameNode 出现故障时，可以利用 SecondaryNameNode 生成的检查点文件来恢复元数据，确保数据的一致性和可靠性。

HDFS 的工作流程涉及多个关键步骤和组件之间的交互，其主要流程包括文件上传、数据读取、数据备份与恢复、元数据操作以及心跳检测与通信。

文件上传：当用户需要上传一个文件到 HDFS 时，该文件首先会被切分成多个固定大小的数据块，通常为 128MB。每个数据块随后会分配到 HDFS 集群中的不同 DataNode 上进行存储，以提高数据的可靠性和可用性。NameNode 负责管理文件系统的元数据，包括数据块与 DataNode 之间的映射关系，确保数据的正确存储和访问。

数据读取：当用户需要读取 HDFS 中的文件时，会向 NameNode 发送读请求，指定要读取的数据块。NameNode 根据请求的元数据，返回包含所需数据块的 DataNode 地址列表。客户端根据返回的地址列表，直接向相应的 DataNode 发送读请求，获取数据块。如果某个 DataNode 无法响应请求，HDFS 会尝试从其他包含相同数据块的 DataNode 上获取数据，以确保数据的可靠性和高可用性。

数据备份与恢复：为了提高数据的可靠性和容错性，HDFS 会自动将数据块复制到多个 DataNode 上进行备份。备份的数量可以通过 HDFS 的配置进行设置。当一个 DataNode 失效或数据块损坏时，HDFS 会利用其他 DataNode 上的备份数据进行自动恢复，确保数据的完整性和可用性。

元数据操作：HDFS 中的元数据，如文件名、大小、位置等，都存储在 NameNode 上。所有的元数据操作都需要与 NameNode 进行通信。节点通过特定的协议与 NameNode 进行交互，包括获取文件信息，创建、删除、修改文件等操作。这些通信协议确保了元数据的一致性和可靠性。

心跳检测与通信：HDFS 集群中的每个 DataNode 都会定期向 NameNode 发送心跳信息，以告知自己的存活状态和健康状况。这些心跳信息通过特定的通信协议进行传输，确保节点之间的连接稳定和可靠。当数据发生变化时，如文件修改或新文件上传等，相关的节点会通过通信协议同步这些变化到其他节点，以保持数据的一致性。

GFS 与 HDFS 作为分布式文件系统，在存储方式、元数据管理、数据块复制等方面存在一些相同之处：GFS 和 HDFS 都采用分布式存储的方式来处理大规模数据集，数据切分为多个块，并分散存储在不同的节点上，从而实现了数据的冗余存储和容错能力；GFS 和 HDFS 都使用数据块作为文件存储的基本单位，并且都支持数据块的复制，以提高数据的可靠性和可用性。与此同时，GFS 与 HDFS 在设计目标和场景、架构模式、数据复制策略等方面也存在着一些不同之处，如表 6.2 所示。

表 6.2　GFS 与 HDFS 的不同之处

特性	GFS	HDFS
设计目标和场景	为 Google 的大规模集群设计，主要用于处理超大型文件，如 Web 应用或科学计算中的文件等	侧重于在 Hadoop 生态系统中为多个计算机提供共享存储服务，适用于大数据处理、数据挖掘、日志分析等多种场景
架构模式	采用主从模式，只有一个中心化的主节点负责协调所有的数据读写操作	采用对等模式，每个节点都可以进行读写操作，这使得其在扩展性和灵活性上更具优势
数据复制策略	通常使用三副本策略，即每个数据块默认复制三份并存储在不同的节点上	HDFS 的复制因子可以根据集群的规模和可靠性需求进行调整，更为灵活
容错机制	通过软件的方法来解决系统可靠性问题，并利用多种容错措施，确保数据的可靠性和可用性	通过其特有的数据块存储和复制机制，以及 NameNode 和 DataNode 之间的交互，实现容错
生态系统和集成	作为 Google 内部使用的系统，虽然也与其他服务集成，但其在外部生态系统中的集成和互操作性可能不如 HDFS 广泛	作为 Hadoop 生态系统的一部分，与 MapReduce、Spark 等组件紧密集成，为大数据处理提供了完整的解决方案

6.2.3　Ceph

Ceph 是由加利福尼亚大学圣克鲁斯分校的 SageWeil 在攻读博士期间，提出并设计的一款基于 POSIX、无单点故障、大规模的分布式文件存储系统。这一项目旨在解决当时数据存储面临的 PB 级别容量和稳定性问题，为云计算和大数据应用提供稳定、高性能的存储支持。因此，Ceph 具有高可靠性、高扩展性和高性能。Ceph 的核心组件主要包括 RADOS、OSD、RADOS Gateway、MON、MDS 以及 Client。

RADOS（reliable autonomic distributed object store）是 Ceph 的核心存储系统，它实现了一个可靠的、自主管理的分布式对象存储池。它采用可扩展的动态数据分布算法来存储对象，保证了数据的可靠性和高性能。RADOS 的设计目标是构建一个高度自主的存储系统，可以动态地管理数据和资源。

OSD（object storage daemon）是 Ceph 存储集群的核心组件之一，负责管理和存储数据对象。每个 OSD 负责管理存储设备（如硬盘或 SSD 等）上的数据块，并执行数据的复制、恢复、回填和平衡等操作。OSD 通过 RADOS Gateway 或 Ceph Filesystem（CephFS）等接口与应用程序交互。

RADOS Gateway 是 Ceph 提供的对象存储网关，支持 S3 和 Swift 接口，使得应用程序可以通过标准的 HTTP/HTTPS 协议访问 Ceph 存储集群中的对象。RADOS Gateway 为 Ceph 提供了与云存储和应用程序集成的能力。

MON（Ceph monitor）是 Ceph 存储集群的监控组件，负责维护集群的状态信息、数据映射、PG（placement group）到 OSD 的映射、健康状态监控等。监视器通过选举机制选择一个领导者，并保持集群的一致性和稳定性。

MDS（Ceph metadata server）是用于支持 Ceph 文件系统的元数据服务器。它管理 CephFS 中的目录结构和文件元数据，并维护客户端与存储服务器之间的文件访问信息。

Client 是连接到 Ceph 存储集群的应用程序或客户端。Ceph 中的 Client 提供了访问存储集群中对象和文件的接口，可以通过 Ceph RADOS Block Device（RBD）、CephFS 或者 RADOS Gateway 访问数据。

Ceph 的系统架构如图 6.5 所示，构建了一个高度可靠、可扩展和高性能的分布式存储系统。RADOS 提供了基础的对象存储功能；OSD 管理存储设备上的数据；RADOS Gateway 提供了对象存储的接口；MON 和 MDS 则维护整个存储集群的状态和元数据信息；Client 则可以通过不同的接口访问和操作存储集群中的数据。

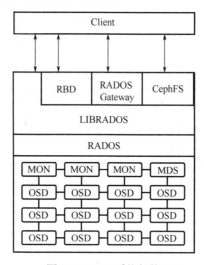

图 6.5　Ceph 系统架构

1. 数据存储过程

（1）客户端请求：首先，Ceph 客户端会发起一个存储请求，这可以来自 Ceph 块设备、Ceph 对象存储、Ceph 文件系统，或者基于 LIBRADOS 的自定义实现。

（2）数据切分与定位：客户端将数据切分成固定大小的对象（object），每个对象的大小由 RADOS 限定（通常为 2MB 或 4MB）。每个对象都有唯一 ID（oid），由文件唯一 ID（ino，如文件名+时间戳等)和切分后某个对象的序号(ono)共同生成。然后,使用 CRUSH 算法确定每个对象的存储位置,即其归属的 PG。

(3)数据传输:一旦确定了 PG,客户端就通过网络将对象数据传输到相应的 OSD 上。OSD 是真正负责数据存取的服务。

(4)数据存储与复制:OSD 接收到数据后,将其存储在本地,并根据配置将数据复制到其他 OSD 上,以确保数据的高可用性和容错性。OSD 还负责生成校验和,以确保数据的完整性。

(5)集群状态维护:Ceph monitor 维护集群的各种映射信息,包括 OSD map、PG map 等,确保整个集群数据的一致性。

2. 数据读取过程

(1)客户端请求:当客户端需要读取数据时,它会向 Ceph 集群发起读取请求。

(2)定位与检索:Ceph monitor 提供 PG 和 OSD 的映射信息,客户端通过这些信息定位到存储所需对象的 OSD。

(3)数据读取与校验:客户端从 OSD 上读取数据对象,并使用校验和来检查数据的一致性。如果对象在多个 OSD 上有副本,Ceph 会确保从正确的副本中读取数据。

(4)数据组合与返回:客户端从 OSD 读取到足够的对象数据后,将它们组合成完整的文件,并返回给请求者。

3. Ceph、GFS 和 HDFS 对比

Ceph、GFS 和 HDFS 在设计、架构和功能上存在一些显著的区别。

(1)Ceph 是一个统一的存储系统,提供对象存储、块存储和文件系统这三种接口。这使得 Ceph 具有很高的灵活性,可以根据需求选择不同的存储接口。相比之下,GFS 是一种基于文件系统的存储系统,适用于需要高性能的大规模数据存储场景;而 HDFS 是面向大数据的分布式文件系统,主要用于存储大规模数据集。

(2)Ceph 采用去中心化的架构,每个存储节点都具有相同的地位,这使得系统更加灵活和容错性更强。GFS 采用 master-slave 架构,所有的请求都需要经过主节点的调度,这可能会成为系统的性能瓶颈。此外,Ceph 的数据分布更加灵活,将数据分割成小的对象并存储在不同的 OSD 上,通过 PG 实现数据的分布和冗余。这种设计使得数据分布更加均匀,可以提高系统的性能和可靠性。

(3)Ceph 还具有高可扩展性,随着节点增加而线性增长,支持上千个存储节点的规模,并且可以动态扩展。相比之下,GFS 和 HDFS 虽然也具有分布式存储的特性,但在扩展性和灵活性方面可能稍逊于 Ceph。

6.3　基于 DHT 的存储

传统的中心化存储方式依赖单一服务器来管理和维护数据,然而这种方式存在单点故障的风险,一旦中心服务器出现故障或遭受攻击,整个存储系统可能会崩溃。随着网络应用的迅速发展,数据量呈爆炸性增长,传统的集中式存储方式很难满足这种快速增长的数据存储

需求。在集中式存储系统中，所有数据集中存储在单一服务器上，容易导致服务器负载过高，进而引发热点问题。基于分布式哈希表（distributed Hash table，DHT）的存储方式解决了传统中心化存储方式所面临的问题，并满足现代网络应用对高效、可靠、去中心化的数据存储和访问的需求。

DHT 通过将数据分散存储到网络中的多个节点上，有效解决了单点故障的问题，提升了系统的可靠性和稳定性。DHT 具备良好的可扩展性，随着节点数量的增加，系统性能和容量可以相应提升，能够轻松满足大规模数据的存储和访问需求。通过哈希函数将数据映射到不同的节点上，实现了负载的相对均衡分布，每个节点只负责存储部分数据，有效避免了负载过重的问题。DHT 在分布式文件系统、点对点网络和分布式数据库等领域得到广泛应用，为各种去中心化应用提供了有力支持。

6.3.1 分布式哈希表

DHT 是一种分布式存储技术，它通过将数据分散存储在网络中的多个节点上，实现了无需中心服务器的数据存储、检索和管理。DHT 的基本概念是将数据通过哈希函数映射到特定的节点上，从而实现数据的分布式存储。每个节点都负责存储一部分数据，并根据哈希函数的结果来找到存储特定数据的节点。

DHT 主要依赖于哈希函数和路由表。哈希函数用于将键值对映射到唯一的标识符上，实现数据的统一管理和分布式存储。路由表则用于记录网络中其他节点的信息，以便节点之间能够进行有效的通信和数据传输。当一个节点需要存储或检索数据时，它会使用哈希函数计算数据的哈希值，并根据路由表找到对应的节点进行操作。

DHT 的关键组件主要包括节点、哈希函数和路由表，如图 6.6 所示。

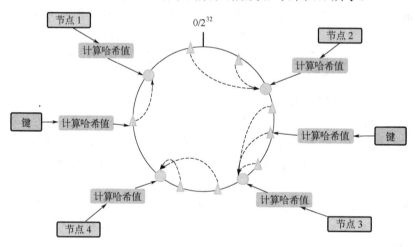

图 6.6 DHT 基本原理

节点是 DHT 网络中的基本单元，它们分散在网络中，负责存储和管理数据。每个节点都有唯一的标识符，这使得数据可以精确地映射到特定的节点。节点之间的通信和协作是DHT 实现分布式存储和检索的基础。

哈希函数在 DHT 中起到至关重要的作用。它可以将任意长度的数据映射为固定长度的哈希值，这种映射是单向的，即无法从哈希值还原出原始数据。哈希函数使得 DHT 能够将数据均匀地分散到各个节点上，同时保证数据的唯一性和安全性。

　　路由表是 DHT 中用于记录其他节点信息的组件。每个节点都维护着自己的路由表，其中包含了网络中其他节点的标识符、地址和状态等信息。路由表使得 DHT 能够通过路由算法在网络中定位特定的节点，实现数据的存储、检索和传输。

　　DHT 的路由算法是其核心组成部分，它负责确定如何在网络中查找和定位特定的数据或资源。路由算法是 DHT 实现数据分散存储和高效检索的关键。具体来说，DHT 的路由算法一般包括三个步骤：数据定位、节点发现、负载均衡。

　　(1) 数据定位：根据数据的哈希值，路由算法能够确定存储该数据的节点位置。通过在网络中逐步查找，最终找到负责存储特定数据的节点。

　　(2) 节点发现：当新的节点加入网络或现有节点离开时，路由算法需要更新路由表，以确保节点能够正确地找到其他节点，并保持网络的连通性。

　　(3) 负载均衡：路由算法还可以考虑网络中的负载情况，尽量将数据均匀分布到各个节点上，避免某些节点过载。

　　在 DHT 中常用的几种路由算法有 Kademlia 算法、Chord 算法和内容可定址网络(content addressable network，CAN)算法等。

　　(1) Kademlia 算法：一种去中心化的 DHT 路由算法，它使用节点 ID 和距离度量来构建和维护网络。每个节点都维护一个包含其他节点信息的路由表，通过迭代查询和联系其他节点，逐步逼近目标节点。

　　(2) Chord 算法：另一种广泛使用的 DHT 路由算法。它采用一致性哈希算法和环形结构来组织节点。在 Chord 中，每个节点都知道其后继节点和一定数量的前驱节点，通过一系列的跳转操作，可以找到目标节点。

　　(3) CAN 算法：一种基于虚拟坐标空间的 DHT 路由算法。它将整个网络划分为一个多维的虚拟坐标空间，每个节点占据一个坐标。通过计算目标数据的坐标，可以高效地定位存储该数据的节点。

　　下面简单展开介绍 Kademlia 算法。该算法是由 Petar Maymounkov 和 David Mazieres 于 2002 年提出的。Kademlia 网络由许多节点组成，每个节点都有唯一的 160 位(20 字节)的标识符。节点之间通过网络互相通信，协作完成数据的存储和查找任务。每个节点维护一个路由表，其中包括若干个 K 桶(K-bucket)，如图 6.7 所示。每个 K 桶代表一组节点，这些节点的 ID 落在某个特定范围内。Kademlia 使用 XOR 距离来度量节点之间的距离。节点将其他节点分组存放在 K 桶中，按照节点 ID 与当前节点 ID 的距离进行分类，通常每个 K 桶最多存放 K 个节点，K 的值一般是 20。

　　节点的路由表根据网络中其他节点的响应动态更新。当节点需要与某个节点通信时，它会在自己的路由表中查找距离最近的 K 个节点，然后尝试与这些节点建立连接。如果某个节点长时间未响应或失效，将会移出路由表，并用新的节点替换。

　　Kademlia 算法的主要目的是在网络中快速定位目标节点或数据，查找算法的步骤如下。

　　(1) 确定目标 ID：节点开始查找前，需要明确要查的目标节点或数据的 ID。

　　(2) 查找过程初始化：发起节点从自己的路由表中选择距离目标 ID 最近的 K 个节点作为初始查找节点。

　　(3) 并行查询：发起节点向选定的 K 个节点发送查找请求，询问这些节点是否知道目标

ID 对应的节点。

（4）更新路由表：发起节点根据收到的响应更新自己的路由表。如果收到回复的节点 ID 不在发起节点的路由表中，会将该节点加入适当的 K 桶中。

（5）选择下一轮查询目标：根据 XOR 距离选择新的 K 个节点作为下一轮查询的对象。一般来说，下一轮查询的节点应该更接近目标 ID。

（6）迭代查询：发起节点重复上述步骤，直到找到目标节点或达到预设的最大查询次数。

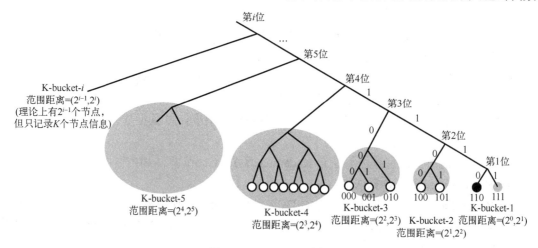

图 6.7　K-bucket 示意图

Kademlia 查找算法广泛应用于点对点网络和分布式系统中，如 BitTorrent、IPFS 等。它为构建去中心化的分布式存储和通信系统提供了强大的基础算法支持，具有良好的扩展性和容错性，适用于大规模网络和数据环境。

6.3.2　DHT 存储系统

DHT 存储系统是一种基于 DHT 技术的存储解决方案。DHT 技术通过哈希函数将键值对映射到网络节点上，实现高效的数据存储与检索，同时具备自动负载均衡和容错能力。这使得 DHT 存储系统具有去中心化、分布式、可扩展性和高容错等特点。

在 DHT 存储系统中，数据分散存储在各个节点上，利用哈希函数的结果来确定数据所在的节点。这种分散存储的方式避免了单点故障，即使某个节点失效，数据仍然可以从其他节点中获取。此外，DHT 存储系统还能够自动进行负载均衡，根据节点的负载情况动态调整数据分布，避免热点问题的出现。常见的 DHT 存储系统有 BitTorrent、IPFS、StormDB、Freenet。本节主要介绍 BitTorrent。

BitTorrent 是一种基于 DHT 技术的文件存储共享系统。BitTorrent 将文件分割成小块（piece），并允许用户从其他用户（称为对等节点或 peer）处下载这些文件块。每个用户既是下载者（leecher），又是上传者（seeder）。下载者可以从多个上传者处同时获取不同的文件块，从而提高下载速度和系统的整体效率。BitTorrent 分布式存储系统有三种特点。

（1）分块存储：BitTorrent 将文件分割成固定大小的块（一般为几兆字节），每个块都有唯一的哈希标识。这种分块存储的方式使得文件可以分布式存储在许多不同的对等节点上。

（2）数据分发：每个对等节点既可以下载文件块，又可以上传文件块给其他节点。这种数据分发方式有效地利用了网络中的带宽和存储资源，提高了文件的下载速度和整体的可用性。

(3)种子文件：对于每个要共享的文件，都有一个对应的种子文件(.torrent 文件)，种子文件中包含了文件的元数据和哈希信息。用户通过种子文件可以连接到 BitTorrent 网络，获取文件块的位置和哈希验证信息。

如图 6.8 所示，BitTorrent 存储系统的工作流程可以分为三步。

(1)发布文件：文件发布者首先创建一个种子文件，其中包含了要共享的文件信息(如文件名、大小、块大小等)，然后将种子文件发布到 BitTorrent 网络中。

(2)下载文件：下载者通过种子文件连接到 BitTorrent 网络，开始下载文件。下载过程中，下载者会从多个上传者处获取不同的文件块，并验证这些文件块的哈希值以确保文件的完整性。

(3)上传文件：下载者在下载过程中会成为上传者，将自己已经下载的文件块分享给其他下载者。这种共享行为形成了一种互惠的上传下载关系，提高了整个系统的效率和可用性。

BitTorrent 存储系统采用 P2P 协议，实现了文件在多个节点之间的并行分发和共享，显著提升了文件下载的效率和速度。此外，该系统采用文件的多点存储和下载方式，即使某些节点不可用，文件仍可从其他节点获取，从而增强了系统的可靠性和容错性。

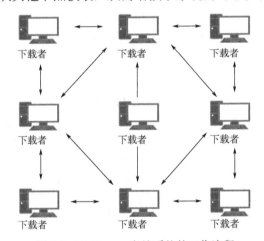

图 6.8　BitTorrent 存储系统的工作流程

6.4　对　象　存　储

对象存储技术是一种数据存储架构，它使用唯一的标识符(如键或对象 ID 等)而不是文件路径来访问数据。与传统的文件系统或块存储不同，对象存储将数据组织成离散的数据单元，称为"对象"。每个对象通常包含数据内容本身、元数据(描述数据的信息)以及唯一标识符。

6.4.1　技术原理

相较于传统的文件系统层级结构，对象存储系统采用了更为扁平化的"桶"概念作为存储空间，所有对象均统一存放在这些桶中。这种设计极大地简化了数据的管理和访问流程。对象存储系统还具备卓越的可扩展性，只须简单地增加存储节点，便可轻松扩大存储容量，而无须对系统整体进行大范围的改动或中断服务。借助分布式存储和备份技术，对象存储确保了数据的高可用性和可靠性，即便某个存储节点出现故障，数据依然可以通过其他节点进行访问。此外，对象存储不仅支持文件的上传和下载，还允许通过 RESTful API 或其他协议进行数据访问，从而实现了数据使用的更高灵活性。

对象存储系统中的主要构成如下。

(1)对象：对象存储中的基本数据单元。对象由数据、元数据和唯一标识符组成。元数据提供了关于对象的有用信息，如创建时间、修改时间、大小、内容类型等。

(2)桶或容器：在对象存储中，桶或容器是用于存储对象的逻辑空间。它们类似于传统文件系统中的文件夹或目录，但更为灵活和扁平化。用户可以在桶中创建、读取、更新和删除对象。

(3)唯一标识符：每个对象都有唯一的标识符，用于在对象存储系统中定位和访问该对象。这个标识符通常是一个字符串，如键或对象 ID 等，它与对象的内容绑定，并且在整个系统中是唯一的。

(4)元数据：与对象相关联的数据，它描述了对象的一些属性或特征。元数据可以包括对象的创建时间、修改时间、大小、内容类型、访问权限等信息。元数据在对象存储中起着重要的作用，它使得用户可以更有效地管理和检索对象。

(5)数据持久性：对象存储系统通常设计为高度持久和可靠的，以确保数据的长期保存和可访问性。它们使用冗余和复制技术来确保数据的完整性和可用性，即使在硬件故障或网络中断的情况下也能保持数据的稳定性。

(6)访问接口：对象存储系统通常提供 RESTful API 或其他编程接口，允许应用程序和开发者以编程方式访问和管理对象。这使得对象存储成为构建云原生应用、备份和恢复系统、大数据分析以及其他需要大规模非结构化数据存储场景的理想选择。

对象存储系统的基本功能或者操作包括如下几点。

(1)数据上传：用户或应用程序首先需要将数据上传到对象存储系统。每个数据对象都由数据本身、元数据和唯一的标识符组成。这些数据对象存储在分布式系统中，可以通过互联网或专用网络进行访问。

(2)对象存储与管理：对象存储系统接收上传的数据，并将其组织成对象的形式进行存储。每个对象都分配唯一的标识符，用于在系统中定位和访问。同时，元数据也会存储起来，用于描述对象的信息，如创建时间、修改时间、大小等。

(3)数据访问：当用户或应用程序需要访问存储的数据时，可以通过对象存储系统提供的 API 或接口进行查询和获取。用户通过提供对象的唯一标识符来定位并访问相应的数据对象。

(4)数据管理与维护：对象存储系统还负责数据的持久性、可靠性和安全性。它采用冗余和复制技术来确保数据的完整性和可用性，即使在硬件故障或网络中断的情况下也能保持数据的稳定性。

对象存储技术以其独特的架构和特性，提供了高效、灵活和可扩展的数据存储解决方案，特别适用于处理大规模非结构化数据。它已成为现代数据存储领域的重要组成部分，并在云计算、大数据、物联网等领域得到了广泛应用。

6.4.2　对象存储系统

本节主要介绍 Azure、Amazon 的对象存储系统,两者均是全球领先的云计算服务提供商。Azure 以其灵活、可扩展的存储服务,特别是 Blob、Table 和 Queue 等多样化存储选项,为用户提供了高效可靠的数据存储方案;Amazon 则凭借 S3 对象存储服务,以高度可靠、安全、经济的特性,为云计算应用提供了稳定、持久的数据存储基础。两者在云计算领域均占据重要地位,为用户提供卓越的存储解决方案。

1. Azure 对象存储

Azure 的对象存储系统是其云计算服务中的重要组成部分,为全球用户提供了一种可靠、高效且安全的云存储解决方案。该系统以 Blob 存储为核心,特别适用于存储大量非结构化数据,如文档、图片和视频等。Blob 存储不仅支持高并发访问和持久化存储,还具有共享访问的优势,可以满足用户多样化的存储需求。

除了 Blob 存储,Azure 对象存储系统还提供了 Table 存储和 Queue 存储。Table 存储主要用于存储结构化数据,以键值对的形式组织数据,便于查询和访问。Queue 存储则作为一种消息队列服务,用于实现应用程序之间的异步通信和任务调度。

1) Blob 存储

Blob 存储,全称为 binary large object(二进制大型对象)存储,是一种高效的、用于存储大量非结构化数据的云存储解决方案。在计算机中,Blob 常用于数据库中存储二进制文件,如图片、视频、音频等。这些文件由于尺寸较大,必须使用特殊的方式进行处理,如上传、下载或者存储到数据库中等。

Blob 存储将数据保存在非分层的存储区域中,该存储区域称为"数据湖"。这种存储方式使得开发人员能够为基于云的应用程序和移动应用程序构建数据湖,实现数据的集中管理和高效访问。由于 Blob 存储不关心存储的数据类型,因此可以存储任何二进制数据,具有类型无关的特点。

Blob 存储的优势主要体现在以下几个方面。

(1)使用字节缓冲区进行操作,避免了字符串转换的开销,从而提高了存储和读取数据的效率。

(2)可以存储大量数据,非常适用于需要大量存储的场景,如大型文件备份、数据日志等。

(3)保存在没有层次结构的平面"数据湖"或"池"中,这种结构使得数据的组织和管理更为灵活。

Blob 存储在互联网应用中也具有广泛的应用场景。例如,它可以用于存储和展示网络图片,通过将图片文件存储为 Blob 对象,可以实现图片的快速读取和传输,提高网页加载速度和用户体验。此外,Blob 还可以用于实现多媒体文件的上传与下载,方便文件的分块传输和断点续传,提高传输效率和稳定性。

在 Azure 中,Blob 存储是其对象存储系统的核心组件。Blob 存储提供了可靠、安全和经济高效的云存储,适用于存储各种非结构化数据,如文本、二进制数据、图像、视频和音频等。开发者可以通过 Blob 存储服务,轻松实现数据的存储、访问和管理,满足各种云计算应用的需求。

2）Table 存储

Azure 的 Table 存储是一种 NoSQL（not only SQL）表格存储服务，它提供高效、可扩展的方式来存储非关系型结构化数据。这种存储机制特别适用于不需要复杂连接、外键或存储过程等关系的场景。

Table 存储中每个实体都包含三个核心属性：PartitionKey、RowKey 和 LastUpdate。PartitionKey 和 RowKey 共同定位唯一的实体，它们是查询实体的主要方式。Azure 会自动监视 PartitionKey 的空间使用情况，并在空间不足时自动扩展表空间。这种分区机制使得 Table 存储具有良好的可扩展性。LastUpdate 属性用于实现乐观锁，确保数据的一致性。

Table 存储的另一个显著特点是其灵活性。由于它采用无架构设计，因此用户可以随着应用需求的发展轻松调整数据结构。这种灵活性使得 Table 存储成为许多类型应用程序的理想选择，尤其是需要快速、经济高效地访问数据的应用程序。此外，Table 存储还支持全球分布和自动辅助索引，这进一步提高了其性能和可用性。它还可以用于基于使用量的无服务器模式，为用户提供更多的灵活性和成本控制选项。

Azure 的 Table 存储是一个强大且灵活的存储解决方案，适用于需要存储和管理大量结构化数据的场景。无论是 Web 应用程序的用户数据、通讯簿、设备信息，还是其他类型的元数据，Table 存储都能提供高效、可扩展且安全的存储服务。

3）Queue 存储

Queue 存储是 Azure 提供的一种云端的队列服务，它允许用户在不同进程或不同机器之间进行异步通信。Queue 存储的主要功能是为应用程序提供一种可靠的消息传递机制，实现消息的存储、转发和处理。

在 Queue 存储中，消息是基本的通信单位。每个消息可以包含各种格式的数据，但大小通常受到一定的限制（如最大 64KB 等）。Queue 存储支持存储大量的消息，直到达到存储账户的总容量限值。这意味着无论消息的数量多少，Queue 存储都能提供稳定可靠的服务。

Queue 存储的一个重要特性是支持异步消息处理。这意味着发送方可以将消息放入队列中，而接收方可以在稍后的时间点从队列中检索和处理这些消息。这种异步通信方式可以极大地提高应用程序的响应性和吞吐量，特别是在处理大量请求或进行耗时操作时。

Azure 的 Queue 存储是一种功能强大、灵活且可靠的云端队列服务。它提供了高效的消息传递机制，支持异步通信和大量消息的存储。无论是用于 Web 应用程序的后台处理、任务调度还是跨进程通信，Queue 存储都能提供出色的性能和可靠性。

2. Amazon 对象存储

Amazon 对象存储系统，主要以 Amazon simple storage service（Amazon S3）为核心，是一种高度可扩展的、安全的、低成本的对象存储服务。它适用于各种规模的企业和开发者，为云计算应用提供了稳定、持久的数据存储基础。

Amazon S3 是亚马逊云科技（Amazon Web services，AWS）提供的一项公开的对象存储服务。Web 应用程序开发人员可以使用它存储数字资产，包括图片、视频、音乐和文档等各种格式的数据。

Amazon S3 采用对象存储的方式，每个文件或数据块都视为一个对象。这些对象存储在称为"存储桶"（bucket）的容器中。每个存储桶都有全局唯一的名称，用于标识和访问该桶中的对象。Amazon S3 通过 RESTful API 与应用程序进行交互，这使得开发人员能够轻松地上传、下载、管理和访问存储桶中的对象。Amazon S3 采用分布式架构，可以存储任意大小的数据，且具备无限的可扩展性。无论数据量大小，Amazon S3 都能提供稳定、可靠的服务。

　　Amazon S3 可以存储各种格式的数据，包括图片、视频、音频、文档等。用户可以根据需求创建不同的存储桶来组织和管理这些数据。Amazon S3 提供了精细的访问控制功能，用户可以设置存储桶和对象的访问权限，确保只有授权的用户才能访问特定的数据。Amazon S3 支持服务端加密和客户端加密，确保数据在传输和存储过程中的安全性。此外，Amazon S3 还提供了版本控制和生命周期管理功能，帮助用户更好地保护和管理数据。Amazon S3 支持跨地域的数据传输，用户可以将数据从一个地域复制到另一个地域，以满足不同地域的存储和访问需求。

　　Amazon S3 以其高效、安全、可扩展和灵活的特性，为云计算应用提供了强大的对象存储支持。无论是个人用户还是大型企业，都可以通过 Amazon S3 轻松实现数据的存储、访问和管理，满足各种应用场景的需求。

第 7 章　分布式数据库系统

随着云计算技术的不断发展，传统的集中式数据库系统出现了一些局限性。在面对大规模数据处理、高可用性、容错性、高性能要求等挑战时，集中式数据库系统无法完全满足需求。因此，人们开始研究和实践分布式数据库系统。分布式数据库系统将数据划分成多个片段，分布在多个物理节点上，并通过复制和冗余机制实现高可用性和容错性。数据的分布和并行处理能力使得分布式数据库系统能够更好地应对大规模数据处理和高并发访问。

NoSQL 是在大数据时代兴起的一种新型数据库模型。随着互联网、移动应用和云计算等领域的快速发展，数据的规模和复杂性呈指数级增长，传统的关系型数据库面对这些挑战显得不够灵活，因此，NoSQL 数据库被提出，旨在解决传统数据库的局限性问题。NoSQL 数据库通过可扩展性、灵活性和高性能来满足大数据环境下的不同需求，是未来数据库领域的重要发展方向。

分布式数据库系统可以使用关系型数据库作为其底层存储引擎，也可以使用 NoSQL 数据库作为底层存储引擎。因此，分布式数据库系统与 NoSQL 是两个相关但又不完全重叠的概念。实际上，很多 NoSQL 数据库本身就是分布式的，可以提供分布式存储和处理数据的服务。因此，本章主要介绍的内容为基于 NoSQL 的分布式数据库系统。

7.1　NoSQL 简介

NoSQL 的发展历程可以追溯到 2000 年左右，当时互联网应用的爆发使得传统的关系型数据库对于大规模、分布式和高性能的数据处理需求变得不太适用。因此，开发人员开始寻求新的技术方案来应对这些挑战。如 Google 公司在 2006 年提出的 BigTable、Yahoo 公司在 2006 年推出的 PNUTS、Amazon 公司在 2007 年提出的 Dynamo，还有在 2008 年由 Facebook 公司向开源社区发布的 Cassandra 等，这些数据库都是 NoSQL 数据库领域的先驱，为后来其他 NoSQL 数据库的发展奠定了基础。

如今广泛使用的 NoSQL 数据库有 MongoDB、Redis、HBase 等。随着 NoSQL 的普及和成熟，许多数据库开始提供更丰富的功能和更好的性能，如增加了全文搜索功能的 Elasticsearch、基于图形模型的 Neo4j、面向时序数据的 InfluxDB 等。

NoSQL 数据库主要关注非结构化和半结构化数据的存储和处理，通常不需要固定的表模式，也不使用表连接的概念。而且与传统的关系型数据库相比，其一般不强调 ACID(原子性、一致性、隔离性和持久性)性质。因为在 NoSQL 数据库中，由于其分布式和高度可扩展的性质，为了获得更高的性能和可用性，可能选择放弃一些 ACID 性质。相比传统的数据库系统，NoSQL 数据库具有如下几个方面的优势。

(1)灵活的数据模型。与关系型数据库需要事先定义数据模式(schema)不同，NoSQL 数据库不遵循传统的关系型数据库的表格(表、行、列)结构，而是采用更灵活的数据模型，如键值存储、文档存储、列存储和图形存储等。这使得 NoSQL 数据库能够存储和处理非结构化或半结构化的数据，灵活适应不同的数据结构和变化的数据模式。

(2)可扩展性。NoSQL 数据库具有良好的水平扩展性，能够轻松处理大规模数据和高并发访问。通过在多个节点上分布数据和负载，NoSQL 数据库能够在需要时增加节点，以满足不断增长的需求。

(3)高性能。NoSQL 数据库通过简化的数据模型、灵活的存储方式和优化的存取方法，能够在高速写入和读取操作中提供更高的性能和更低的延迟。尤其是在大规模数据处理和高并发访问的场景下，NoSQL 数据库利用内存存储、索引结构和异步写入等技术，提供更快的数据访问和处理能力。相比之下，关系型数据库由于复杂的结构和严格的约束会存在一定的性能损失。

(4)高可用性与容错性。NoSQL 数据库在分布式环境中运行，并具有高度的容错性。通过在多个节点上复制和分片存储数据，当一个节点发生故障时，系统能够自动切换到其他节点，保证数据的可访问性和可用性。

(5)低成本。相比关系型数据库需要强大的服务器和高性能存储系统，NoSQL 数据库可以在普通硬件上运行，这降低了硬件成本。而且许多 NoSQL 数据库是开源的，提供广泛的文档、示例和支持。这使得 NoSQL 数据库的实现变得更加容易。

当然，NoSQL 数据库也有其局限性，主要包括以下几点。

(1)使用复杂。不同于传统的关系型数据库，不同类型的 NoSQL 数据库有不同的数据模型，须根据实际需求选择适合的数据库类型，并理解其数据模型和查询方式，这增加了数据库使用的复杂性。而且将数据从一个 NoSQL 数据库迁移到另一个 NoSQL 数据库可能会面临一些挑战。数据导入和转换的过程可能需要进行复杂的映射和调整。

(2)查询功能有限。尽管 NoSQL 数据库提供了简化的查询语言或 API，但与关系型数据库相比，其查询功能相对较为有限。一些复杂的查询和聚合操作可能无法以同样的便利性和灵活性执行。

(3)缺乏事务支持。许多 NoSQL 数据库为了提高性能和扩展性，牺牲了传统关系型数据库的事务支持，即缺少 ACID 性质的完整支持。NoSQL 数据库一般只支持 BASE 属性，数据写入过程中可能存在一定的不一致性，特别是在复杂的分布式环境下。

(4)成熟度和稳定性较低。NoSQL 数据库是相对较新的技术，相比传统的关系型数据库，它们的成熟度和稳定性可能较低。一些 NoSQL 数据库可能存在性能问题、安全性漏洞等。

(5)生态系统和工具支持有限。与关系型数据库相比，NoSQL 数据库的生态系统和工具支持相对较少。一些常见的关系型数据库工具和技术，如 ORM 框架、报表工具和数据分析工具等，可能在 NoSQL 环境下缺乏对应的支持，需要开发者进行自定义开发。

在 NoSQL 领域中，BASE 是一个术语，也是一个缩写，代表了"基本可用(basically available)、软状态(soft state)和最终一致性(eventual consistency)"。它是与传统的 ACID 模型相对立的一个概念。BASE 模型的目的是在一些大规模、高度可扩展的分布式系统中提供更好的可用性和性能。

(1)基本可用。BASE 模型中的"基本可用"意味着系统在面对部分故障或异常情况时仍然保持可用状态。也就是说，基本可用性保证了即使系统的某些功能出现故障，系统仍然能够提供基本的核心功能和服务，而不会完全的停机。与之相对的是传统的 ACID 模型，ACID 模型以强一致性为基础，一旦系统遇到故障或异常情况，整个系统可能无法提供任何服务。

(2)软状态。BASE 模型中的"软状态"是指系统中的数据状态可以随时发生变化，不需要确保实时的一致性。这种灵活性允许系统的数据副本在不同的时间和位置上存在一些不一致的状态，并且系统会在后续处理中通过一定的机制或规则来达到最终的一致性。软状态模型的好处是允许系统在各个节点之间以异步的方式进行数据的复制和同步，避免了严格的同步要求和数据一致性的强制，能更好地应对网络延迟、分布式环境和节点故障等情况。

(3)最终一致性。BASE 模型中的"最终一致性"是指系统会在一段时间内最终达到数据的一致状态，而不需要实时的强一致性保证。这意味着对于分布式环境中的不同副本或节点，系统可能会允许数据在某个时间段内保持不一致状态，但最终会通过一系列的复制和同步操作实现数据的一致性。这种方式允许系统在面临网络分区、故障恢复或多个副本的写入冲突等情况下继续运行，并在后续的时间内逐步达到一致状态。

BASE 模型的设计思路是通过放宽一致性要求来提高系统的可用性、性能和扩展性，这符合分布式系统中的 CAP 定理。它适用于对数据一致性要求相对较低，但对系统的高可用性和性能有更高要求的场景，如大规模的分布式系统、Web 应用程序、社交网络等。

目前，数据库技术中两个主流的技术类型分别是非关系型数据库(NoSQL)和传统的关系型数据库(RDBMS)。它们在很多方面都不相同，具体见表 7.1。

表 7.1 NoSQL 数据库与 RDBMS 数据库对比

特性	RDBMS	NoSQL	说明
代数理论基础	完全支持	部分支持	RDBMS 以关系代数理论作为基础 NoSQL 没有统一的理论基础
数据规模与扩展性	一般	超大	RDBMS 很难实现横向扩展，纵向扩展的空间也比较有限 NoSQL 可以很容易地通过添加更多设备来支持更大规模的数据
数据模式	固定	灵活	RDBMS 严格遵守数据定义和相关约束条件 NoSQL 不存在数据模式，可以灵活定义并存储各种类型数据
查询效率	快	高效 不支持结构化复杂查询	RDBMS 借助于索引机制可以实现快速查询 很多 NoSQL 没有面向复杂查询的索引 虽然 NoSQL 可以使用 MapReduce 来加速，但是复杂查询的性能仍然不如 RDBMS
一致性、完整性	强	弱	RDBMS 严格遵守 ACID 模型 很多 NoSQL 遵守 BASE 模型，保证最终一致性
可用性	好	很好	随着数据规模的增大，RDBMS 为了保证严格的一致性，只能提供相对较弱的可用性 大多数 NoSQL 都能提供较高的可用性

NoSQL 数据库主要分为四种不同的类型，分别是键值对存储数据库、列族存储数据库(column family database)、文档型数据库和图数据库。它们拥有不同的数据模型与特点，具体见表 7.2。

表 7.2 NoSQL 数据库对比

分类	数据模型	优势	劣势	实例
键值对存储数据库	哈希表	查找速度快	数据无结构化，通常只当作字符串或者二进制数据	Redis
列族存储数据库	列式数据存储	查找速度快；支持分布横向扩展；数据压缩率高	功能相对受限	Hbase
文档型数据库	键值对扩展	数据结构要求不严格；表结构可变；不需要预先定义表结构	查询性能不高，缺乏统一的查询语法	MongoDB
图数据库	节点和关系组成的图	利用图结构相关算法(如最短路径、节点度关系查找等)	可能需要对整个图做计算，不利于图数据分布存储	Neo4j、JanusGraph

在 NoSQL 之后，近年来出现了一个新的数据库技术概念 NewSQL。NewSQL 是一种结合传统关系型数据库和分布式计算特性的新型数据库技术。它通过横向扩展、分布式处理和缓存优化来提供更好的大规模数据处理和高并发性能，同时保持了传统关系型数据库的事务一致性和可靠性。NewSQL 在保持传统关系型数据库的 ACID 和 SQL 等特性的同时，引入了 NoSQL 对海量数据的存储管理能力，支持横向扩展和分布式计算能力。NewSQL 数据库通常支持自动分片和分布式事务处理，使得数据在多个节点上进行存储和处理。这种架构可以提供更好的横向扩展性，允许数据库按需增加节点来处理更大的负载。NewSQL 还通常采用内存计算和缓存技术，以加快数据访问速度，并且借助并发控制和复制机制，提供高可用性和容错性，以确保系统的可靠性。

7.2　键值对存储数据库

7.2.1　基本原理

NoSQL 中的键值存储(key-value stores)模型是最基本的、最简单的数据存储模型。它将数据存储为无结构的键值对(key-value pairs)，每个键都是唯一的，并与对应的值相关联，类似于字典或哈希表。每个键值对表示一个独立的数据项，键用于唯一标识数据，值则存储具体的数据内容。通过键的唯一标识，可以直接访问和检索与之相关的值。这种简单的数据模型使得键值对存储模型非常适合存储和获取单个数据对象。键值对存储数据库的数据模式如图 7.1 所示。键值对存储数据库的基本 API 通常包括以下一些常见操作。

图 7.1　键值对存储数据模型示例

（1）Put(key, value)：将指定的键值对存储到数据库中。该操作将一个键和对应的值关联起来，并将其存储在数据库中。若键已存在，则会进行更新。

（2）Get(key)：根据给定的键从数据库中检索对应的值。该操作通过键来获取存储在数据库中的值。

（3）Delete(key)：该操作会从数据库中删除指定的键及其相关的值。

（4）Exist(key)：该操作用于判断一个键是否已经在数据库中存在。

（5）Batch Put(key1,value1,⋯)：将多个键值对一次性存储到数据库中。该操作用于一次性存储多个键值对，提高效率和性能。

（6）Batch Get(key1,key2,⋯)：一次性获取多个键对应的值。该操作通过给定的多个键，从数据库中一次性获取对应的值，提高效率。

（7）Scan(condition)：按照一定规则遍历整个数据库，获取符合条件的键值对。该操作用于按照特定规则扫描数据库，获得满足条件的键值对。

（8）Execute(key, operation, parameters)：对 key 对应的结构化值(如列表、集合等)执行对应的 operation 操作。

7.2.2　Dynamo 数据库

在现实应用中，键值对存储模型广泛应用于各种场景，如缓存系统、会话管理、用户配置信息等，它还可以用于分布式存储系统、内存数据库等。常见的键值对存储数据库包括 Redis、Memcached、DynamoDB、Riak 和 Scalaris 等。DynamoDB 是基于 Dynamo 系统的托管云服务，开发者能够以服务的形式使用它，而无须关注基础架构的运营和操作。作为其核心的 Dynamo，是分布式键值对存储数据库的先驱之一。

Dynamo 是基于分布式哈希存储技术的。DHT 在第 6 章中已经做过介绍。一致性哈希将整个哈希空间抽象成一个哈希环(Hash ring)，存储节点和键值对都映射到这个环上的某个位置。当需要查找一个键值对时，使用哈希函数计算出该键对应的哈希值，并在环上找到距离最近且大于或等于该哈希值的节点(顺时针找到的第一个节点)。这个节点即为存储该键值对的节点。在需要存储键值对时，使用同样的方法找到存储该键值对的节点。具体的哈希环工作流程如图 7.2 所示。这样，在节点加入或离开时，只需要重新计算受影响的键值对的哈希值，而不会对整个环上的数据进行迁移。

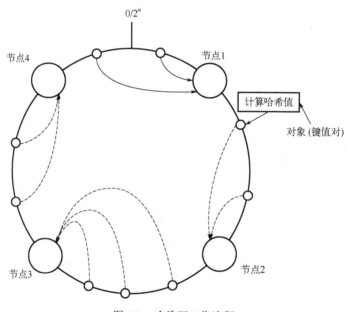

图 7.2　哈希环工作流程

在 Dynamo 中，每个键值对数据的值可以是任意类型的数据，包括文本、数字、二进制数据等。Dynamo 不对值进行任何额外的处理或转换，而是直接以原始形式存储。因此，Dynamo 中不支持复杂的查询操作，只支持简单的 Put(key, value) 和 Get(key) 操作。

当用户将数据存储到 Dynamo 中时，他们可以直接将原始数据值作为值部分提供给 Dynamo。在检索数据时，用户也会得到存储的原始数据值。这种方式使得 Dynamo 非常适用于需要快速、简单地存储和检索数据的场景，而无须对数据进行额外的处理或转换。

Dynamo 数据库使用了分布式哈希表的架构来管理数据。DHT 是建立在一致性哈希算法之上的去中心化架构，在第 6 章中已经简单介绍过。它通过一致性哈希算法将数据分散存储在不同的虚拟节点上，每个节点负责一部分数据，从而实现数据分区和分布式存储。如图 7.2

所示,哈希环上有 4 个节点,则哈希值在(节点 1,节点 2]间的键值对数据作为一个数据分区,由节点 2 进行管理与存储。

实际上的物理存储节点,根据其具体性能,可以对应一个或多个虚拟节点。每个虚拟节点的性能相当,并且随机分布在哈希环上,这样可以减少数据分布不均匀的情况,实现负载均衡,并且在删除或添加节点时,不会导致大量的数据迁移开销。使用 DHT 架构,Dynamo 数据库在分布式环境中能够高效地管理和访问数据。

为了实现高可用性和持久性,Dynamo 在多个物理节点上备份数据。每个数据项会有 N 个数据副本,即每个数据项,除了本身存储的虚拟节点外,还会在 $N-1$ 个顺时针方向的后继节点上复制。如图 7.2 所示,假设数据副本数量为 3,则(节点 1,节点 2]中的数据,除了存储在节点 2 之外,还在节点 3 和节点 4 上有备份的副本。因此,每个虚拟节点实际上存储了分配给它以及分配给它的前 $N-1$ 个前驱虚拟节点的数据。例如,此时节点 4 将存储范围为(节点 1,节点 2]、(节点 2,节点 3]和(节点 3,节点 4]的键值对数据。实际上,Dynamo 中会使用一些机制跳过已储存对应数据的物理节点所对应的虚拟节点,以确保备份数据分别在不同的物理节点上。数据备份在存储数据的同时进行,因此每次写操作的耗时会变长。Dynamo 中也对此进行了优化,只保证一个副本必须写入硬盘,其他副本只要写入节点的内存里就返回写入成功。

由于同一数据在多个不同节点上都有备份,因此可能会出现不同副本同时更新,且无法保证更新顺序,导致数据不一致的情况。此时,Dynamo 选择通过牺牲一致性来保证系统的可靠性和可用性,采取最终一致性模型,即允许数据更新以异步的方式传播到所有副本。这意味着同一时刻不同客户端读到的数据可能是不一致的。Dynamo 中使用了向量时钟技术,数据的每一个写操作都会有对应的向量时钟时间戳。对于有因果关系的操作,系统可以直接合并得到一致的最终结果。但对于没有因果关系的不同操作,系统会把不同的数据版本保留下来,让客户端进行选择与决定。

由于 Dynamo 是去中心化架构的,因此每个节点都必须知道其他节点的信息(如路由地址等)以进行通信。Dynamo 使用了一种基于 Gossip 的协议,在不同节点间检测是否有失效节点,并且更新全局节点的信息。对于出现故障的节点,Dynamo 使用一种数据回传机制。例如,当节点 A 失效后,发送给节点 A 的读写请求会临时转移给其他节点。当节点 A 恢复后,该节点把数据回传给节点 A,并且把临时数据从本地删除。节点超过设定时间后仍然失效,就会认为是永久失效,此时会从其他数据副本中开始同步、迁移数据。

DynamoDB 是 AWS 提供的一种完全托管式 NoSQL 数据库服务,是一种分布式、持久化、高可用性的数据库,是基于 Dynamo 模型的实际实现之一。它借鉴了 Dynamo 中的一些核心思想,如分布式、一致性哈希分片、数据冗余副本等。DynamoDB 在 Dynamo 的设计思想和架构原则上,经过一些改进和扩展,提供了更多的功能和服务,如支持自动扩缩容、数据备份和恢复、实时查询和强一致性等。

DynamoDB 是一种云服务,可提供快速且可预测的性能,并且能够实现无缝扩展,主要通过 HTTP API 来使用。DynamoDB 引入了传统关系型数据库中表和主键的概念,用户可以使用 DynamoDB 来创建数据库表,该表可存储和检索任意量的数据,并能应对任何级别的请求流量。DynamoDB 会在足够数量的服务器上自动分布该表的数据和流量,以处理客户指定的请求容量和存储的数据量,同时保持一致、快速的性能。

7.2.3　Redis 数据库

DynamoDB 虽然是基于键值对存储的数据库，但是引入了表和主键的概念，并且值的数据类型也支持文档类型，因此拥有强大的功能，增、删、查、改方面的数据操作也类似于传统关系型数据库。Redis 是单纯的键值对存储数据库。为了更好地阐明键值对存储数据库的使用，选择 Redis 进行具体数据示例展示。

Redis 是一个开源的内存数据存储系统，是一个高性能和高可用性的键值对存储数据库。它主要设计用来满足实时应用程序的需求，如缓存、排行榜、实时分析等。Redis 的特点包括高性能、丰富的数据类型支持以及多种集群方案等。Redis 提供了多种语言的 API，包括C/C++、Python、C#/.NET、Node.js、Java 等，是当前热门的 NoSQL 数据库之一。

Redis 的核心数据模型是键值对，其中，键是唯一的标识符，值可以是字符串(string)、哈希表(Hash table)、列表(list)、集合(set)和有序集合(sorted set)等。Redis 主要将数据存储在内存中，这使得它能够实现极快的读写操作。同时，Redis 还提供了持久化机制，可以将内存中的数据异步保存到磁盘上。

Redis 支持主从模式部署和哨兵模式部署，实现了高可用。但主从复制的模式中，主节点有性能瓶颈，而且不能水平扩展。对此，Redis 还支持基于数据分片功能的集群模式。每个集群中的虚拟节点都包括复数的物理节点，其中一台为主处理节点(进行读写操作)，其他的为备份节点，以实现数据库集群的高可用特性和水平扩展功能。与 Dynamo 不同的是，Redis 并不使用 DHT 架构，而是定义了 16384 个逻辑上的槽位来存储分片数据，这些槽位会均匀分配给每个虚拟节点。

假设有一份与博客系统相关的数据，其中有 3 名用户，每名用户有自己的博客，则可以使用 Redis 存储的方式，其设计如图 7.3 所示。

键	值
userid	01
	02
	03
userid:01:username	Jack
userid:02:username	Elon
userid:03:username	Pony
userid:01:contact	123456789
userid:02:contact	666666666
userid:03:address	Shenzhen

键	值
userid:01:blogid	1
userid:01:blogid-1.content	blog_a.txt
userid:02:blogid	1
	2
userid:02:blogid-1.content	blog_b.txt
userid:02:blogid-2.content	blog_c.txt
userid:02:blogid-2.music	blog_c.mp3
userid:03:blogid	1
	2
	3
userid:03:blogid-1.content	blog_d.txt
userid:03:blogid-2.content	blog_e.txt
userid:03:blogid-3.content	blog_f.txt
userid:03:blogid-3.video	blog_f.mp4

图 7.3　Redis 存储示例

其中，键 userid 和 userid:XX:blogid 对应的值存储的都是集合数据。首先，可以使用 SET命令和 MSET 命令插入字符串数据(二进制安全，可以直接存储图像文本等数据)。对于集合数据，则使用 SADD 命令添加，如图 7.4 所示。

```
$redis-cli
redis> SADD userid "01" "02" "03"
redis> MSET userid:01:username "Jack" userid:02:username "Elon" userid:03:username "Pony"
redis> MSET userid:01:contact "123456789" userid:02:contact "666666666"
redis> SET userid:03:address "Shenzhen"
redis> SADD userid:01:blogid 1
redis> SADD userid:02:blogid 1 2
redis> SADD userid:03:blogid 1 2 3
redis> SET userid:01:blogid-1.content "blog_a.txt"
redis> SET userid:02:blogid-1.content "blog_b.txt"
redis> MSET userid:02:blogid-2.content "blog_c.txt" userid:02:blogid-2.music "blog_c.mp3"
redis> SET userid:03:blogid-1.content "blog_d.txt"
redis> SET userid:03:blogid-2.content "blog_e.txt"
redis> MSET userid:03:blogid-3.content "blog_f.txt" userid:03:blogid-3.video "blog_f.mp4"
```

图 7.4　Redis 插入操作示例

查询数据时，可以使用 SMEMBERS 命令查询集合中所有的元素。对于字符串数据，可以使用 GET 命令或者 MGET 命令查询。要删除指定键对应的数据，则使用 DEL 命令。参考命令如图 7.5 所示。

```
redis> SMEMBERS userid
1) "01"
2) "02"
3) "03"

redis> GET userid:03:blogid-2.content
blog_e.txt

redis> MGET userid:02:blogid-2.content userid:02:blogid-2.music
1) "blog_c.txt"
2) "blog_c.mp3"

redis> DEL userid:03:blogid-3.video
(integer) 1                        //成功删除1个键值对

redis> GET userid:03:blogid-3.video
 (nil)                             //返回值为空
```

图 7.5　Redis 查询操作示例

除了以上的基本 Redis 命令操作外，通过 redis-cli 或者其他编程语言 API，可以执行更复杂的操作，如使用事务、设置键的过期时间、根据条件查询键等。

7.3　列族存储数据库

列族存储数据库与传统的关系型数据库不同，它是以列为基本单位进行数据存储和查询的，而不是以行为基本单位。列族存储数据库中，数据是按列族进行存储的。所有的行中属于同一列族的数据都存储在一起，并且通过索引等机制，按照列族进行数据的组织和划分。

7.3.1 数据模型

列族存储数据模型是列族存储数据库的核心概念，它定义了数据的组织方式和访问模式。列族存储数据模型的相关概念如下，数据组织方式如图7.6所示。

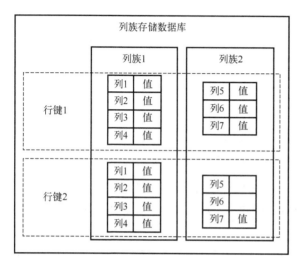

图7.6 列族存储数据模型

（1）列族（column family）。列族是列族存储数据库的基本组织单位，它是一组相似的列的集合，通常具有相同或相似的数据类型。列族的设计是为了优化数据的读取和存储效率。一个列族可以包含多个列。

（2）列（column）。列是列族存储数据库中的基本数据单元，它由列名（column name）和列值（column value）组成。列名用于标识列的属性或特征，列值则是实际存储的数据。

（3）行键（row key）。行键是列族存储数据库中数据的唯一标识符，通过行键可以快速访问和定位特定的数据行。行键是一个字符串或字节数组，通常是用户定义的，可以根据业务需求选择合适的行键策略。行键通常与数据的分布式存储和负载均衡有关。

（4）列索引（column index）。列索引是列族存储数据库中的一种数据结构，用于快速查找和访问数据。它可以根据列名和列值构建索引，使得对特定列的查询操作更有效率。列索引可以根据不同的策略进行构建，如基于B+树或哈希算法等。

（5）超列（super column）。超列是列族存储数据库中的一种特殊结构。超列可以理解为列的集合，它们具有相似的属性或特征。超列相当于在列族中创建了一个额外的层次结构。使用超列可以更好地对数据进行组织和管理，特别适用于需要在一个列族中存储具有相似属性列集合的场景。通过使用超列，可以减少数据的冗余性，提高数据的存储和访问效率。并且，超列还能够支持多级索引，这使得数据的查询更加便捷灵活。

（6）时间戳（timestamp）。很多列族存储数据库中会有时间戳的值，该值记录了数据的更新时间。每次数据插入或更新操作都会关联一个时间戳，用于表示数据的新旧。时间戳可以精确到毫秒或更高精度，有助于在数据历史记录和数据版本控制方面发挥作用。行键和时间戳通常可以在同一个数据行中一起存在，作为该行数据的属性之一。在查询操作中，可以根据行键和时间戳来获取特定时间点的数据版本或进行时间范围内的数据查询。

7.3.2 基本 API

由于列族存储数据库逻辑上也是基于表结构的组织数据，因此，它的基本 API 也和 SQL 类似。

（1）createTable（table_name, column_family_names）：创建一个新的表，并指定其中的列族。

（2）put（table_name, row_key, column_family, values）：向指定表的指定列族中写入数据。

　　(3) putBatch (table_name, data)：批量写入操作，将多条数据同时写入表中。

　　(4) get (table_name, row_key, column_family)：从指定表的指定列族中读取数据。

　　(5) getColumn (table_name, row_key, column_family, column_name)：从指定表的指定列族中读取指定列的值。

　　(6) getRange (table_name, column_family, start_key, end_key)：按范围读取表中的数据。

　　(7) query (table_name, query)：执行查询操作，使用特定的查询语言或条件来获取表中符合条件的数据。

　　(8) update (table_name, row_key, column_family, values)：更新指定表的指定列族中的数据。

　　(9) delete (table_name, key, column_family)：从指定表的指定列族中删除数据。

　　(10) deleteColumn (table_name, key, column_family, column_name)：从指定表的指定列族中删除指定列的值。

7.3.3　Cassandra 数据库

　　常见的列族存储数据库有 BigTable、HBase、Hypertable、Cassandra、PNUTS 等。Cassandra 是一个开源、分布式 NoSQL 数据库。它实现了具有最终一致性的列族存储模型。Cassandra 最初是 Facebook 结合了 Amazon 的 Dynamo 分布式存储和复制技术以及 Google 的 BigTable 数据和存储引擎模型开发的。Cassandra 设计为两个系统的最佳组合，以满足新兴的大规模数据占用、查询量和存储需求。

　　Cassandra 的逻辑模式与 BigTable 类似。键空间 (keyspace) 是最高级别的数据结构，类似于传统关系型数据库中的数据库 (database) 概念。keyspace 是一种逻辑上的容器，用于管理列族和相关的数据。在 Cassandra 的高版本中，引入了表 (table) 的概念，这里的表是列族的别名。为了避免混淆，7.3.3 节中使用表称呼列族。每个 keyspace 都包含一组相关表 (列族) 和数据，定义了表的存储属性，包括复制策略、副本数量等。每个表由表名 (table name) 唯一标识。

　　在物理模式上，Cassandra 使用了 Dynamo 的数据分区和备份机制，并在此基础上进行了优化。例如，使用了基于令牌环的一致性哈希算法 (类似于 Chord 算法)，并且提供了多种数据副本的复制策略，系统可以很方便地进行横向扩展。同样地，Cassandra 也是用基于 Gossip 的协议对存储节点进行故障检测等的。

　　Cassandra 的存储模型比 Dynamo 的简单键值对存储模型更复杂，这是一种结合了键值对存储思想的列族存储模型。和 Dynamo 类似，每个数据分区包含多行数据，数据的分区是根据不同的行键进行的，而不是根据列进行划分的。

　　每个表都可以指定一个或多个列值作为分区键 (partition key)，分区键是行键的一部分，用于确定数据在集群中的分布。相同分区键的所有行将存储在同一个节点上。每个分区内的数据以列族的形式存在，可以包含大量的列。每列由一个列名和相应的值 (value) 组成。不同的列还可以组织成超列。列可以根据具体需要动态地添加和删除，并且行数据中的列数量和具体的列名可以在不同行之间有所不同，这个特性称为变长 (sparse columns) 模式。这样可以方便地表示具有不同结构的数据。一个简单的 Cassandra 数据存储示例如图 7.7 所示。其中，blogid 列存储的数据类型为集合 (set)。User 表中，userid 为主键；Blog 表中，(userid,blogid) 组合为主键。

Keyspace::=BlogDatabase

Table::=User

userid	username	contact	address	blogid
01	Jack	123456789		{1}
02	Elon	666666666		{1,2}
03	Pony		Shenzhen	{1,2,3}

Table::=Blog

userid	blogid	content	music	video
01	1	blog_a.txt		
02	1	blog_b.txt		
02	2	blog_c.txt	blog_c.mp3	
03	1	blog_d.txt		
03	2	blog_e.txt		
03	3	blog_f.txt		blog_f.mp4

图 7.7　Cassandra 数据存储示例

Cassandra 的具体查询方式是一种面向键的分区查询。Cassandra 提供 Cassandra 查询语言(CQL)，这是一种类似 SQL 的语言，用于创建、修改和删除数据库架构以及访问数据。上面示例中的数据，创建表格及插入数据语句的参考如图 7.8 所示，其中，把数据转换为二进制文件的 toBlob()方法需要自定义。CQL 不执行连接或子查询，select 语句仅适用于单个表。select 语句还可以包含 where 子句，例如，查询第一位用户的联系方式，可以用语句："SELECT contact FROM User WHERE userid = 01"。

```
//创建键空间
CREATE KEYSPACE BlogDatabase WITH replication = {'class': 'SimpleStrategy', 'replication_factor' : 3};
//进入键空间
USE BlogDatabase;
//创建表User
CREATE TABLE User (
    userid int PRIMARY KEY,
    username text,
    contact text,
    address text,
    blogid set<int>
);
//创建表Blog
CREATE TABLE Blog (
    userid int,
    blogid int,
    content Blob,
    music Blob,
    video Blob,
    PRIMARY KEY (userid, blogid)
);
//插入数据
INSERT INTO User (userid, contact, blogid) VALUES (01, '123456789', {1});
INSERT INTO User (userid, contact, blogid) VALUES (02, '666666666', {1,2});
INSERT INTO User (userid, address, blogid) VALUES (03, 'Shenzhen', {1,2, 3});
INSERT INTO Blog (userid, blogid, content) VALUES (01, 01, toBlob(blog_a.txt));
INSERT INTO Blog (userid, blogid, content) VALUES (02, 01, toBlob(blog_b.txt));
INSERT INTO Blog (userid, blogid, content, music) VALUES (02, 02, toBlob(blog_c.txt), toBlob(blog_c.mp3));
INSERT INTO Blog (userid, blogid, content) VALUES (03, 01, toBlob(blog_d.txt));
INSERT INTO Blog (userid, blogid, content) VALUES (03, 02, toBlob(blog_e.txt));
INSERT INTO Blog (userid, blogid, content, video) VALUES (03, 01, toBlob(blog_f.txt), toBlob(blog_f.mp4));
```

图 7.8　Cassandra 操作示例

7.4　文档型数据库

文档型数据库的起源受到 Lotus Notes 的启发。Lotus Notes 是诺顿公司(后来成为 IBM 的一部分)在 1989 年推出的一种协同办公软件。它使用了一种称为“Notes Database”的数据存储模型。该模型采用了文档的概念，每个文档都可以包含一个或多个字段(属性)，字段的值可以是文本、数字、日期等。文档之间可以互相引用。这种文档导向的数据存储方式为文档型数据库的概念奠定了基础。2007 年，MongoDB 项目被创建，由 10gen(现在的 MongoDB 公司)开发和维护。MongoDB 是第一个流行的 NoSQL 文档型数据库，它提供了面向文档的数据模型和丰富的查询功能，是文档型数据库的先驱。

7.4.1　数据模型

文档型数据库是一种以文档为基本存储单元的数据库系统。它们将数据存储为类似于 JSON 或 XML 格式的文档。文档本身是一个自包含的数据单元，是键值对的集合，并且支持嵌套结构。在文档型数据库中，每个文档通常存储在一个单独的文件中，并按照某种方式进行排列和组织，以便快速检索和修改。这种存储方式有助于实现高性能、高可扩展性和高可用性。

1. 字段

字段用于存储数据，由键值对表示。键是字段的名称，用于唯一地标识该字段。值是字段所包含的数据，可以是基本类型的数据，如字符串、整数、浮点数、布尔值、日期等，也可以是嵌套的文档或数组。键值对的形式使得可以通过键快速访问文档中具体字段的值，从而实现高效的数据操作。

文档型数据库支持嵌套的文档结构，即一个文档中可以包含其他文档，将其他文档作为字段的值即可。这种嵌套结构使得可以构建复杂的数据关系和层次结构。字段中的值也可以是数组，这意味着一个字段可以包含多个相同类型或不同类型的值。数组也可以嵌套使用，以构建更复杂的数据结构。这些特性使得文档型数据库特别适合存储半结构化和无结构化的数据。

2. 文档

文档是文档型数据库中的基本存储单元，它类似于关系型数据库中的行。一个文档是一系列字段的集合，以一种半结构化的方式存储数据，一个简单的例子如图 7.9 所示。一个文档可以表示一个实体、一个记录或一个对象。文档是自包含的，可以容纳各种类型的数据和结构。

```
{
    "name" : "Pony",                    -------------------- 字段1(键：值)
    "age" : 18,                  ------------------------ 字段2(键：值)
    "school" : "SYSU",             ------------------- 字段3(键：值)
    "friend" : ["Tom","Jack","Jimmy"] --- 字段4(键：值)
}
```

图 7.9　文档中的不同字段示例

3. 集合

集合是一种用于组织和存储文档的容器，是一组相关文档的集合，这些文档具有相似的属性或特征。通过将相关文档放入同一个集合中，可以轻松地对它们进行组织、查询和操作。集合类似于关系型数据库中的表，但是与表不同，集合中的文档并不需要具有相同的结构或字段。

7.4.2　基本 API

文档型数据库一般会提供一组 API 对文档进行 CRUD（创建、读取、更新和删除）操作。

（1）insertOne（document）：创建并插入一个新文档。

（2）insertMany（documents）：创建并插入多个新文档。

（3）findOne（query）：根据查询条件检索并返回匹配的第一个文档。

（4）find（query）：根据查询条件检索并返回所有匹配的文档集合。

（5）count（query）：根据查询条件计算匹配的文档数量

（6）updateOne（filter, update）：根据过滤条件更新匹配的第一个文档。

（7）updateMany（filter, update）：根据过滤条件更新匹配的多个文档。

（8）deleteOne（filter）：根据过滤条件删除匹配的第一个文档。

（9）deleteMany（filter）：根据过滤条件删除匹配的多个文档。

除了这些基本的 CRUD 操作，文档型数据库通常还提供其他功能的 API。

（1）aggregate（pipeline）：聚合查询，执行指定的聚合管道操作，如计数、求和、平均值、分组等。

（2）createIndex（keys）：创建索引以加速查询性能。

（3）dropIndex（keys）：删除索引。

相比其他类型的数据库，文档型数据库有以下特点。

（1）灵活的数据模型：在一个集合中可以存储具有不同结构的文档，这称为动态模式（dynamic schema），动态模式是文档型数据库中的一个重要特性。与传统的关系型数据库要求表的每一行都具有相同的列和数据类型不同，动态模式允许文档在同一个集合中具有不同的字段和结构。这使得文档型数据库非常适合存储和处理半结构化数据，可以更灵活地处理和适应数据模型的变化，而无须在数据库层面进行模式的严格定义或更改，为开发人员和团队提供更多的自由度。

（2）高效的查询性能：文档型数据库使用内部的文档索引来加速查询操作。索引可以基于单个或多个字段，使得在文档中进行快速查找和过滤变得高效。文档型数据库对大规模数据的查询具有优异的性能，特别适用于需要实时响应和复杂查询的应用场景。文档型数据库通常还会使用缓存、数据压缩、数据预取等机制来提高性能。文档型数据库支持嵌套结构，可以在文档中嵌套其他文档、数组或其他复杂的数据结构。这使得存储和查询复杂数据变得方便和高效。同时，文档间的嵌套结构还能减少数据库的连接操作，提高数据读取的效率。

（3）真实的对象映射：文档型数据库支持将应用程序的对象模型直接映射到数据库的文档结构。这样可以更自然地操作数据，无须进行复杂的关系映射。这种直接映射使得代码编写更加简洁和易于理解，并且可以更快速地开发和迭代应用程序。

(4) 高可扩展性和可用性：作为一种分布式数据库，文档型数据库具有良好的可扩展性和可用性。通过在数据库集群中添加更多的节点，可以水平扩展提高数据库的负载能力和存储容量。此外，文档型数据库也具备复制和故障转移机制，以确保数据的高可用性和容错性。

7.4.3　MongoDB 数据库

MongoDB 是一个开源的、高性能的、面向文档的、基于分布式文件存储的数据库系统。MongoDB 使用文档型数据库模型，数据以类似于 JSON 的 BSON(binary JSON)格式存储。文档是 MongoDB 的基本数据单元，可以存储多个字段和嵌套文档，使得数据结构灵活，并适应复杂的数据模型。

MongoDB 通过多种优化技术来提供高性能的数据操作，其中包括内存映射和索引支持，以加快读取和查询速度。此外，MongoDB 还支持水平扩展，可以通过分片技术将数据分布在多台服务器上，以提高系统的处理能力和存储容量。

MongoDB 提供了丰富而强大的查询语言，支持多种查询方式，包括精确匹配、范围查询、正则表达式、条件逻辑和聚合操作等。通过灵活的查询语言，开发人员可以轻松地执行各种复杂的查询操作。

MongoDB 支持主从复制和副本集机制，通过复制数据到多台服务器，实现数据的冗余存储和高可用性。当主服务器发生故障时，副本集中的一台备用服务器会自动接管主服务器的功能，确保系统的连续性和数据的安全性。

MongoDB 支持自动分片功能。使用分片键在各个分片之间分发集合中的文档，其中，分片策略可以分为哈希分片和范围分片。使用分片策略，可以将数据存储在多台服务器上，实现水平扩展，拥有大规模数据存储和处理的能力。

MongoDB 还引入了多文档事务支持，提供类似于关系型数据库的 ACID 事务特性。事务是数据库操作的逻辑单元，要么全部成功执行，要么全部回滚，以保证数据的一致性和完整性。

如图 7.10 所示，一个 MongoDB 实例可以包含多个数据库，每个数据库可以包含多个集合，每个集合则可以包含多个文档。MongoDB 的集合可以看作关系型数据库中的表，不同的是关系型数据库中的表存放的是表数据，集合中存放的是文档，并且可以存放的文档数量是不限的。每个集合在数据库中都拥有唯一的标识，可以使用键值对查询方式快速获取对应的集合。文档是 MongoDB 中数据的基本单元，可以类比看作关系型数据库中的一行数据。文档中每一个字段的值，类似于关系型数据库中一行数据对应的某列的值。

一个简单的数据示例如下。首先使用 use 命令创建一个名为 BlogDatabase 的数据库："use BlogDatabase"，然后使用 insertOne 命令插入一

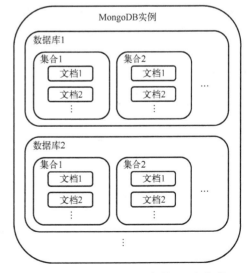

图 7.10　MongoDB 数据库数据组织架构

个简单的文档数据，如图 7.11 所示。如果要插入多个文档，可以使用 insertMany 命令，如图 7.12 所示。

```
> db.User.insertOne(
    {
        userid : 01,
        username : "Jack",
        contact : "123456789",
        blogid : [1]
    }
)
> db.User.insertOne({ userid : 02, username : "Elon", contact : "666666666", blogid : [1, 2] })
> db.User.insertOne({ userid : 03, username : "Pony", address : "Shenzhen", blogid : [1, 2, 3] })
```

图 7.11　MongoDB 的单文档插入操作示例

```
> var music_c = BinData(2, blog_c.mp3)
> var video_f = BinData(2, blog_f.mp4)
> db.Blog.insertMany(
    [
        { userid : 01, blogid : 1, content : "blog_a.txt"},
        { userid : 02, blogid : 1, content : "blog_b.txt"},
        { userid : 02, blogid : 2, content : "blog_c.txt", music : music_c},
        { userid : 03, blogid : 1, content : "blog_d.txt"},
        { userid : 03, blogid : 2, content : "blog_e.txt"},
        { userid : 03, blogid : 3, content : "blog_f.txt", video : video_f}
    ]
)
```

图 7.12　MongoDB 的多文档插入操作示例

如果该集合当前不存在，则插入操作将创建该集合。图 7.11 命令中第一行，会创建一个名为 User 的集合。在 MongoDB 中，存储在集合中的每个文档都需要唯一的_id 字段作为主键。如果插入的文档省略了_id 字段，MongoDB 驱动程序会自动为该文档生成一个_id。因此，insertOne 会返回一个文档，其中包含新插入文档的_id 字段值。

图 7.12 中使用 insertMany 命令把文档插入 Blog 集合。对于视频、音乐等数据，可以直接以二进制字节流的方式存储，但这只适用于小数据。实际上，可以将视频、图片等存储在外部文件系统中，并在 MongoDB 文档中保存图片的路径。

查询文档，可以使用 find 命令，其中还可以使用操作符号指定条件。图 7.13 中使用的是 MongoDB Shell（mongosh）方法。

```
//没参数，查询该集合下的所有文档
> db.User.find()

//查询该集合下所有符合条件的文档
> db.Blog.find( { "userid": 03 })
```

图 7.13　MongoDB 的 find 命令示例

7.5　图 数 据 库

在 NoSQL 数据库中，图数据库是一种用于存储和处理图结构数据的特殊类型数据库。

图数据库以图的概念为基础，将数据组织为节点和边的集合，形成节点之间的关系网络。图数据库适用于存储和查询复杂的关联性数据，能够提供高效的图遍历和图分析功能。

7.5.1　图存储模型

资源描述框架(resource description framework，RDF)和属性图(property graph)是两种常见的图数据表示模型。RDF 是 W3C 制定的一种标准；属性图是工业标准，受到广大数据库厂商的支持。因此，图数据库的数据模式是基于属性图模型的。它将数据以节点和边的形式进行组织和存储，具体如图 7.14 所示。相比关系型数据库，图数据库更自由，它不要求事先定义严格的表结构和模式，允许动态地添加、修改和删除节点和边，以适应数据的变化和复杂性。这种灵活性使得图数据库适用于存储和分析各种复杂的关联性数据。

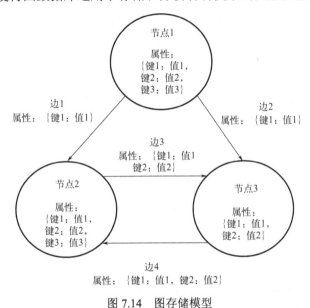

图 7.14　图存储模型

(1)节点(node)：也可以称为顶点(vertex)，表示实体或对象，每个节点都有唯一的标识符(ID)。节点可以包含多个属性，用于描述节点的特征和属性信息。例如，社交网络图数据库中的一个节点可以表示一个用户，包含属性如姓名、年龄、所在地等。

(2)边(edge)：表示节点之间的关系(relationship)，每条边都有起始节点和目标节点，以及唯一的标识符。边有方向，表示关系的方向性。例如，在社交网络图中，边可以表示用户之间的"朋友关系"，其中，起始节点是一个用户，目标节点是另一个用户，边的标签为"朋友"。若是双向关系则需要两条不同方向的边来表示。

(3)属性(property)：是键值对的形式，用于描述节点和边的特征。节点和边都可以有属性。属性可以是各种数据类型，如字符串、数字、日期等。属性可以用于存储节点和边的详细信息，以及用于进行查询和过滤操作。

(4)图模式(graph schema)：描述节点和边之间的关系和约束。它定义了各个节点类型和边类型的结构、属性和关系规则。例如，图模式可以约束边的起始节点和目标节点的类型，以及节点和边的属性取值范围，还可以定义唯一性约束，以确保节点和边的标识在图中是唯一的。

7.5.2　基本 API

图数据库常用的基本 API 主要是节点和边(关系)的创建、查询、更新和删除等操作。

(1) createNode (label, properties)：创建一个具有指定标签和属性的节点,返回节点的标识符。

(2) addLabel (nodeId, label)：为指定标识符的节点添加一个标签。

(3) setProperty (nodeId, key, value)：为指定标识符的节点设置指定键的属性值。

(4) createRelationship (startNode, endNode, type, properties)：创建具有指定起始节点、目标节点、类型和属性的边,并返回边的标识符。

(5) setProperty (relationshipId, key, value)：为指定标识符的边设置指定键的属性值。

(6) getNodeById (nodeId)：根据节点标识符获取节点信息。

(7) getRelationshipById (relationshipId)：根据边标识符获取边信息。

(8) getNodesByLabel (label)：获取具有指定标签的所有节点。

(9) getRelationshipsByType (type)：获取具有指定类型的所有边。

(10) updateNodeProperties (nodeId, properties)：更新指定节点的属性。

(11) updateRelationshipProperties (relationshipId, properties)：更新指定边的属性。

(12) deleteNode (nodeId)：删除指定标识符的节点以及与之相关的边。

(13) deleteRelationship (relationshipId)：删除指定标识符的边。

(14) traverseGraph (startNode, traversalRule)：根据指定的遍历规则从给定的起始节点开始遍历图。

(15) findPaths (startNode, endNode, traversalRule)：查找从起始节点到目标节点的所有满足遍历规则的路径。

7.5.3　Neo4j 与 HugeGraph

常见的图数据库有 Neo4j 和 HugeGraph 等,分别是由 Neo4j 公司和百度公司开发的。下面分别对它们进行介绍。

1. Neo4j

Neo4j 是图数据库领域最为知名的数据库之一。它采用了基于节点和边的属性图数据模型,用于表示和处理图形数据结构。Neo4j 的数据模型提供了灵活的方式来表示和操作复杂的图形数据结构。

节点表示实体,可以具有零个或多个属性(键值对)来描述其特征。使用标签(label)可以对节点进行分类和组织。边表示节点之间的连接或关联关系,边具有方向性,从一个节点(起始节点)指向另一个节点(目标节点)。每个边都有一个类型(relationship type),用于描述节点之间的关系,如"友谊关系""购买关系"等,边类型可用于在查询中对特定类型的关系进行过滤和遍历。边也可以具有属性,用于描述该关系的特定属性,如权重、时间戳等。路径(path)由至少一个节点以及各种边连接组成,经常作为查询或者遍历的结果。

Neo4j 提供了高效的图算法,如深度优先搜索、广度优先搜索、两点之间最短路径、Dijkstra 算法、A*算法等。Neo4j 支持索引技术和事务机制,可以高效地对大规模图形数据进行复杂的查询和分析。

　　Neo4j 不是完全开源的，分为社区版(免费)和企业版(付费)。社区版在节点数量、边数量、属性数量等方面存在上限，而企业版没有限制。并且社区版只能部署成单机实例，不能部署成为高可用集群。在高可用集群的部署方式中，Neo4j 的 ACID 事务支持是通过 raft 机制实现的。

　　一个简单的社交网络数据示例可以如图 7.15 所示。其中有两类节点，一类表示人，另一类表示公司，通过节点的 label 可以区分。关系有 6 种，分别表示个人拥有公司、公司被个人拥有、个人受聘于公司、公司的客户、同事关系、夫妻关系。

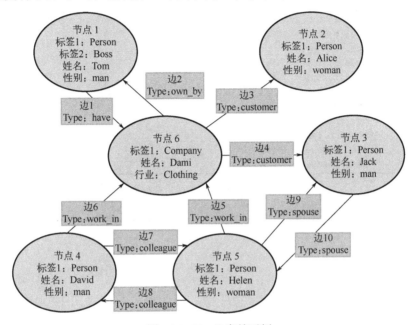

图 7.15　Neo4j 存储示例

　　Neo4j 提供了强大的图形查询语言 Cypher，使得用户可以使用类似 SQL 的语法查询和操作图形数据。在 Neo4j 中，每个标准数据库都包含一个图。下面用上面的例子场景进行说明。首先需要使用 CREATE 命令创建数据库(图)，如图 7.16 所示。命令中"IF NOT EXISTS"是可选的，附加"IF NOT EXISTS"可确保不会返回任何错误，并且如果数据库已存在也不会发生任何事情。

```
//创建数据库
CREATE DATABASE social-network IF NOT EXISTS
//启动数据库
START DATABASE social-network
```

图 7.16　Neo4j 创建数据库示例

　　然后使用 CREATE 命令添加节点，如图 7.17 所示。一个()表示一个节点，Variable 代表节点的别名，是一个引用，供后续使用。Label 标签可以是多个的，用冒号隔开。{}中的键值对是该节点的属性。在此基础上创建边，仍然使用 CREATE 命令。关系的类型 Type 只能有一个，具体语句如图 7.18 所示。Neo4j 中查询的主要语句是 MATCH。图 7.19 给出了一个查询操作示例。Neo4j 中的查询支持很多匹配和筛选功能，并且支持使用一些高级的图算法对其进行遍历和搜索。

```
//添加节点的语法: CREATE (Variable:Label {key1:value1, key2:value2})
CREATE (Node1:Person:Boss {name : 'Tom', gender : 'man' } )
CREATE (Node2:Person {name : 'Alice', gender : 'woman' } )
CREATE (Node3:Person {name : 'Jack', gender : 'man' } )
CREATE (Node4:Person {name : 'David', gender : 'man' } )
CREATE (Node5:Person {name : 'Helen', gender : 'woman' } )
CREATE (Node6:Company {name : 'Dami', industry : 'Clothing' } )
```

图 7.17　Neo4j 创建节点示例

```
//添加边（关系）的语法: CREATE  (StartNode) -[Variable:Type {key1:value1, key2:value2}] -> (EndNode)
CREATE (Node1) - [Edge1:have] -> (Node6)
CREATE (Node6) - [Edge2:own_by] -> (Node1)
CREATE (Node6) - [Edge3:customer] -> (Node2)
CREATE (Node6) - [Edge4:customer] -> (Node3)
CREATE (Node5) - [Edge5:work_in] -> (Node6)
CREATE (Node4) - [Edge6:work_in] -> (Node6)
CREATE (Node4) - [Edge7:colleague] -> (Node5)
CREATE (Node5) - [Edge8:colleague] -> (Node4)
CREATE (Node5) - [Edge9:spouse] -> (Node3)
CREATE (Node3) - [Edge10:spouse] -> (Node5)
```

图 7.18　Neo4j 创建边示例

```
//查询数据库中的所有节点
MATCH (n)
RETURN n

//查询所有Label值为Person的节点
MATCH (n:Person)
RETURN n

//查询Label值为Person的且属性name为'Jack'的节点
MATCH (n:Person {name:'Jack'})
RETURN n

//该查询属性name为'Dami'的节点
MATCH (n {name:'Dami'})
RETURN n

//查询所有Label值为Person的节点的性别
MATCH (n:Person)
RETURN n.gender

//查询所有边（关系）
MATCH ()-[r]-()
RETURN r

//查询所有类型为colleague的边
MATCH ()-[r:colleague]-()
RETURN r
```

图 7.19　Neo4j 查询操作示例

2. HugeGraph

HugeGraph 是由百度公司开发的一个图数据库系统，2022 年捐赠给 Apache 软件基金会。HugeGraph 是一个完全开源的分布式图数据库，可有效支持十亿量级以上的超大规模图数据的快速检索和查询。它在底层采用了分布式架构，支持水平扩展，可以在大规模集群上存储和处理海量图数据。同 Neo4j 一样，HugeGraph 使用基于节点和边的属性图数据模型，允许用户定义节点和边的属性，以及它们之间的关联关系。

HugeGraph 支持多种查询语言，包括 Gremlin 和 Cypher，用户可以根据自己的需求进行灵活的查询和分析。除了顶点和边的 CRUD 基本操作以外，HugeGraph 还提供了大量的高性能遍历方法，这些遍历方法实现了一些复杂的图算法，方便用户对图进行分析和挖掘，如最短路径、带权最短路径、顶点相似度计算、环路查找等。结合图遍历算法和索引技术，可以加速图数据的查询和分析操作。

此外，HugeGraph 还支持事务处理、数据备份和恢复等关键功能，确保数据的一致性和可靠性。和 Neo4j 类似，HugeGraph 也是基于 raft 算法实现了分布式一致性。Neo4j 数据库中仅通过简单的主从复制的方式实现高可用集群，不支持水平扩展，可扩展性较弱，只适合中小规模的图数据应用，如推荐系统、社交网络分析等。HugeGraph 则设计为分布式图数据库，使用数据分区的方式，支持水平扩展，适用于存储和处理大规模图数据，如知识图谱等。

分布式图数据库在存储图数据时通常采用边分割(edge cut)存储和点分割(vertex cut)存储这两种方式，具体如图 7.20 所示。目前，HugeGraph 使用的是边分割存储的分区方案。

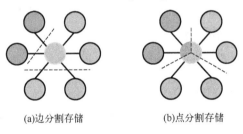

(a)边分割存储　　　　　　　(b)点分割存储

图 7.20　HugeGraph 边分割存储和点分割存储

(1)边分割存储。在边分割方式下，每个顶点只会出现在一台机器上。图数据库将按照顶点的拓扑关系，将顶点划分到不同的机器上进行存储。因为边的两个顶点可能分布在不同的机器上，所以这种存储方式有可能导致边的多次存储。

(2)点分割存储。在点分割方式下，每条边只会出现在一台机器上。整个边的信息存储在其中一台机器上，顶点则可能分布在不同的机器上。这种方式可能导致顶点的多次存储。

第8章　分布式并行计算框架

计算框架是构建在基本的集群管理功能之上的。其主要内容是在基本集群管理系统或软件的基础上，实现面向应用层计算需求的计算任务调度、资源分配和过程管理。云计算中的分布式并行计算框架主要面向海量数据处理，与传统的高性能并行计算有比较大的差别。因此，云计算在分布式并行模式上有自己的特点。下面首先介绍面向大数据的计算模式，然后介绍相应的计算框架。

8.1　大数据计算模式

大数据计算主要是指对海量数据进行遍历、统计、分析等操作的计算过程。这样的计算任务主要通过大规模的计算集群进行数据切分并行处理来完成，不同的计算节点负责处理原数据集的不同部分。框架所处理的数据往往具有多样性(variety)，泛指数据的类型和来源的广泛，例如，结构化的数据库表格数据，结构化和半结构化的文本、图像、视频数据，非结构化的动态、间断流数据等；形式上可以是网页或二进制文件等。数据项之间一般是平行的、独立的，没有太直接的关联性。框架计算过程一般是对大规模数据进行全局性的分析和统计，其计算结果往往是整体性的，不太关注具体的个体数据，在精度和准确性方面有比较大的容忍度。这些特性使得大数据分析处理计算与传统的高性能计算和通用的网络服务等都有很大的技术差异，对大数据分析处理框架提出了自己的要求。

8.1.1　传统分布式并行计算模式

传统并行计算模式是指使用多个处理单元(如 CPU 或 GPU)同时执行同一任务的计算模式。在传统并行计算模式中，任务分解成多个子任务，每个子任务由一个处理单元执行，并且这些子任务之间通常需要进行数据交换和同步操作。

传统并行计算模式按并行方式可分为数据并行、任务并行和流水线并行。数据并行是将数据分割成多个部分，每个处理单元负责处理其中一部分数据。处理单元之间需要进行数据交换和同步操作，以确保最终结果的正确性。数据并行通常适用于需要对大量数据进行相同操作的任务，如矩阵乘法、图像处理、数据挖掘等。数据并行计算模式存在一些挑战，如处理单元之间的数据交换和同步开销、数据划分不均匀导致负载不平衡等。因此，在设计数据并行计算任务时往往需要合理划分数据、优化通信和同步操作，以提高整体性能。

任务并行是将任务分解成多个子任务，由不同处理单元分别负责执行。处理单元之间需要协调和同步，以确保整体任务的完成。流水线并行是将任务分解成多个阶段，每个处理单元负责执行其中一个阶段。不同处理单元之间按顺序传递数据，并且需要协调和同步各个阶段的执行。传统并行计算模式在一些应用场景中具有较好的效果，可以提高计算速度和效率。然而，这些计算模式也存在一些限制，如处理单元之间的通信开销、同步操作的复杂性等。随着计算机硬件和软件技术的发展，新的并行计算模式，如异步计算、分布式计算等已经得到广泛应用和发展。

大数据分布式并行计算模式相较于传统并行计算模式有很多不同。传统并行计算是将一个任务分解为多个子任务,并在多个处理单元上同时执行这些子任务,以加快整体计算速度,这些处理单元通常是同一个计算机系统内的多个处理器或 GPU,通常用于加速单个计算任务,如在单个大数据集上执行多个操作;分布式并行计算涉及多个计算节点之间的协作,这些节点可以是分散在不同地理位置的计算机,它的目标是提高性能、可用性和容错性,通常用于处理大规模数据、高负载应用、云计算等。传统并行计算中,多个处理单元通常处在单个计算机系统内,能够直接共享内存或通过高速总线进行通信,因此数据传输和通信开销较低;分布式并行计算适用于多台计算机,它可以是小规模的局域网集群,也可以是大规模的全球分布式系统,计算节点通常通过网络进行通信,因此通信开销更高,需要考虑数据传输和节点之间的协调。传统并行计算中,通常不涉及计算节点之间的故障容忍,因为节点之间的通信相对可靠;分布式并行计算通常需要考虑容错性,因为网络通信可能会中断,计算节点可能会失败,需要实施相应的容错机制。

微课视频

8.1.2　大数据计算模式 MapReduce

MapReduce 在 2004 年由 Google 公司提出,是大数据处理的基本计算模式,是针对海量数据的分析处理而设计的。其基本思想是先将需要处理的数据切分为若干独立的数据片,再由不同的节点分别负责处理这些数据片。在得到数据片范围内的初步结果后,框架将这些结果按照全局范围进行排序和分组,再由不同节点负责汇总处理。最后,框架拼接起这些分组结果得到全局结果。对应上述思路,MapReduce 计算模式包括两个基本的计算操作步,即 Map(映射)和 Reduce(归约)。每个操作步都以键值对作为输入和输出,其类型可根据场景选择。MapReduce 框架采用经典的主从系统架构,如图 8.1 所示,下面将具体介绍架构组成和工作流程。

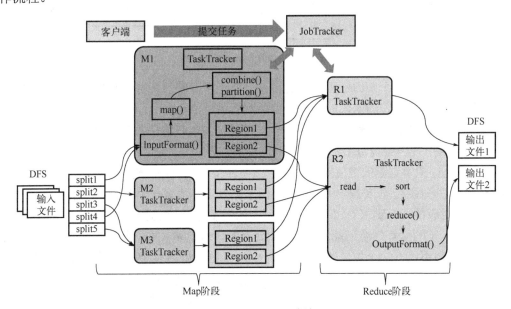

图 8.1　MapReduce 框架

　　MapReduce 通常将所需处理的数据存储在分布式文件系统中，如 HDFS。MapReduce 作业(job)是客户端需要执行的一个工作单元，包括输入数据、MapReduce 程序和配置信息。主节点 JobTracker 负责接收由客户端节点提交的 job 并将其分成若干个计算任务(task)分发给集群中的工作节点。TaskTracker 部署在每个工作节点上负责本地计算的管理并可以根据 JobTracker 的要求，在本地启动并运行数据处理任务。

　　具体的任务类型包括两类：映射任务与归约任务。首先，TaskTracker 启动映射任务，从文件系统中读入分配到的数据片，将输入数据映射到键值对中。具体映射函数为 map()，映射的输入也可能是一个键值对，其中，键可以是某种地址的 ID，值是它保留的实际值。经过分区(partition)和结合(combine)后的映射输出通过网络传输到运行归约任务的节点。当存在多个归约任务时，由于每个归约任务的输入来自多个映射任务，这之间的数据流称为 shuffle(混洗)。然后，数据在归约端合并，由 reduce() 函数处理，节点根据数据的键值对数据进行聚合或分组，得到最终输出结果并存储至分布式文件系统中。具体的映射操作和归约操作，也就是映射函数和归约函数的内容是由用户编写并提交的。中间 shuffle 机制的相关操作一般是由框架提供的，用户也可以编写自己的相关操作函数。

　　以挖掘气象数据为例，这些数据通常是半结构化的且是按照记录方式存储的，适合使用 MapReduce 进行分析。如果想要从数据集中找出每年某地区气温的最高纪录，那么可以将映射函数视为数据准备阶段，用以从原始数据中提取解决问题所需的年份和气温属性字段。在经过 shuffle 排序后，归约函数将从处理后的数据中找出每年的最高气温。具体数据示例如图 8.2 所示。

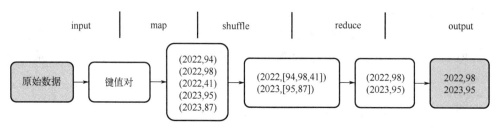

图 8.2　MapReduce 数据示例

　　在本例中，仅有一个归约任务，它的输入来自于所有映射任务的输出。排序后的映射输出通过网络传输到运行归约函数的工作节点，然后经过 reduce() 函数处理。归约任务的数量可以独立设置，并非取决于输入数据的大小。在面对多个归约任务时，映射任务会对输出进行分区。每个映射任务会为每个归约任务创建一个分区。一个分区里可以有多个键(和它们对应的值)，但是任意给定键的键值对记录都应该在一个分区里。在气象数据的例子中，如果使用两个归约任务分别处理 2022 年和 2023 年的最高气温，那么一个分区中如果有键 2022，它将包含 2022 对应的所有键值对，即 2022 年所有的气温记录。而另一个分区就不会有键 2022，它里面是 2023 年的所有气温记录。如果增加处理的年份数量，同一个分区里可以有多个年份的气温记录，但不能有一个年份的气温记录分在不同的分区中。通过这个例子也可以看出选择归约任务个数并不完全取决于数据量大小。增加 Reduce 进程数量可以提升并行化程度并缩短归约过程。在大部分现实任务中，Reduce 进程数量都设置的很大，否则所有的中间结果都需要进入单个 Reduce 进程中，这使得工作效率很低。但是如果设置过多的归约任务，会导致任务生成许多小文件,并不是最优的。一种确定合适数量的方法是让目标 Reduce 进程保持在每个运行 5min 左右,且产生至少一个 HDFS 块的输出。

在 MapReduce 的并行计算过程中,有些细节需要留意。首先是数据片的大小。由于工作节点对数据片的处理是并行的,因此当数据片比较小时,整个处理过程有更好的负载平衡,并且数据片切分得越小,负载平衡越好。但是如果数据片太多,管理分片与映射任务的成本与时间将会影响整个任务的执行时间。通常一个分片的大小会与所使用 HDFS 的一个块的大小一致,默认为 128MB。这样可以确保存储在单个节点上的最大输入块的大小,如果数据片跨越两个数据块,那么数据片中的部分数据需要通过网络传输到运行映射任务的节点,使处理效率降低。另外,映射任务的输出结果作为中间结果写入本地硬盘而非 HDFS。这样在作业完成后可以直接删除,不需要备份,实现了高效的数据处理。如果这个过程出错,框架可以在另一个节点上重新运行映射任务并生成中间结果。

最后来看一下 shuffle 操作。有时候 shuffle 只代表归约任务获取映射输出的过程,但更多时候表示从系统执行排序到将映射输出作为输入传给 Reduce 进程的整个过程,如图 8.3 所示。排序是 MapReduce 的核心技术,如何选择排序方法、控制 MapReduce 的排序将影响整个作业的工作效率。在映射阶段,通常会对 mapper(Map 进程)输出的键值对进行部分排序(partial sort),保证输出的每个文件内部排序,以便后续的合并或传递给 Reduce 进程。mapper 的输出不是直接写入本地硬盘,而是先写入内存缓冲区(通常设置为 100MB),直到数据达到一定大小(通常这个阈值设置为 0.8 或 80%)后写入硬盘,称为溢写(spill)。在写入硬盘之前,线程会根据数据最终要传的 Reduce 进程把数据划分成相应的分区。在每个分区中,后台线程按键对中间结果进行内存中排序。如果有 combiner 函数,它会在排序后的输出上运行,使映射函数的结果更紧凑,减少写入硬盘的数据和传递给 Reduce 进程的数据。

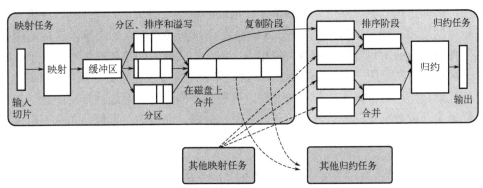

图 8.3　MapReduce 的 shuffle 过程

在整个 shuffle 过程中,以什么样的规则进行分区非常关键,即如何将这些键值对分发到不同归约任务中。其中一种常用的分区方式为哈希分区(Hash partitioning),其原理是使用哈希函数将映射阶段输出的键映射到一组可能的哈希值中,然后将这些哈希值通过取模运算映射到一组预定义的分区编号中。这样做的特点是可以使相同键的哈希值相同,从而使同一个键的键值对分配到同一个分区中,同时其分布均匀性较好,有利于负载均衡。具体实现方式是在 MapReduce 作业启动时,用户可以指定分区数目,MapReduce 框架会使用系统默认的哈希函数和取模运算来进行分区,即用键的哈希值与分区数目取模,将键值对均匀地分配到各个分区中。另一种分区方式是范围分区(range partitioning)。这种方式可以根据键的范围将键值对分配到不同的分区中,通常会在 MapReduce 作业启动时提供一个范围分区函数,该函数定义了如何将键映射到不同的分区,用户可以根据键的特性进行灵活的分区策略设计,适用于一些特定的业务场景。分区数目和分区范围需要用户显式定义,需要用户对数据和业务有一定的了解和把握。

在实现分区和排序后,每个分区的数据会发送到相应的归约任务节点。由于每个映射任务的完成时间可能不同,这个传输过程是流水线式的:映射端对数据进行分区和排序,其输出写到映射 TaskTracker 的本地磁盘,同时 TaskTracker 为分区文件运行归约任务。每个映射任务完成时,归约任务就开始复制其输出。排序过程通常使用稳定的排序算法,如归并排序,以确保相同键的键值对在基于键的排序后仍然保持相对顺序。在复制完所有映射输出后,归约任务会有一个合并阶段。这个阶段将合并映射输出,维持键值对顺序。例如,有 50 个输出,合并因子为 10,那么合并将会进行 5 次,每次将 10 个文件合并为一个,完成后有 5 个中间文件。这样,最终在进行归约前的数据都是有序的,系统可以直接将数据输入归约函数,省略了一次磁盘往返过程。reduce()无须进行额外的排序操作,只需要按照接收到键值对的顺序进行处理,其输出也会是有序的。

值得注意的是,由于是经过部分排序得到的多个文件内部有序,因此直接将这些文件合并不能保证全局有序。但是许多应用并不强求全局有序,例如,通过键查找,部分排序已经足够。那么如何产生一个全局有序的文件,实现全排序(total sort)?最简单直接的方式就是只设置一个分区,所有的文件都会在这个分区里进行排序。但是这种方法抛弃了 MapReduce 提供的并行结构,处理大型文件时效率低。另一种方式是首先创建一系列有序的文件,之后将这些文件合并就可以形成一个全局排序的文件。一种思路是在使用范围分区时,使分区的范围有序,例如,在气象数据中,使各个分区记录的温度范围从小到大排列,在第一个分区中,各记录的温度小于–10℃,第二个分区的温度为–10~0℃,以此类推。这种范围分区的关键在于使各个分区所包含的记录数大致相等,使分布式计算的总体时间不受制于个别归约任务。一种解决方法是用一个 MapReduce 作业计算各个范围的记录数,例如,计算每 1℃范围包含的记录数,了解数据集的分布情况后,再进行范围分区。对这种方法的进一步优化是使用采样器来获取数据集的分布情况,通过查看部分键,获得键的近似分布从而用来更好地分区。

8.2 大数据计算框架

大数据分布式并行计算框架按处理方式可分为流处理框架、批处理框架和混合处理框架。流处理框架的基本理念是数据的价值会随着时间的流逝而不断减少,因此尽可能快地对最新的数据做出分析并给出结果是所有流数据处理模式的共同目标。需要采用流数据处理模式的大数据应用场景主要有网页点击数的实时统计、传感器网络、金融中的高频交易等。流处理的处理模式是将数据视为流,无限量的数据组成了数据流,当新的数据到来时就立刻处理并返回所需的结果。数据的实时处理是一个很有挑战性的工作,数据流本身具有持续达到、速度快且规模巨大等特点,因此通常不会对所有的数据进行永久化存储,而且数据环境处在不断的变化之中,系统很难准确掌握整个数据的全貌。由于响应时间的要求,流处理的过程基本在内存中完成，其处理方式更多地依赖于在内存中设计巧妙的概要数据结构(synopsis data structure)。内存容量是限制流处理模型的一个主要瓶颈。以相变存储器(PCM)为代表的储存级内存(storage class memory，SCM)设备的出现或许可以使内存未来不再成为流处理模型的制约。典型的流处理框架应用有 Apache Storm、Apache Samza。Apache Storm 是一个实时流处理框架，支持高吞吐量、低延迟的数据处理。它主要用于实时数据处理和流处理任务。

批处理框架用于管理和执行大规模数据处理任务，通常适用于需要对大量数据进行批量处理的场景，如数据清洗、数据转换、数据分析等。批处理主要操作大容量静态数据集，其特点在于先存储后处理，在计算过程完成后返回结果，而不像流处理中实时返回结果。批处理模式中的数据通常始终存储在某种类型的持久存储位置中，适合需要访问全套记录才能完成的计算工作。例如，在计算总数和平均数时，必须将数据集作为一个整体加以处理，而不能将其视作多条记录的集合。这些操作要求在计算进行过程中数据维持自己的状态。大量数据的处理需要付出大量时间，因此批处理不适合对处理时间要求较高的场合。

混合处理框架可以同时支持批处理和流处理，根据数据的特性和需求来选择合适的处理方式。例如，对于静态数据可以使用批处理方式进行处理，对于实时数据则可以使用流处理方式进行处理。混合处理框架可以根据数据的到达时间和处理要求动态调整处理方式，以实现高效的数据处理。混合处理框架应用有 Apache Spark、Apache Flink。Apache Spark 是一个快速、通用、可扩展的数据处理引擎，支持批处理、交互式查询和流处理。Apache Spark 提供了丰富的 API 和功能，可以用于各种数据处理任务。Apache Flink 是一个流处理引擎和批处理框架，支持高性能、低延迟的数据处理。它提供了丰富的 API 和功能，可以用于实时数据处理和批处理任务。

8.2.1　基本计算框架 Hadoop

Hadoop 是一个开源的分布式计算框架，主要用于存储和处理大规模数据集。它包括 HDFS(用于数据存储)和 MapReduce(用于数据处理)。由 Apache Lucene 创始人 Doug Cutting 创建，Hadoop 起源于开源网络搜索引擎 Apache Nutch，同时其不只适用于搜索领域，现通常用于指代一个更大的、多个项目组成的生态系统，而不仅仅是 HDFS 和 MapReduce。

Hadoop 的基本组成包括以下几个关键组件。HDFS 是 Hadoop 的分布式文件系统，用于存储大规模数据集。它将数据分散存储在多台服务器上，提供高可靠性和高可扩展性。MapReduce 是 Hadoop 的计算框架，用于并行处理大规模数据集。它将任务分解为多个小任务，在集群中的多台服务器上并行执行，最后将结果合并。YARN(yet another resource negotiator)是 Hadoop 的资源管理器，用于管理集群中的资源分配和任务调度。它可以同时运行多个应用程序，并有效地利用集群资源。Common 包含 Hadoop 的公共库和工具，提供了许多用于处理大数据的工具和接口。Hadoop 生态系统(Hadoop eco-system)包括许多与 Hadoop 集成的其他开源项目，如 Hive、Pig、HBase、Spark 等，这些项目提供了更丰富的功能和更高级的数据处理能力。

除了已经介绍的 HDFS、MapReduce 和 YARN，Hadoop 还有其他众多开源项目，如 HBase、Hive、Hadoop++、HadoopDB、Pig、ZooKeeper 和 Sqoop 等，自然形成了围绕 Hadoop 的生态系统，为大数据提供了一个完整的、多种选择的解决方案。HBase 是一个基于 HDFS 开发的面向列存储的分布式数据库，弥补了 HDFS 无法随机访问超大规模数据集的缺陷。HBase

是 Hadoop 生态中对应 Google BigTable 的一个项目。与 BigTable 类似，HBase 属于 NoSQL 数据库，不支持 SQL，是一个适合于非结构化数据存储的数据库。HBase 具有良好的扩展性，自底向上进行构建，可以通过简单地增加节点来达到规模扩展，从而实现在廉价硬件构成的集群上管理超大规模的稀疏表，具有突出的规模和成本优势。

在了解 Hadoop 的主要功能组成后，结合之前介绍的 MapReduce 基本原理，人们可以比较容易理解 Hadoop 系统整个的构建和运行过程。Hadoop 任务执行过程的关键就在 YARN 资源管理器，由它实现对 MapReduce 计算任务的调度和执行。YARN 的基本原理和功能在第 5 章已经详细介绍，这里就不再重复。基于 YARN 的 Hadoop 计算过程，其主要步骤概括如下：

(1)配置集群：配置 Hadoop 集群，包括设置 core-site.xml、hdfs-site.xml、mapred-site.xml 等配置文件。

(2)准备数据：客户端将需要处理的数据上传到 HDFS 中。

(3)编程并提交：用户使用 Hadoop 的 MapReduce 编程模型编写应用程序，包括映射和归约函数的相应代码，并提交作业给 YARN。

(4)作业初始化：调度管理系统 YARN 负责启动应用程序的 Application Master。

(5)任务分配：Application Master 向 Resource manager 请求容器资源来启动 Map 和 Reduce 任务。

(6)任务执行：Map 和 Reduce 任务在分配到的容器内运行，并进行数据处理。

(7)结果收集和输出：Reduce 任务完成后，将结果收集并写入 HDFS。

在 Hadoop 系统的计算过程中，HDFS 和 YARN 分别作为分布式存储系统和调度系统，MapReduce 作为计算框架，三者合作共同完成数据处理任务。

另外，需要注意的是，在 Hadoop 的计算框架中，各组件的通信大量使用了 RPC 机制。特别是在作业管理的过程中，YARN 的组件 JobClient、ResourceManager、ApplicationsManger 等都是利用 RPC 协议来进行交互。

8.2.2　内存计算框架 Spark

尽管 MapReduce 计算框架提供了强大的数据处理能力，但它并非没有缺陷。例如，MapReduce 不适合需要实时响应的作业、不适合进行多轮迭代的计算以及不适应内存计算。为了解决上述问题，可以使用其他种类的计算框架。其中，Spark 计算框架在效率和性能上强于 MapReduce，包括机器学习(MLib)、图算法(GraphX)、流式计算(Spark streaming)和 SQL 查询(SparkSQL)等模块。

Spark 是 Apache 旗下的一个开源大数据平台，提供了 Java、Scala、Python 和 R 等多语言 API。Spark 是在 Hadoop 的基础上发展起来的，继承了 Hadoop 分布式并行计算的基本模式并改进了 MapReduce 一些缺陷。Spark 使用函数式编程范式扩展了 MapReduce 模型以支持更多计算类型，可以涵盖广泛的工作流，特别是能够实现对流数据的实时处理。它是与 Hadoop 数据兼容的快速通用处理引擎，可以通过 YARN 或 Spark 的独立模式在 Hadoop 集群中运行，也可以处理 HDFS、HBase、Cassandra、Hive 和任何 Hadoop InputFormat 中的数据。它既能执行批处理(类似于 MapReduce)，也能执行流处理、交互式查询和机器学习等新工作负载。Spark 使用 Scala 语言进行实现，Scala 是一种面向对象的函数式编程语言，能够像操作本地集合对象一样轻松地操作分布式数据集。

Spark 的计算是基于弹性分布式数据集(resilient distributed dataset，RDD)的内存计算，把中间结果放到内存中，带来了更高的迭代运算效率。通过支持有向无环图(DAG)的分布式并行计算的编程框架，Spark 减少了迭代过程中数据需要写入磁盘的需求，提高了处理效率。在 Spark 中，计算操作就是对 RDD 的处理，每一个操作生成一个 RDD，输入和输出的 RDD 之间就形成了依赖关系。所有这些 RDD 基于依赖关系组成一个有向无环图 DAG。Spark 的计算过程就是遍历处理 DAG 的过程。根据 RDD 之间依赖关系 DAG 被划分成不同的 stage(阶段)，一个 stage 被调度成一个 job(任务)进行实际执行。

1. RDD 数据结构

弹性分布式数据集 RDD 是 Spark 中最基本的数据抽象。一个 RDD 是一个不可修改但是可以分区(partition)的数据集合，里面的元素可以基于分片进行并行的计算处理。RDD 具有数据流模型的特点，支持自动容错、位置感知调度和可伸缩。RDD 允许用户在执行多个查询时显式地将工作集缓存在内存中，实现后续查询时重用工作集，大大提升查询速度。RDD 是由多个数据分区构成的，每个分区可以运行在不同的工作节点上，从而实现分布式计算和处理。

RDD 的内部结构如图 8.4 所示。每个分片都会被一个计算任务处理，分片大小决定了并行计算的粒度。用户可以在创建 RDD 时指定其分片个数，如果不指定，就会采用默认值，也就是程序所分配到的 CPU Core 的数目。每个分区都有相应的计算函数，用于处理和计算分区中的数据(有时把"函数"称为算子)。RDD 的计算函数可以与迭代器进行复合，不需要保存每次计算的结果。

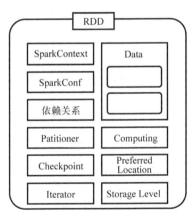

图 8.4　RDD 内部结构

如前面提到的，RDD 之间存在依赖关系，因为 RDD 的每次转换(被操作处理)都会生成一个新的 RDD，RDD 之间就会自然形成前后(父子)依赖关系。RDD 的依赖关系有两种不同的类型，即窄依赖(narrow dependency)和宽依赖(wide dependency)，如图 8.5 所示。窄依赖指的是一个子 RDD 分区只依赖父 RDD 的一个分区，而宽依赖指的是一个子 RDD 分区依赖于父 RDD 的多个分区。基于依赖关系，一个应用/程序需要处理的 RDD 就会构成 DAG。用户创建 RDD 时，可以指定分区，也可以自定义分区规则，类似于 MapReduce 的分区。有了 RDD 之后，Spark 就可以生成计算任务，执行相应的函数操作了。

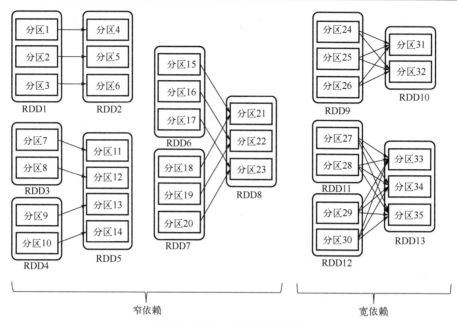

图 8.5　RDD 之间的依赖关系

2. Spark 计算过程

从系统架构角度来看，Spark 的系统主要包括三个角色：Driver、Worker、Cluster manager。其中，Driver 负责将应用程序的 RDD 转换为计算任务，并进行整体的任务调度，Worker 负责任务的执行，而 Cluster manager 负责计算资源的维护和分配。

Spark 中的每一个应用（application）对应着一个 Driver。Driver 包含的最关键部分就是 SparkCotext 对象，是 Spark 系统的入口点，负责初始化 Spark 应用程序所需要的组件。Driver 根据 RDD 的依赖关系构建划分计算阶段（stage），形成整个计算过程对应的有向无环图。一个 Worker 一般对应一台物理机，每个 Worker 上可以运行多个 Executor，每个 Executor 都是独立的 JVM 进程。Driver 提交的任务是以线程的形式运行在 Executor 中的。

Cluster manager，资源管理器，负责管理 Spark 集群中资源，分配资源给用户的计算任务。常用的资源管理器有三个。Standalone 是 Spark 原生的资源管理器，功能简单，由 Master 节点负责计算资源分配。YARN 是 Hadoop 提供的资源管理器，由其中 ResoruceManger 负责资源分配，在第 5 章中已经具体介绍过。如果使用 YARN 作为资源管理器，一个 Worker 上还会有 Executor launcher 作为 YARN 的 ApplicationMaster，负责管理用户程序所属的计算任务，包括向 YARN 申请计算资源，启动、监测、重启 Executor 等。第三个是 Mesos，也是由其中的 Master 负责资源管理，在第五章中也已经介绍过。

Spark 的整个计算过程如图 8.6 所示。首先是构建生成基于 RDD 的计算任务。由 Diver 构建 RDD，并根据 RDD 的依赖关系，划分不同阶段，形成计算任务。这些 RDD 计算任务构成计算过程有向无环图。RDD 按照其作用可以分为两种类型。一种是数据源 RDD，是把数据源转换为 RDD。这种类型的 RDD 包括 NewHadoopRDD、ParallelCollectionRDD、JdbcRDD 等。另一种计算类 RDD，是通过计算函数得到的 RDD。这种类型的 RDD 包括 MappedRDD、ShuffledRDD、FilteredRDD 等。数据源 RDD 不依赖于其他 RDD，而计算类的 RDD 有自己的 RDD 依赖。相应地，依赖关系的两端就是计算函数的输入和输出。因此，依赖关系决定了 RDD 的计算过程。

从 RDD 到任务的转换过程是由 DAGScheduler 进行的。其基本过程是，根据 RDD 的依赖关系，把窄依赖合并到一个阶段中，而把宽依赖划分成新的阶段，最终形成以阶段为单元的有向无环图，并根据图的依赖关系先后将这些阶段提交为计算任务。每个阶段按照分区数量划分为多个任务，这些任务构成 TaskSet。计算任务分 ShuffleMapTask 和 ResultTask 两类，若阶段输出用于下个阶段输入（即需进行 Shuffle 操作），任务类型为 ShuffleMapTask；若阶段输入就是应用程序的结果，任务类型为 ResultTask。

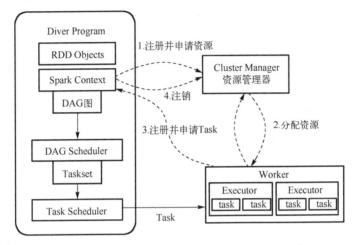

图 8.6　Spark 计算过程

生成计算任务之后，就进入任务调度环节。根据计算资源的可用状态将任务提交，并监测任务的运行状态。在提交任务时会优先选择离数据近的计算资源节点。具体的调度运行过程分为几个步骤。DAGScheduler 负责总体的任务调度，决定运行哪个阶段的任务集，SchedulerBackend 负责与 Executors 通信，维护计算资源信息，并负责将任务序列化并提交到 Executor， Spark 中的任务调度实际上包含了三个层次：基于有向无环图进行 stage 的调度，根据调度策略（如 FIFO，FAIR）进行 TaskSet 调度，以及根据数据本地性（process，node，rack）在 TaskSet 内进行具体 task 的调度。

任务的计算过程是由 Executor 完成的。Executor 接收到来自 SchedulerBackend 的任务指令后，启动 TaskRunner 线程进行任务执行。TaskRunner 首先将任务和相关信息进行反序列化解析出任务的具体信息，然后根据相关信息获取任务所依赖的 Jar 包和相关文件。任务真正执行是通过调用任务中的 run 方法实现，实际上就是执行 ShuffleMapTask 或 ResultTask 的 run 方法。

了解了 Spark 任务的基本执行过程后，我们再来讨论一下 Shuffle 操作。如前面提到的，Spark 的计算过程是由 RDD 的依赖关系决定的。从任务执行过程来说，如果 RDD 之间是连续的窄依赖关系，那么相应的多个连续计算操作就可以在同一个 task 中进行，中间结果可以立即被下个操作使用，而无须在进程间、节点间、磁盘上进行数据交换。

与之相反，当两个阶段之间有宽依赖时，则需要进行 Shuffle 操作。Shuffle 是一个对数据进行分组聚合的操作过程，需要原来数据按照一定规则进行分组，然后通过聚合函数对分组后的数据进行聚合。Shuffle 操作的目的是把同组数据分配到相同分区上,从而能够在分区上进行聚合计算,提供计算效率。为了提高 Shuffle 操作的性能,可以先在原分区对数据进行聚合(mapSideCombine),然后分配部分聚合的数据到新分区,最后在新分区上再次进行聚合。

显然,在划分计算阶段时,窄依赖不需要进行数据交换,不需要构建新的阶段,只有遇到宽依赖关系才需要 Shuffle 操作,从而产生新的阶段。反过来看,只有阶段与阶段之间需要 Shuffle,最后一个阶段会输出结果,也不需要 Shuffle。

ResultTask 任务计算完成后可以得到每个分区的计算结果,此时需要在 Driver 上对结果进行汇总从而得到最终结果。RDD 在执行 collect、count 等动作时,会给出两个函数,一个函数在分区上执行,另一个函数在分区结果集上执行。例如,collect 动作在分区上(Executor 中)执行,将 Iterator 转换为 Array 的函数,并将此函数结果返回到 Driver。Driver 从多个分区上得到 Array 类型的分区结果集,然后在结果集上(Driver 中)执行合并 Array 的操作,从而得到最终结果。

3. Spark 的扩展功能

GraphX 是 Spark 中用于图和图并行计算的新组件。Spark GraphX 使用属性图模型,其中图的顶点和边都可以附加属性。每个顶点都有唯一的标识符和一些属性,每条边都有一个源顶点、一个目标顶点以及一些属性。这种新的抽象图可以用来扩展 Spark RDD。为了支持图计算,GraphX 提供了一组基本操作符(如子图、joinVertices 和 aggregateMessages),以及 Pregel API 的优化变体。

GraphX 提供了一个不断增长的图算法和构建器集合,以简化图分析任务。这些算法包括广度优先搜索(BFS)、深度优先搜索(DFS)、PageRank、连通分量等。在使用 GraphX 时,可以通过一些优化策略来提高性能,如谓词函数优化、数据分区优化和过滤条件优化等。在应用场景方面,GraphX 可以应用于各种图处理场景,如社交网络分析、网络流量分析、路径规划等。通过 GraphX,可以分析社交网络中的用户关系、找出关键用户或关键节点,分析网络流量以找出流量瓶颈或流量源头,以及进行路径规划等。

除了图计算功能,Spark 还提供了机器学习库的工具 MLib 以支持基本的机器学习任务,但是早期的 Spark 是不支持分布式机器学习的。为了在 Spark 平台上进行分布式训练,诞生了许多第三方解决方案,如 Horovod-on-Spark、TensorFlowOnSpark 和 SparkTorch。从 3.4 版开始,Spark 提供了原生的分布式机器学习 API,能够与主流的分布式机器学习框架进行集成,包括 PyTroch、TensorFlow、MLFlow 等。

TorchDistributor 用于实现在 Spark 群集上使用 PyTorch 进行分布式训练,其主要作用是将 PyTorch 训练作业作为 Spark 作业启动。当 Spark 启动 分布式机器学习 DL 群集后,系统的控制权会通过传递给 TorchDistributor API 的 main_fn 移交给机器学习框架。图 8.7 展示了基于 TorchDistributor 的分布式训练架构。

与 TensorFlow 的整合则是通过 spark-tensorflow-distributor 实现的。类似 PyTorch,TensorFlow 的训练任务可以基于 API 作为 Spark 作业启动。用户只须提供一个 train() 函数,在 GPU 或 Worker 节点上运行单节点训练代码,spark-tensorflow-distributor 就能够实现分布式训练。基于 Spark 的分布式训练可以直接访问与 Spark 集群关联的分布式文件系统。

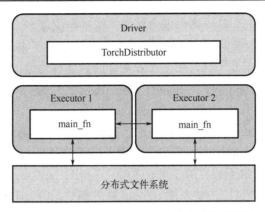

图 8.7 基于 TorchDistributor 的分布式训练架构

8.2.3 流计算框架 Storm

流计算框架主要面向流式数据的分析处理。所谓流式数据就是说数据会源源不断到达系统，如网站统计、推荐系统、预警系统、金融系统(高频交易、股票)等。这样的场景下，需要处理的数据集是实时动态变化的，经典的批处理框架，如 Hadoop，是没法处理这样的流式数据的，需要针对这种动态性设计专门的计算框架。支持流式数据处理的计算框架也有不少，例如，Spark 的 Spark Streaming。

本节要介绍的 Storm 是由 Twitter 公司(已经更名为"X")开源的分布式实时大数据处理框架，应该算是最早的流数据处理框架。与经典的 MapReduce 框架类似，Storm 采用典型的主从架构，由两种节点组成：Master 节点和 Worker 节点，如图 8.8 所示。Master 节点运行 Nimbus 进程，用于代码分发、任务分配和状态监控。Worker 节点运行 Supervisor 进程和 Worker 进程。Supervisor 进程负责管理所在节点上的 Worker 进程，而 Worker 进程则负责创建 Executor 线程，用于执行具体的计算任务。在 Nimbus 和 Supervisor 之间，还需要通过 Zookeeper 来共享流计算作业状态，协调作业的调度和执行。

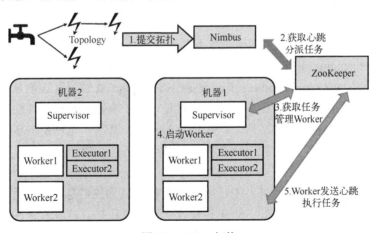

图 8.8 Storm 架构

Storm 框架中的核心概念有 Topology、Tuple、Stream、Spout 和 Bolt 等，通过这些概念可以描述一个流计算作业。

（1）Topology：用来描述流计算作业 DAG，完整定义了流计算应用的执行流程。当 Topology 在 Storm 集群上部署并开始运行后就会一直运行下去，除非被显式停止。这与 MapReduce 批处理作业有明显不同，那些作业在完成后就自动退出执行。这自然是为了匹配流式数据处理的持续性。Topology 由 Spout、Bolt 和连接它们的 Stream 构成，其中 Topology 的节点对应着 Spout 或 Bolt，而边则对应着 Stream。

（2）Tuple：用于描述 Storm 中的消息，一个 Tuple 可以看作是一条消息。

（3）Stream：这是 Storm 的核心抽象概念，用于描述消息流。Stream 由 Tuple 序列构成，一个 Stream 可以看作是一组无边界的 Tuple 序列。

（4）Spout：用于表示消息流的输入源。Spout 从外部数据源读取数据，然后将其发送到消息流中。

（5）Bolt：这是 Storm 处理消息的组件，负责消息的过滤、运算、聚类、关联、数据库访问等各种逻辑的执行。开发者可以在 Bolt 中编写自己的流处理逻辑。

流的执行是指在流计算应用中，输入的数据流经过处理最后输出到外部系统的过程。通常情况下，一个流计算应用会包含多个执行步骤，并且这些步骤的执行步调极有可能不一致。因此，需要使用反向压力功能来实现不同执行步骤间的流控。

早期版本的 Storm 使用 TopologyBuilder 来构建流计算应用，但是以新一代流计算框架的角度来看，基于 TopologyBuilder 的 API 在实际使用时并不直观和方便。所以，Storm 从 2.0.0 版本开始，提供了更加现代的流计算应用接口——Stream API。

对于流的处理，Storm 的 Stream API 提供了 3 类 API。第一类 API 是常用的流式处理操作，如 filter、map、reduce、aggregate 等。第二类 API 是流数据状态相关的操作，如 window、join、cogroup 等。第三类 API 是流信息状态相关的操作，如 updateStateByKey 和 stateQuery。

对于流的输出，Storm 的 Stream API 提供了将流输出到控制台、文件系统或数据库等外部系统的方法。具体的输出操作包括 print、peek、forEach 和 to。其中，peek 是对流的完全原样中继，并可以在中继时提供一段操作逻辑，因而 peek 方法可以方便地检测流在任意阶段的状况。操作 forEach 是最通用的输出方式，可以执行任意逻辑。而 to 方法允许将一个 Bolt 作为输出方法，方便继承早期版本中已经存在的各种输出 Bolt 实现。

Storm 提供了反向压力机制来实现流数据的流量控制。早期版本的 Storm 通过开启 acker 机制和 max.spout.pending 参数实现反向压力。当下游 Bolt 处理较慢，Spout 发送出但没有被确认的消息数超过 max.spout.pending 参数设定值时，Spout 就暂停发送消息。这种反向压力机制非常简单，但是有两个明显的缺点。首先就是，由于流数据的动态性使得静态配置的待处理消息数量参数无法及时调整适应系统在运行时表现。其次，这种反向压力机制只是控制消息源头发送消息的速度，没有控制流数据处理过程的各个阶段，会导致系统的处理速度出现抖动，影响处理效率。为了解决这些问题，后来的 Storm 版本做了改进，在监控 Spout 发送出但没有被确认的消息数量之外，还对每级 Bolt 接收队列的消息数量进行监控。当消息数超过阈值时，通过 Zookeeper 通知 Spout 暂停发送新消息数据。这种改进的机制将流处理过程中的各个阶段纳入动态监控，提供了更全面、更及时的运行状态监控，从而能够更准确、更及时地调整消息流的输入速度，即降低了系统的抖动，又提高了系统的运行效率。

在流处理过程中，状态管理属于重要方面。流处理程序借助状态管理，可在数据持续流入时存储状态信息，以此达成更为复杂的业务逻辑。例如，在统计用户访问次数时，需存储每个用户的访问频次数据；在计算用户购物车总价格时，要留存每个用户购物车中的商品信息。所以，状态管理是流处理程序的关键构成部分，它对于流处理程序准确执行各类涉及状态依赖的业务任务起着不可或缺的作用。早期版本的 Storm 提供了 Trident、Window（窗口）和自定义批处理 3 种有状态处理方案。Trident 将流数据切分成一个个的元组块（tuple batch），并将其分发到集群中处理。Trident 有针对性地提供了一套 Trident 状态接口（Trident StateAPI）来处理状态和事务一致性问题。具体来说，Trident 支持 3 种级别的 Spout 和 State：Transactional、Opaque Transactional 和 No Transactional。顾名思义，Transactional 用于提供强一致性保证机制，Opaque Transactional 只能提供弱一致性保证机制，No Transactional 则完全不提供一致性保证机制。Storm 的 Window 机制支持 Bolt 按窗口处理数据，具体的窗口类型包括滑动窗口（sliding window）和滚动窗口（tumbling window）。自定义批处理方式则通过系统内置的定时消息机制实现。每隔一个设定时间段，向 Bolt 发送 tick 元组，Bolt 在接收到 tick 元组后，可以根据需求自行决定什么时候处理数据、处理哪些数据等。基于这样的定时机制用户可以按需求定义自己的批处理方式。从 2.0.0 版本开始，Storm 引入 Stream API，提供了 window、join、cogroup 等流数据状态相关的 API，更加完善流数据状态管理，使用起来也更方便。

在消息可靠性方面，Storm 也提供了不同级别的保证机制，包括尽力而为（best effort）、至少一次（at least once）和精确一次（exactly once）。为了理解这些机制，首先需要搞清楚"消息被完全处理"这个概念。在 Storm 中，一条消息被完全处理，代表着这条消息的元组及由这个元组生成的各代子孙元组都被成功处理。反之，只要这些元组中有任何一个元组没有在指定时间内成功处理，就认为这条消息的处理是失败的。如果要使用 Storm 的这些消息可靠性机制，需要在程序开发时增加额外的消息处理操作。在处理元组过程中生成新的子元组时，需要通过 ACK 告知 Storm 系统。与之相对应，当完成对一个元组的处理时，也需要通过 ACK 或 Fail 告知 Storm 系统。也就是说，需要显式的将消息元组的生成和处理结果告知系统，系统才能够基于这些信息做出正确判断，触发相应的可靠性机制。显然不同的可靠性级别其开销和成本也是不一样的，用户应该根据业务应用场景的需要选择合理的消息保证级别。

8.2.4　图计算框架 GraphLab

图（Graph）作为一种抽象数据结构，主要用于呈现对象之间的关联关系。其通过顶点（Vertex）与边（Edge）来进行描述，其中顶点代表对象，而边则体现对象之间的相互关系。能够被抽象为以图来描述的数据即属于图数据范畴。图计算，实际上就是将图作为数据模型，以此来对问题加以表达并进行求解的具体过程。在这一过程中，凭借对图结构的构建、分析以及相关算法的运用，能够深入挖掘数据中所蕴含的关联信息，进而为众多复杂问题的解决提供有效途径，例如在社交网络分析、交通流量规划、生物信息学等诸多领域均有着极为广泛的应用与重要意义。

GraphLab 是由卡内基梅隆大学的 Select 实验室在 2010 年提出的一个开源图计算框架，是集成了基本的机器学习模型和算法的流处理并行计算框架，可以运行在物理机集群或者虚拟机集群上，甚至支持亚马逊的 EC2 这样的虚拟化的云计算环境。GraphLab 的设计目标是，像 MapReduce 一样高度抽象，可以高效执行与机器学习相关的、具有稀疏的计算依赖特性的迭代性算法，并且保证计算过程中数据的高度一致性和高效的并行计算性能。该框架最初是为处理大规模机器学习任务而开发的，但是该框架也同样适用于许多数据挖掘方面的计算任务，特别是基于图表达的并行图计算处理。

并行计算框架 MapReduce 将并行计算过程抽象为两个基本操作，即 Map 操作和 Reduce 操作，在 Map 阶段将作业分为相互独立的任务在集群上进行并行处理，在 Reduce 阶段将 Map 的输出结果进行合并得到最终的输出结果。GraphLab 模拟了 MapReduce 中的抽象过程。通过称为更新函数(update function)的过程模拟 MapReduce 的 Map 操作。更新函数能够读取和修改用户定义的基于图结构的数据集，而且更新函数能够递归地触发更新操作，从而使更新操作作用在其他图节点上进行动态的迭代式计算。GraphLab 提供了强大的控制原语来保证更新函数的执行顺序。

GraphLab 对 MapReduce 的 Reduce 操作的模拟则是通过称为同步操作(Sync Operation)的过程实现的。同步操作能够在后台计算任务进行的过程中执行归约操作。与 GraphLab 的更新函数类似，同步操作能够同时并行处理多条记录，从而能够通过大规模分布式并行处理提高系统效率。

从软件架构角度来看，GraphLab 项目包括一个用 C++实现的核心开发库以及一个高性能的机器学习和数据挖掘工具集，如图 8.9 所示。这些工具集都建立在 GraphLab API 之上，如计算可视化、协同过滤等。GraphLab 项目组正在开发新的编程接口以支持用其他编程语言和技术来开发 GraphLab 应用。

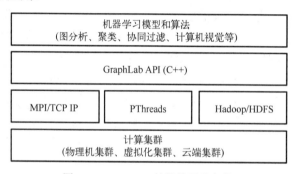

图 8.9　GraphLab 的软件层次架构

GraphLab 所有的 API 都使用 C++编写，程序在底层采用基于 TCP/IP 的通信。GraphLab 程序的创建、管理使用消息传递接口 MPI 来实现消息交换。GraphLab 程序通过 PThreads 技术实现多线程并行执行，因此可以充分利用集群节点上多核处理器资源。除此之外，GraphLab 还支持读写 Posix 和 HDFS 文件系统。GraphLab 已经有相关的项目用来支持使用 Java、Python、Javascript 等语言开发 GraphLab 应用，并且保证了较高的程序执行性能。GraphLab 可以与第三方的图数据库，如 HugeGraph，搭配使用。GraphLab 具有强大的数据处理和特征提取能力，可以对原始数据进行清洗、转换和特征工程等预处理操作，将处理后的数据转换为适合 HugeGraph 导入的格式，然后利用 HugeGraph 的批量导入功能，将数据高效地导入到图数据库中。例如，在构建知识图谱时，GraphLab 可以从各种数据源中提取实体和关系信息，并进行初步的整理和加工，再将其导入到 HugeGraph 中进行存储和后续的查询分析。

在分布式并行的图数据处理过程中，关键点在于对图顶点的划分，也就是说，并行处理就是基于划分后的不同顶点集合来分别计算和分析。下面我们通过一个简单的例子来说明

GraphLab 的基本计算过程，如图 8.10 所示。在图示的例子中，需要对顶点 V_0 的 6 个相邻顶点的数据进行求和计算。如果是基本的串行处理，则如图中左侧的处理方法，对所有 V_0 的邻居节点进行一次遍历，然后对相关属性值进行累加，得到最终求和的结果。而在 GraphLab 中，为了达到并行处理的目的，需要对顶点 V_0 的邻居节点进行切分。如图中右侧所示，将 V_0 的邻居边关系和对应的邻点切分为两个子集，相应地可以把 V_0 看作切分成了两个子节点 V_{00} 和 V_{01}。这两个顶点子集的计算各自生成一个计算任务，分别部署到两个计算节点上，分别对两张子图并行地进行部分求和运算，得到中间结果 V_{00} 和 V_{01}，最后通过中心节点和周围顶点间的通信完成最终的全局求和计算。

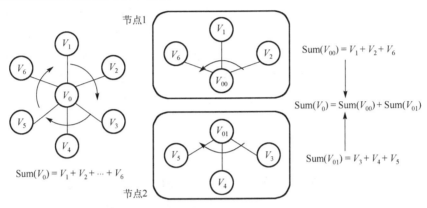

图 8.10 GraphLab 的数据抽象

从上面的例子可以看出，在 GraphLab 处理模型中，顶点是计算过程中最小的并行粒度和通信粒度。基于图顶点的集合切分，一个顶点相关的计算操作可能被部署到多台机器上进行并行处理。与其他大数据处理框架类似，GraphLab 集群也采用主从架构，有一主节点 Master 和多个从节点，在 GraphLab 中称为 Mirror 节点。主节点是所有从节点的管理者，主要负责计算任务的分配和监控等，从节点是计算任务的实际执行者，需要与主节点保持数据的同步。

另外需要说明的是，同一台机器上的所有边和顶点构成 local graph，在每台机器上保存本地 ID 到全局 ID 的映射表。顶点是一个进程上所有线程共享的，在并行计算过程中，各个线程分摊进程中所有顶点的 Gather→Apply→Scatter 操作，实现多线程并行加速。

2012 年 CMU 发布了 GraphLab2，GraphLab2 在 GraphLab1 的基础上对程序并行执行的性能有了较大的提升，GraphLab2 将程序的执行过程抽象为 3 个基本的操作，即 G(Gather)、A(Apply)、S(Scatter)，每个顶点每一轮迭代都要按照顺序经过 Gather→Apply→Scatter 这 3 个阶段，类似于 MapReduce 将数据处理抽象为映射和归约两个基本步骤。

(1) Gather 阶段。针对各个目标顶点，从邻接顶点收集信息，对从邻接顶点收集的数据进行聚合运算。该阶段所有的顶点和边数据都是只读的。

(2) Apply 阶段。各个从节点将 Gather 节点计算得到的聚合值发送到 Master 节点上，Master 进行汇总得到总的聚合值，然后 Master 根据业务需求执行一系列计算，更新工作顶点的值。该阶段顶点可修改，边不可修改。

(3) Scatter 阶段。工作顶点更新自己的值后，根据需要可以更新顶点相邻的边信息，并且通知依赖该工作顶点的顶点更新自己的状态。该阶段顶点只读，边数据可写。

第 9 章 云应用程序

应用程序是云服务，特别是 SaaS 的载体。构建高质量的云应用程序是本章要讨论的主要问题。云计算中的应用程序主要有两种来源。一是将传统的非云的应用程序移植到云平台，二是直接面向云平台开发的新应用程序，也就是云原生的应用。不管是哪一类，其架构计算是没有严格区分的。也就是说，虽然云计算模式与传统的互联网应用、集群计算有很多技术差异，但是更多体现在资源管理、系统平台的层面。在应用程序层面，云计算并没有独特的新技术、新方法，主要也是采用已有的应用程序架构、开发技术。为了支持多租户、弹性扩展等特性，云应用在开发时需要更多考虑底层平台提供的相关机制、工具在具体设计实现上有些不同，这也是云原生的主要内涵，但是从基本的应用程序技术来说没有颠覆性的差异。

9.1 应用程序架构技术

应用程序架构是指应用的组织结构，是一种设计原则与策略，决定了系统的结构、功能与性能。如图 9.1 所示，应用程序架构经历了单体架构 (monoliths)、面向服务架构 (service-oriented architecture，SOA)、微服务 (microservices) 与无服务 (serverless) 的演变。单体架构是传统的应用程序架构，将完整的应用程序作为统一的单元进行部署，这种架构开发方式较为简单，同时能取得较高的性能，但是具有扩展性低与维护困难等局限性，因此 SOA、微服务等架构也随后出现。

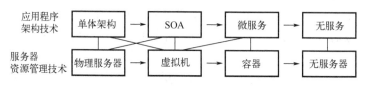

图 9.1 应用程序架构发展

9.1.1 SOA 与 Web Services

面向服务架构在 1996 年由 Gartner 公司提出，Gartner 将 SOA 定义为一种 C/S 架构的软件设计方法，采用 SOA 的应用由服务以及服务使用者组成，与传统 C/S 架构的不同之处在于，SOA 强调的是构件之间松散耦合并使用独立的标准接口。SOA 的核心理念是将应用程序划分为独立的服务，服务之间通过交互和协调完成业务，采用服务总线或流程管理器来连接。这种松散耦合的架构简化了服务的部署与交互。

企业服务总线 (enterprise service bus，ESB) 是实现 SOA 的一项技术，是实现服务管理的一个技术平台，是一种为服务提供的标准化的通信基础结构，解耦了服务请求者与服务提供者，使两者无须直接连接，如图 9.2 所示。

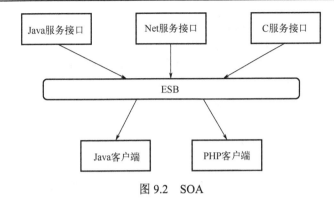

图 9.2 SOA

SOA 是一种软件设计与开发的架构风格,通过将应用程序划分为可重用的服务组件来提高系统的灵活性、可维护性与可扩展性,Web Services 能够用于实现 SOA。

Web Services 是基于 SOA 的 Web 应用开发技术,采用可扩展标记语言(extensible markup language,XML)描述、发布与发现 Web 服务。Web Services 主要的标准包括统一描述、发现与集成(universal description discovery and integration,UDDI),简单对象访问协议(simple object access protocol,SOAP)与 Web 服务描述语言(Web service description language,WSDL)。Web Services 的系统架构如图 9.3 所示,分为服务提供者、服务请求者与服务注册中心。服务提供者负责服务的定义与实现,是服务的所有者,采用 WSDL 定义服务并将服务在服务注册中心发布。服务请求者则通过 UDDI 发现服务,服务注册中心用于服务提供者发布服务与服务请求者发现服务,是两者之间的桥梁。Web Services 涉及的三项主要技术如下。

UDDI:提供了一种服务发布、查找与定位的方法,用于服务注册,使用户能够发现服务。在 UDDI 技术规范中,主要包含三个部分,分别为 UDDI 数据模型、UDDI API 与 UDDI 注册服务。其中,UDDI 数据模型用于描述 Web Services 的 XML Schema,UDDI API 是基于 SOAP 的查找或者发布 UDDI 数据的方法,UDDI 注册服务则用于注册数据,相当于服务注册中心。

SOAP:定义了服务请求者与服务提供者交换数据的协议规范,SOAP 是轻量简单且基于 XML 的协议,用于在 Web 上交换结构化的信息,如图 9.4 所示。SOAP 可与当前的 HTTP、SMTP、MIME 等协议结合使用,通过 SOAP,应用程序可以在网络空间中交换数据和远程调用过程。

图 9.3 Web Services 的系统架构 　　　　图 9.4 SOAP 体系结构

一条 SOAP 消息就是一个普通的 XML 文档,包含下列元素。

(1)必需的 Envelope 元素,可把此 XML 文档标识为一条 SOAP 消息。

(2)可选的 Header 元素，包含头部信息。

(3)必需的 Body 元素，包含所有的调用和响应信息。

(4)可选的 Fault 元素，提供有关处理此消息时发生错误的信息。

WSDL：对服务进行描述的语言，用于描述 Web Services 以及访问它们的方式，即服务实现定义与服务接口定义，如图 9.5 所示。

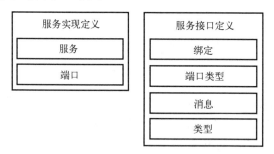

图 9.5　WSDL 基本服务描述

WSDL 基于 XML 语法定义了各个元素，主要的有如下几个。

(1)Types(类型)：定义了一个 Web Service 所使用的数据类型。

(2)Message(消息)：定义了每个操作中所使用的数据元素。

(3)Part：消息的构成部分。一个消息可以由多个 Part 组成。

(4)Operation(操作)：一个 Web Service 所支持的操作的抽象描述，WSDL 定义了四种操作。

①One-way，此操作可接收消息，但不会返回响应；

②Request-response，此操作可接收一个请求，并会返回一个响应；

③Solicit-response，此操作可发送一个请求，并会等待一个响应；

④Notification，此操作可发送一条消息，但不会等待响应。

(5)PortType(端口类型)：描述了一个 Web Service 可以执行的操作及输入输出的消息。

(6)Binding：为 Web Services 指定消息格式和协议类型。WSDL 标准描述中定义了三种绑定：SOAP 绑定、HTTP POST/GET 绑定、MIME 绑定。

(7)Port：访问 Web Services 的端点(endpoint)，具体为一个绑定和网络地址的组合。

(8)Service：构成一个 Web Services 的相关端口的集合。

9.1.2　微服务

微服务架构指根据应用系统的需求，将传统的单体应用在功能、数据等方面进行切分，形成多个可以自由重组的小规模服务。这些服务之间采用轻量级通信方法，可以独立地进行部署、运行，不同的服务具备技术异构性。

形式上，SOA 与微服务似乎是极为相似的，以至于有些观点认为 SOA 就是微服务。然而，如果深入剖析两者的概念 可以发现微服务与 SOA 之间具有明显的差异。从服务粒度上来看，SOA 的粒度更粗，而微服务的粒度更细，即在微服务场景下会将 SOA 中的服务更进一步进行拆分。SOA 中通常具有若干大型服务，而微服务架构更倾向于更多数量的小服务。从通信上来说，SOA 采用 ESB 作为组件间沟通的中间件，微服务则使用统一的协议，ESB

是更为重量级的协议，微服务则更为轻量级。从服务交付的场景来看，微服务的特点在于快速且持续的交付，而 SOA 更多考虑对现有系统的兼容。从使用场景上来看，SOA 更倾向于企业级的应用，即兼容传统大型复杂的单体应用程序；微服务架构则适合于快速轻量的互联网应用，这类应用的特点在于较快的业务变化以及快速交付的需求。综上所述，在本质上，SOA 与微服务架构是两种不同的架构设计理念，只是两者都将应用切分为更小的服务。

相比 SOA，微服务架构具有以下优势。

(1) 持续交付与持续部署：在微服务架构下，每一个服务都相对较小，因此可以简单地进行自动化测试，服务之间的松散耦合使得每一个服务可以独立于其他服务进行修改与部署，加快了开发速度，从而能够持续交付与持续部署。

(2) 易于维护：微服务意味着每个服务的代码规模较小，因此更容易被开发者理解与调试。

(3) 独立扩展：微服务可以独立扩展，每个服务可以部署在恰当的硬件之中，同时可以选择新的技术对服务进行改进与重构。

(4) 容错性：微服务具有良好的故障隔离性能，每个服务的错误不会造成其他服务的崩溃。

(5) 可组合性：微服务的一个优势在于能够重用已有的功能。

图 9.6 展示的是微服务架构的一些核心组件，包括服务网关、服务部署与通信、负载均衡、服务容错、服务注册与发现等，下面对这几个模块分别进行介绍。

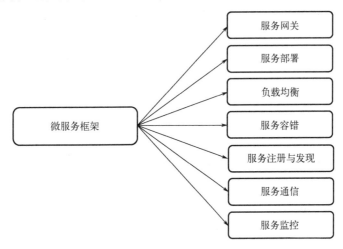

图 9.6　微服务架构核心组件

(1) 服务注册与发现：在微服务架构中，每个服务实例随时可以被销毁或者定位到另外的地址，因此，服务发现是需要的，服务注册中心则有助于服务的发现。服务注册中心需要高可用性以及实时更新。

(2) 负载均衡：在微服务体系架构中，每个微服务通常具有动态的实例数目以伸缩适应请求的变化，因此，需要通过负载均衡算法将请求分发到特定的服务，从而减少业务等待时间。

(3) 服务容错：在微服务架构中，多种服务之间存在动态的调用，而某个服务实例的故障可能导致多个关联服务的阻塞，因此，容错机制对于微服务架构而言是必要的。

(4) 服务网关：服务网关位于微服务网络的边缘，用以处理外部服务请求，具备身份认证、安全检查、服务租户、路由管理等功能。

(5) 服务部署与通信：服务实例的部署是较为灵活的，多个服务能够部署在单个虚拟机或者物理机中，单个服务也能相互隔离地运行在单独的虚拟机或者容器中，具备灵活方便的部署策略。微服务之间需要进行信息交互与消息传递，其通信方式包括同步与异步两种，用于沟通不同的服务。

9.1.3　FaaS 与 Serverless

近年来，无服务器计算(serverless computing)正在蓬勃发展。Serverless 又称为无服务器技术。无服务器并非不需要依赖和依靠服务器等资源，而是开发者无须管理和操作云端或本地的服务器。与传统的应用程序架构相比，无服务器计算得到广泛关注的一个重要原因是它能够将软件开发者从繁重且复杂的服务器管理工作中解放出来，用户只需要将代码上传到云端，无服务器提供商会完成环境准备与资源扩展。目前的无服务器计算主要具有以下的优势。

(1)低成本：在无服务器架构中，消费者只需要为特定的时间，即为函数实际分配与消耗的资源付费，在空闲时间不需要付出额外的成本。

(2)可扩展性：在无服务器架构中，无服务器提供商会负责运行时的资源管理，可以自动响应突发性的工作负载，减少用户运维负担。另外，无服务器计算提供了更为轻量级的抽象结构，减少了扩展的花费。

(3)简化开发：无服务器提供商负责服务器的管理、维护和监控，将用户从服务器的场景中抽离出来，开发者可以只专注于程序的逻辑结构以及代码的开发，这极大地简化了开发者的工作。

如图 9.7 所示，无服务器计算主要包括两个部分：后台即服务(backed as a service，BaaS)与函数即服务(function as a service，FaaS)。

图 9.7　BaaS 与 FaaS

(1)后台即服务：指云提供商向用户提供的定制后台云服务，通常包括数据库、云存储、推送通知、身份验证等服务。它旨在简化应用程序的后端开发任务，使开发者无须自己搭建、管理与维护这类后台服务。

(2)函数即服务：表示无状态、事件驱动的无服务器函数，能够将应用程序分解为独立的函数，通过特定的事件(如 HTTP、定时器等)触发，然后由无服务器平台管理并运行。FaaS 能够使开发者专注于无服务器计算函数的内在逻辑，提高用户的开发效率。

FaaS 架构如图 9.8 所示，包含函数实例、控制器、事件源、触发规则与平台服务，其中，函数实例为运行函数的实例；控制器负责加载函数实例并执行函数；事件用于驱动控制器执行函数；事件源则是驱动事件的来源，包含 HTTP、定时器与外部服务等因素；触发规则定义事件与函数的关系以及触发的规则；平台服务则包含支撑函数运行的底层环境，包括安全管理、数据存储、日志记录以及状态监控等。

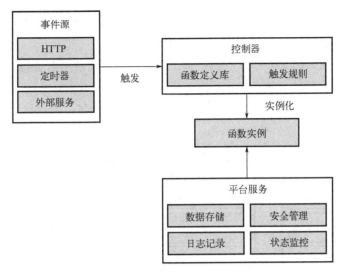

图 9.8　FaaS 架构

9.2　多租户技术

多租户(multi tenancy)技术或者称为多重租赁技术是一种软件架构,用于在确保多租户间数据隔离性的前提下,实现多个租户共同使用相同的系统或者应用。多租户技术是云计算中实现资源共享的重要技术手段,在不同的云服务层次中都有体现。

9.2.1　基本概念

单租户与多租户两种情况如图 9.9 所示,在多租户场景下,一个应用可以同时被多个租户所使用,通过这种多个租户之间进行资源复用的方式,能够有效地节省开发应用的成本。

微课视频

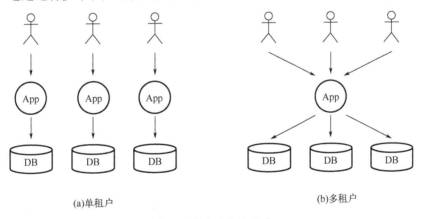

图 9.9　单租户与多租户

多租户应用的一些特点如下所示。

(1)使用隔离(usage isolation):租户的行为不会影响其他租户使用该应用的性能。

(2)数据安全(data security):租户只能访问自己的数据。

(3)可恢复性(recovery):能够单独为每个租户进行数据备份以及恢复。

(4)应用升级(application upgrade)：多租户应用的同步升级不会造成负面影响。

(5)可扩展性(scalability)：根据租户的需求扩展应用。

(6)使用计费(metered usage)：按需收费，根据租户实际使用的资源计费。

(7)数据层隔离(data tier isolation)：租户的数据是独立的。

多租户并不局限于 SaaS 层面，它是一个更为广泛的概念，可以在三个层面上实现，如图 9.10 所示。

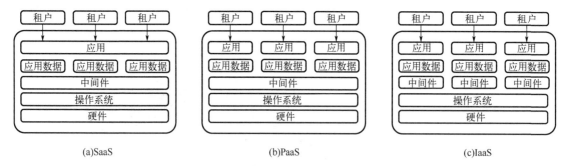

图 9.10 多租户在不同层面上的实现

(1)基础设施层面(IaaS)：多个租户共享硬件资源以及操作系统。

(2)中间件层面(PaaS)：相较于基础设施层面，多个租户还共享了中间件。

(3)应用层面(SaaS)：通过在应用内部实现租户隔离的方式，多个租户能够共享应用。

2006 年，Chong Frederick 提出了 SaaS 应用程序交付给客户的四级成熟度，如图 9.11 所示，这四级成熟度是根据可配置、高性能与可伸缩这三种特性进行区分的，如表 9.1 所示，每一级别都比前一级别增加了一项特性。四级成熟度具体内容如下所示。

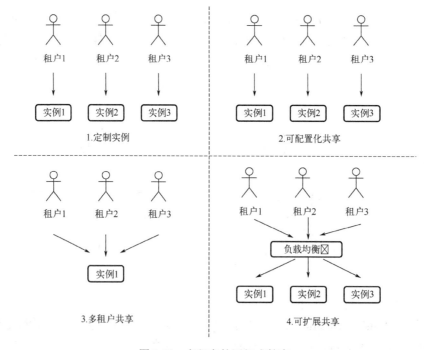

图 9.11 多租户的四级成熟度

　　第一级成熟度为定制，在该成熟度模型下，每个租户会拥有定制的应用程序，并运行自己的实例，对应传统的应用服务提供商(ASP)模型。

　　第二级成熟度为配置，在这一级别中，应用程序是通过配置生成的，不同租户分享的是同一程序的不同实例，即一个实例仍然只为一个租户服务。

　　第三级成熟度为多租户，在这一层级，单个实例可以为多个租户服务，不同租户则通过隔离的租户操作界面执行应用。第一级与第二级成熟度模型会为每一个租户提供单独的实例，增加了运营成本；而第三级别多租户单实例的架构，极大地减少了服务器上需要运行的应用实例数目，降低了硬件以及运营成本。

　　第四级成熟度为可扩展，针对第三级别中租户数目增加造成的性能瓶颈问题。在这一级别中，应用实例运行在服务器集群上，租户负载则通过负载均衡器分发，因此，可以在不改变应用架构的同时，通过增加硬件设备支撑应用水平扩展的需求。

表 9.1　不同级别成熟度的特性

级别	可配置	高性能	可伸缩
第一级	×	×	×
第二级	√	×	×
第三级	√	√	×
第四级	√	√	√

　　多租户应用具有可配置性，可配置的目的是处理在设计时无法明确的参数，用于灵活适应具体的场景。对于多租户而言，其可配置性主要包括四点：数据可配置、功能可配置、界面可配置以及流程可配置。

　　(1)数据可配置：在多租户的场景下，每个租户使用同一个应用实例，为了能够满足不同租户的需求，实现数据扩展的配置是可行的，主要通过扩展数据表上的字段来实现租户的需求。

　　(2)功能可配置：在传统场景下，租户的需求与应用的功能是相互匹配的。而在多租户场景中，这两者并不能完全适配，因为租户几乎不可能使用应用的全部功能，功能可配置则允许租户选择所需要的功能。

　　(3)界面可配置：不同租户存在不同的界面需求，默认的应用界面难以适应租户的变化，界面可配置则允许租户选择期望的界面，通常包括系统菜单可配置以及页面内容可配置。

　　(4)流程可配置：多租户场景下应当允许租户自己定义与设计工作流，租户可以制定业务的逻辑、规则与流程。

9.2.2　多租户机制

　　Gartner 将多租户分为四个层次对应的七种形式，如图 9.12 所示。四个层次分别为系统设施层、数据平台层、应用平台层以及应用逻辑层。七种形式分别如下。

　　(1)Shared Nothing(不共享任何资源)：每个租户独占资源，是传统的模型。

　　(2)Shared Hardware(共享硬件)：不同租户共享硬件资源，即 IaaS 模式。

　　(3)Shared OS(共享操作系统)：不同租户通过进程的切换实现计算资源的共享。

　　(4)Shared Database(共享数据库)：不同租户共享一个数据库。

（5）Shared Container（共享容器）：每个租户共享应用容器，这些应用容器则会访问不同租户独享的数据库。

（6）Shared Everything（全共享）：每个租户在这种类型下能够共享所有资源，能够更大限度地利用资源，增加了资源利用率；并且应用程序只须进行一次开发与部署便可供所有租户使用，降低了运营成本。

（7）Custom Multitenancy（定制化多租户）：通过修改应用逻辑，增加租户维度，实现多租户。

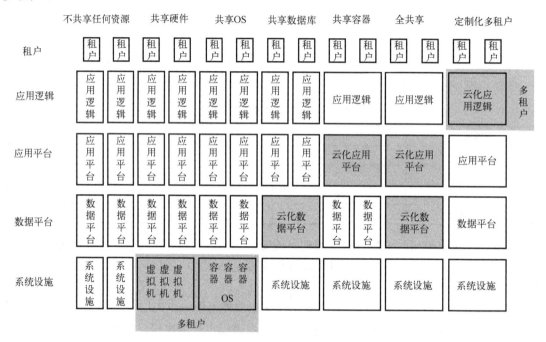

图 9.12　Gartner 对多租户的定义

1. 多租户数据存储模式

如图 9.13 所示，多租户的数据库架构设计主要存在三种模式：独立数据库模式、共享数据库-独立数据模式与共享数据库-共享数据模式。

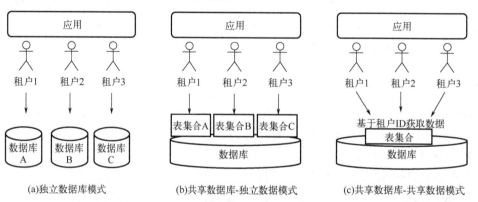

图 9.13　多租户的数据库架构

1) 独立数据库模式

图 9.13(a)展示的是独立数据库模式架构,在该模式中,每个租户会采用一个独立的数据库存储他们的应用数据。这种为每个租户提供单独数据库的模式能够实现数据的隔离性,防止租户数据被其他租户获取,同时,独立的数据库能够降低数据备份与恢复的难度,因此这种模式的数据安全性是最高的。此外,独立的数据库更能够满足每一位租户特定的需求。然而,受限于服务器的性能,该模式能够制成的租户数量是有限的。

2) 共享数据库-独立数据模式

图 9.13(b)展示的是共享数据库-独立数据模式的架构,在该模式下,不同租户共享同一个数据库,但是每个租户各自具有独立的表集合,也就是说,每个租户的数据都存储在专属的数据表中。这种独立表集合的方式同样能够满足租户的特定化需求,相比于独立数据库模式,降低了数据隔离性,但仍有一定的表隔离。数据的备份与恢复需要以租户的表集合为单位进行,降低了数据安全性。同时,租户的数目增加时,只需要相应地增加独立的表即可,提高了可以服务的租户数量。

3) 共享数据库-共享数据模式

如图 9.13(c)所示,共享数据库-共享数据模式指的是所有租户共享数据库,同时共享表集合。这种模式能够最大限度地利用硬件资源,提高资源的使用效率,能够获得高性价比。然而,前两种模式具有天然独立的隔离结构,即数据库与数据表,与前两种模式相比,共享数据库-共享数据模式需要通过编程实现数据的隔离、备份与恢复,具有最低的隔离性与安全性。

三种方式的总计比较如表 9.2 所示。

表 9.2 三种数据库共享方式的总计比较

特性	独立数据库模式	共享数据库-独立数据模式	共享数据库-共享数据模式
隔离性	高	中	低
安全性	高	中	低
数据备份与恢复	容易	中等	困难
成本	高	中	低

2. 多租户数据实现方法

独立数据库模式通过每个租户定义不同的数据库实现定制,共享数据库-独立数据模式则通过每个租户定义不同的数据表实现定制,因此这两种模式的数据扩展可以通过直接扩展表、扩展字段的方式进行。在共享数据库-共享数据模式中,通常利用租户 ID 区分不同租户的数据。由于不同的租户共享表,所以即使简单地为一位租户增加一列,也会影响并破坏其他租户的表结构,从而造成资源浪费。

目前的数据扩展方法有三类:预定义字段方法、行转列方法与 XML 字段方法。预定义字段方法主要通过保留字段或者固定扩展字段来实现;行转列方法则包括数据字典、扩展子表与名称值对方法;XML 字段方法则是为每个表添加一个存储 XML 文档数据的扩展列,如图 9.14 所示。

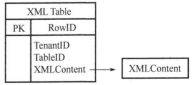

图 9.14 XML 字段方法

将这三种扩展方法总结并对比各自的特点，如表 9.3 所示。

表 9.3 不同扩展方法的对比

特性	预定义字段	行转列	XML 字段
实现难度	简单	中等	困难
可扩展性	差(取决于保留字段数)	高(任意扩展)	高(任意扩展)
性能	高	低	中

3. 多租户可伸缩性

伸缩性分为两种方式：垂直扩展与水平扩展。应用架构的垂直扩展通常意味着增强硬件设备的性能，这是普遍适用且行之有效的方式，然而硬件性能的提高会增加总体的成本，而硬件的性能也无法无限制提高，因此具有局限性。水平扩展，即增加硬件设备数目，则是更为行之有效的方法。多租户场景下的水平扩展主要分为应用服务层与数据库层。

应用服务层的水平扩展主要是通过负载均衡实现的，常见的负载均衡方式可以分为硬件负载均衡(如 F5 设备)与软件负载均衡(如 Apache Http Server)。此外，软件负载均衡在请求有状态时可以采用 session 复制、session sticky 与 cache 等方式。

数据库层的水平扩展主要分为垂直切分、读/写分离与水平切分三种方式。

垂直切分：如图 9.15 所示，对于负责不同功能模块的表，可以将这些表划分到不同的物理机器上，从而对于不同功能模块的数据请求会分配到不同的设备上。

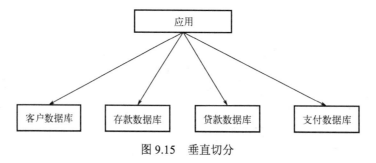

图 9.15 垂直切分

读/写分离：如图 9.16 所示，采用主从模式，将写操作固定于主数据节点，读操作则分发到从数据节点，从而分散了数据库的访问压力。

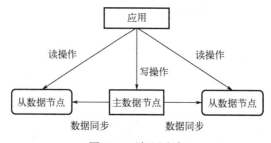

图 9.16 读/写分离

水平切分：如图 9.17 所示，将表内的数据按照一定的规则(如哈希)分割到不同的服务器中，不同服务器持有表内一定数目的行，读取数据时则访问所查询数据所在的物理数据库。

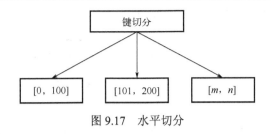

图 9.17　水平切分

9.3　云应用开发框架

9.1 节介绍了应用程序架构技术，讲述了单体架构、SOA、微服务架构以及无服务器架构这四种架构的演变以及各自的优势。这几种架构代表的是设计理念与方法，并不能直接用于生产环境。在实际开发过程中，开发者需要采用基于以上这些架构设计的应用开发框架，才能够结合架构的优势，开发新的应用。这类应用开发框架体现了不同架构的思想，能够简化应用的开发流程，并且提供了一整套工具、库与实践案例，帮助开发者解决实际工作的复杂问题。云应用开发框架通过提供抽象化、自动化与标准化的集成工具，帮助开发者更加高效地开发、部署与管理云原生应用，提高了开发效率、安全性、稳定性与可靠性。本节将对基于微服务架构的 Dubbo 与基于无服务器架构的 AWS Lambda 进行介绍。

9.3.1　Dubbo

Dubbo 是一款 RPC 服务开发框架，能够解决微服务架构下的服务治理与通信问题。Dubbo 最初是阿里巴巴公司内部为了解决微服务架构问题而开发设计的，随着阿里巴巴公司的开源，Dubbo 成为了当前广受欢迎的微服务框架。Dubbo 具有以下的优势。

(1) 快速易用：Dubbo 能够简化微服务开发流程，支持多种开发语言与任意的通信协议，并提供多种工具加速开发。

(2) 超高性能：Dubbo 支持高性能数据传输、智能化流量调度以及能够构建可伸缩的微服务集群。

(3) 服务治理：Dubbo 支持流量管控功能，能够控制服务间的流量与 API 调用，同时存在围绕 Dubbo 构建的微服务生态治理。

(4) 生产环境验证：Dubbo 经历了大规模集群生产环境的检验，这使 Dubbo 能够长期保持先进性、稳定性与活跃性。

图 9.18 展示的是 Dubbo 的工作原理，Dubbo 主要分为两层：服务治理控制面与 Dubbo 数据面。

1. 服务治理控制面

服务治理控制面是 Dubbo 的治理体系，治理体系用于解决服务节点动态变化、外部配置、日志监控、流量控制以及数据的可用性与一致性等一系列问题，Dubbo 的核心服务治理功能如图 9.19 所示。

(1) 地址发现：Dubbo 默认提供 Nacos、ZooKeeper 与 Consul 等多种注册中心，因此能够支持高性能的大规模集群。

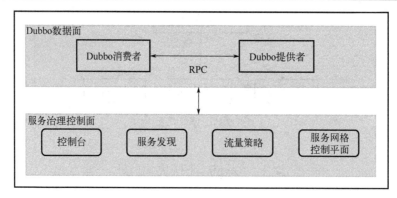

图 9.18　Dubbo 工作原理

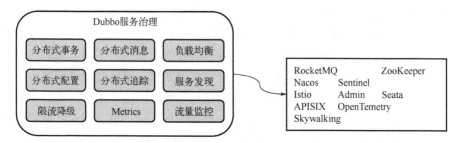

图 9.19　Dubbo 核心服务治理功能

（2）负载均衡：Dubbo 默认提供多种负载均衡算法，包括加权轮询、最短响应时间优先与一致性哈希等算法，具体如表 9.4 所示。

表 9.4　Dubbo 负载均衡算法

算法	特性
集权随机	按权重设置随机概率
加权轮询	按公约后的权重设置轮询比率
最少活跃优先+加权随机	活跃数越低越优先调用，相同活跃度则进行加权随机
最短响应时间优先+加权随机	优先调用响应时间短的节点
一致性哈希	将参数相同的请求发到同一提供者
Power of Two Choice	调用时先选择两个节点，再从中选择连接数较少的节点
自适应负载均衡	将请求转发到负载较小的节点

（3）数据监测：Dubbo 基于 Prometheus 支持对请求数、响应时间等多种指标的监控，并且能够通过 Grafana 进行数据可视化展示。

（4）流量路由：Dubbo 支持定义流量规则，并且通过这些规则控制服务流量的分布、分发与限制等功能。路由的原理是通过请求上下位和路由规则对输入地址进行匹配，具体包含条件路由、标签路由与脚本路由等路由规则。

（5）通信协议：Dubbo 框架默认提供基于 HTTP/2 的 Triple 协议与基于 TCP 的 Dubbo2 协议，除此之外，Dubbo 框架支持大量第三方协议，如 gRPC、REST 等。Dubbo 具有灵活的协议支持能力，因此能够无缝支持不同的通信协议，并且能够轻松进行协议的切换。

（6）扩展适配：微服务生态具有高度多样性，因此 Dubbo 的扩展能力使开发者能够基于自身需求替换 Dubbo 原生模块，具体存在以下扩展模块：协议与编码扩展、流量管控扩展、服务治理扩展、诊断与调优扩展。

2. Dubbo 数据面

Dubbo 数据面包含集群部署的所有 Dubbo 进程，这些进程之间通过 RPC 协议实现数据的交换。Dubbo 主要由服务消费者(consumer)与服务生产者(provider)构成，其中，服务消费者为发起服务调用的进程，服务生产者则为接收服务调用的进程。

总体而言，Dubbo 应用框架如图 9.20 所示。其中，Provider 为服务生产者；Consumer 为服务消费者；Registry 为注册中心，用于服务注册与发现；Monitor 则用于监控服务的调用次数以及调用时间；Container 是服务运行容器，负责运行并提供服务。

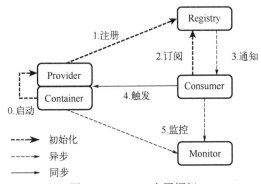

图 9.20　Dubbo 应用框架

服务生产者会启动服务运行容器，并在注册中心注册服务，而后服务消费者可以通过注册中心订阅服务。注册中心会将服务生产者的地址列表发送给服务消费者，并在地址变化时基于长连接进行数据更新。服务消费者则会根据负载均衡算法，基于服务生产者地址列表选择服务并进行调用。服务生产者与服务消费者的数据将会定时发送给监控中心。

3. 微服务开发与部署

在微服务开发方面，Dubbo 支持 Java、Go、Rust 与 Node.js 等语言，并实现了配套的脚手架，能够快速创建微服务项目，如图 9.21 所示。具体的开发流程则包含了服务开发、服务发布与服务调用三部分。在应用部署方面，Dubbo 支持虚拟机、Docker、K8s 等方式。以下将介绍 Java 语言下简单的 Dubbo 应用开发。

(1)项目创建：前面提到，Dubbo 提供了脚手架以快速创建项目，可以在脚手架页面中选择 Dubbo 版本，并录入项目的基本信息，如项目名称、包名、JDK 版本与项目结构。

(2)服务开发：微服务开发时，需要定义服务接口并提供业务逻辑实现，相关代码如图 9.22 所示，其中展示了 DemoService 的接口定义以及具体的实现。

(3)服务发布：开发服务后，为了使服务消费者能够调用服务，服务生产者首先需要将服务的 jar 包发布到 Maven 中央仓库，然后补充 Dubbo 配置并启动 Dubbo Server，这些配置包含了服务的地址，用于暴露服务。

(4)服务调用：服务消费者需要引入服务定义依赖，然后注入远程 Dubbo 服务即可调用相应的代码，如图 9.23 所示。

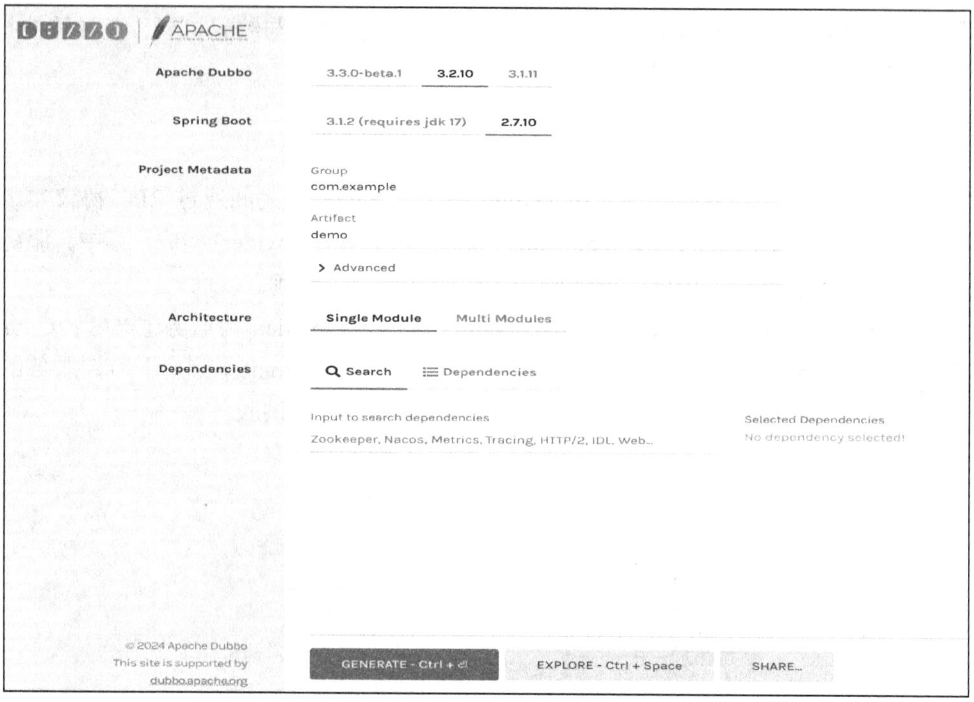

图 9.21　Dubbo 应用脚手架

```
// service
public interface DemoService {

    String sayHello(String name);

}
// service logit
@DubboService
public class DemoServiceImpl implements DemoService {

    @Override
    public String sayHello(String name) {
        return "Hello " + name;
    }
}
```

图 9.22　Dubbo 服务开发

```
@Component
public class Consumer implements CommandLineRunner {
    @DubboReference
    private DemoService demoService;

    @Override
    public void run(String... args) throws Exception {

        String result = demoService.sayHello("world");
        System.out.println("Receive result ======> " + result);
    }
}
```

图 9.23　Dubbo 服务调用

9.3.2　AWS Lambda

AWS Lambda 是一项无服务器计算服务，可以在事件触发时运行代码并响应事件，并且能够自动管理底层的计算资源。这些触发的事件包括 HTTP 请求、存储对象的更新或者状态的变化，AWS Lambda 的具体优势如下所示。

（1）无须管理服务器：用户无须为其服务提前配置管理基础设施，只需要编写并将代码上传到平台即可。

（2）自动扩缩：AWS Lambda 能够自动响应任何规模的代码执行请求。

（3）即用即付定价模式：用户只须为使用的计算时间付费，节省了成本。

（4）高性能：AWS Lambda 能够快速执行代码并进行响应。

1. Lambda 支持工具

作为云服务提供商，AWS 为开发者提供了各种工具用于开发无服务器应用，如图 9.24 所示。

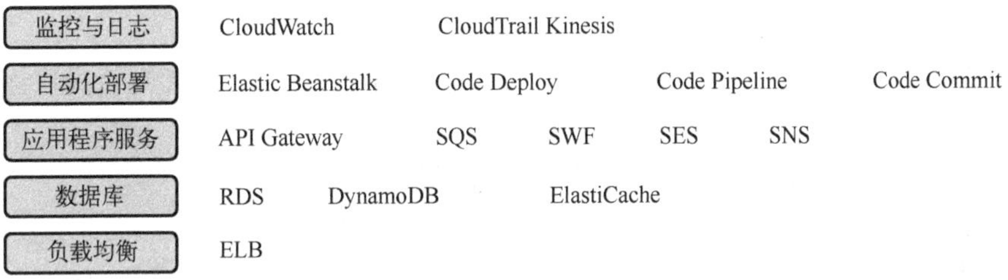

监控与日志	CloudWatch	CloudTrail Kinesis		
自动化部署	Elastic Beanstalk	Code Deploy	Code Pipeline	Code Commit
应用程序服务	API Gateway	SQS	SWF	SES	SNS
数据库	RDS	DynamoDB	ElastiCache	
负载均衡	ELB			

图 9.24　AWS 开发工具

（1）监控与日志：监控与日志工具能够保证应用可靠性、可用性与性能，AWS 提供了多种监控工具用于收集数据，便于调试故障。其中，CloudTrail Kinesis 能够记录不同角色执行的操作，CloudWatch 能够监控 AWS Lambda 资源。

（2）自动化部署：AWS 提供了帮助用户快速部署应用的工具，Elastic Beanstalk 能够部署 Web 应用程序，Code Commmit 则可以创建管道。

（3）应用程序服务：AWS 提供一组继承的服务，能够加速无服务器应用程序开发，使用户能够快速发布新功能。API Gateway 能够帮助创建与维护 Web 应用程序的 API，SQS 与 SNS 则提供了消息收发功能。

（4）数据库：AWS 提供了多种数据库用于无服务器应用的数据存储，包含关系型数据库以及 NoSQL 数据库。

（5）负载均衡：AWS 通过 ELB 构建可用性高、容错性强的应用程序，这些应用程序可以根据需求的波动自动扩展或缩减容量。

2. Lambda 函数开发与部署

1）函数代码

一份 Lambda 函数的代码实例如图 9.25 所示，该代码是以 Node.js 方式实现的，Lambda 代码通常由下述部分组成。

（1）Lambda 处理程序：Lambda 函数中包含一个名为 handler 的函数，单个 Lambda 程序可以包含多个函数。然而，handler 是代码的入口点，在函数被调用时，Lambda 会运行此方法。

（2）Lambda 事件对象：handler 函数包含 event 与 context 两个参数，其中，event 是 JSON

格式的文档，包含了需要处理的函数数据。

（3）Lambda 上下文对象：handler 函数的第二个参数 context 表示的是上下文对象，包含了调用函数以及执行环境的信息。

```
exports.handler = async (event,context) =>{
    const res = {
        statusCode: 200,
        body: JSON.stringify('hello world!'),
    };
};
```

图 9.25　Lambda 函数代码实例

2）部署方式

Lambda 函数支持两种部署方法。

（1）zip 文件：可以将代码与依赖打包为 zip 文件进行部署，Lambda 则会提供运行环境与运行代码。

（2）容器镜像：将代码及相关环境作为镜像进行部署。

3）函数调用

Lambda 提供了多种方式调用已部署的函数，分别是 Lambda 控制台、AWS SDK、调用 API、AWS CLI 与 HTTP 端点等直接调用的方式。调用函数时，包含同步调用与异步调用，同步调用会等待函数处理事件，异步调用则会立即返回响应，并将请求排队处理。

4）访问权限

Lambda 函数包含两类权限。

（1）调用 Lambda 函数需要的权限：用户以及其他的 AWS 服务都有可能成为调用 Lambda 函数的实体，对于用户的授权，可以通过 AWS Identity and Access Management（IAM）向用户授权，AWS IAM 则可以对 Lambda 函数本身进行授权，即允许特定种类的服务进行调用。

（2）Lambda 函数自身的权限：Lambda 函数在运行时可能访问其他服务，可以通过 execution role 进行授权实现。

3. Lambda 应用架构

接下来介绍 Web 应用程序在 AWS Lambda 中的架构，如图 9.26 所示。其中，Cloudfront 服务是 AWS 提供的内容交付服务；S3 Website 则提供对象存储服务；DynamoDB 则为 NoSQL 数据库，可以提供一个持久层以存储键值对形式的用户数据。以上三种组件是前面提到的 AWS 提供的支持工具，这类工具能够辅助用户开发应用。除此之外，无服务器应用的开发主要包含触发事件源与代码两部分，触发事件源可以由 API Gateway 定义的 RESTful API 触发，代码则在 Lambda Function 中实现。在以上的应用中，用户可以通过 HTTP 请求触发 Lambda 函数，执行相应的操作。

图 9.26　AWS Lambda Web 应用架构

第 10 章　云安全技术

随着云计算的迅猛发展，安全性一直是业界和用户关注的焦点。云计算技术的广泛应用使得数据的存储、处理和传输不再局限于传统的本地环境，而是转移到了云端。然而，这种转变也带来了新的安全挑战和威胁。在充满挑战与机遇的背景下，了解和掌握云安全技术显得尤为重要。本章将重点介绍各种云安全技术，从基础的加密和认证技术到先进的入侵检测和防御系统，以帮助读者全面了解并应对云计算环境中的安全挑战，确保数据的安全。

10.1　云安全的概念和范畴

云安全是指在云计算环境中，通过一系列措施和技术来保护数据、应用程序和基础设施，防止未经授权的访问、数据泄露、恶意攻击以及其他安全威胁。了解云安全的概念和范畴对于建立和维护安全的云环境至关重要。本节将深入探讨云安全的核心概念、关键挑战和解决方案，以帮助读者全面了解云计算环境中的安全问题，并为后续的云安全技术介绍奠定基础。

微课视频

10.1.1　云安全基本概念

云计算拥有强大的资源提供能力，在给社会经济发展带来新机遇的同时，也产生了一系列新的安全挑战。信息安全网络社区 Cybersecurity Insiders 发布的《2018 年云安全报告》指出，尽管云计算的应用在不断地扩大，但人们对云计算安全的担忧没有出现明显的下降迹象，90%的网络安全专业人士表示他们对云安全感到担忧，这一人数比例相比 2017 年增长了 11 个百分点。

根据冯登国等的研究，云计算安全（简称"云安全"）定义为用于部署保护云计算中的数据、应用、基础设施本身的一系列策略、技术和控制措施。传统信息安全主要关注计算、网络和存储的安全，主要利用加密解密、监测等技术进行安全防护。云计算具有数据通信和服务外包、多用户和跨域共享以及虚拟化等特点，这些特点给云计算带来了一系列新的安全问题，导致云计算安全不仅需要关注传统的信息安全问题，还需要关注这些云计算场景下产生的新问题。

具体来说，在云计算场景下，数据通信和服务外包的安全机制不健全易导致用户隐私泄露和代码被盗的风险提高。多用户和跨域共享使得信任关系的建立、管理和维护变得困难，服务授权和访问控制变得复杂，还可能产生恶意 SaaS 应用，出现反动、黄色、钓鱼欺诈等不良信息。虚拟化使用户租用大量的虚拟服务，这使得协同攻击变得更加容易，隐蔽性更强。并且，资源虚拟化支持不同用户的虚拟资源部署在相同的物理资源上，方便了恶意用户借助共享资源实施侧通道攻击。

云计算安全正在成为用户关注的首要问题。对于用户来说，云是一个黑盒子，无法得知内部具体的运行机制，也没有办法进行控制。即使云服务提供商是诚实可信的，如果云平台遭到黑客攻击，用户的服务和资料将不再安全。除了传统的安全问题，云平台普遍采用多租户形式提供服务,多个云用户共享软件和实例,云平台内的安全也至关重要。云安全问题存在的原因主要来自于以下三个方面。

(1) 缺乏控制。在云计算场景下,用户通常面临着对基础设施、网络和安全控制的限制。由于数据、应用和资源托管在云服务提供商的环境中,用户对于实际的物理硬件和网络设备几乎没有直接的控制权。这意味着用户无法直接干预和管理底层基础设施的配置、优化和调整,包括服务器硬件、网络设备、存储系统等。对于安全规则、访问控制和监控系统的设置,用户通常只能通过云服务提供商提供的管理界面或 API 进行配置,无法对底层系统进行深层次的定制和控制。

(2) 缺乏信任。一方面,用户对第三方云平台缺乏信任,选择第三方云平台意味着风险。这种缺乏信任可能源于对云服务提供商的安全实践、数据隐私保护措施以及服务可靠性的不确定性。用户往往担心云平台可能存在数据泄露、服务中断或不可靠的情况,从而犹豫选择将关键数据和应用迁移到云端。另一方面,缺乏云计算安全信任机制,如果云平台被黑客攻击,可能导致云平台的服务失效,甚至会导致用户数据的丢失。用户往往无法完全掌握云平台的安全状况,无法确定其是否具有足够的安全防护措施来应对各种潜在的威胁和攻击。这种不确定性会加剧用户对云计算环境的不信任感,从而抑制用户对云服务的采用意愿。

(3) 多租户模型机制。多租户模型也会产生潜在的安全问题。不恰当的逻辑安全控制会导致物理资源(CPU、网络、存储、应用栈)在多用户间共享,服务/资源的监控和维护都由云平台负责。如果供应者(如软件)在多用户中存在比较弱的不合理控制,那么某个恶意的或者无知的用户可能降低其他用户的安全性。如果供应者没有很好地构建公共服务,由于某个用户的误用或者滥用,公共服务很容易成为单一故障点。若云平台采用了不协调的变更控制和错误配置,当多用户正在共享底层结构时,所有的变更均需要协调和测试。为了减少成本,供应者可能把多个用户的数据存储在相同的数据库单元和备份单元,即混合用户数据。如果用户数据存储在共享的介质(如数据库、备份空间等)里,一旦数据毁坏,这些用户都会受到牵连。最后是性能风险,某个用户对资源的大量使用,会影响其他用户应用该服务的质量。

10.1.2　云计算的安全问题

基于云安全联盟(Cloud Security Alliance,CSA)对云计算业界专家收集的意见和中国信息通信研究院 2023 年发布的云计算白皮书,确定了 12 个关键的云计算问题,这些问题会给云计算带来各种各样的安全风险,通过使用 STRIDE 威胁模型,可以对上述安全问题进行评估和分析,关注这些问题是否属于下述六种威胁类别:①身份欺骗(spoofing identity);②数据篡改(tampering with data);③抵赖性(repudiation);④信息暴露(information disclosure);⑤拒绝服务(denial of service);⑥权限提升(elevation of privilege)。这 12 个云计算安全问题按照严重程度从大到小排序并分别进行介绍。

数据泄露(data breaches)是指未经授权的发布、查看、窃取或使用敏感的、受保护的信息。数据泄露可能是由定向攻击所导致的,也可能只是人为错误、应用程序漏洞或安全措施不足导致的。数据泄露的风险并不是云计算独有的,但它始终是云平台用户最关心的问题之一。云环境不仅会受到与传统企业网络相同的威胁,也会受到来自共享资源、云平台提供商及其设备和云服务提供商第三方合作伙伴的攻击。由于云平台提供商通常是高度可访问的,它们承载的大量数据使它们成为有吸引力的目标,而数据泄露会引发信息暴露的威胁。

弱身份(insufficient identity)、凭证与访问控制(credential and access management)指缺乏可扩展的身份访问管理系统、未使用多因素身份验证、使用弱密码以及缺乏自动轮转的加密密钥、密码和证书。这些安全隐患会使系统更容易被攻击,造成数据泄露等问题。攻击者可以伪装成合法用户、操作员或开发人员,进行如数据操作、发布控制平面和管理功能、窥探传输中的数据或发布看似来源合法的恶意软件等恶意行为,对组织或最终用户造成灾难性的损害。弱身份、凭证与访问控制问题会造成 STRIDE 模型中的全部六类威胁。

云计算提供商提供的不安全应用编程接口(insecure application programming interfaces),可能会导致发生意外或者被利用进行恶意攻击。云计算提供商会公开一组软件用户接口或应用程序接口,供用户管理云计算服务或与这些服务进行交互。一般来说,云服务的安全性和可用性取决于这些基础接口的安全性。因此,从身份验证和访问控制到加密和活动监视,这些接口的设计必须足够谨慎和安全,防止意外和恶意行为的发生。不安全接口会导致四类威胁:数据篡改、抵赖性、信息暴露和权限提升。

系统漏洞(system vulnerabilities)指的是程序中可利用的漏洞。攻击者可以利用这些系统漏洞,入侵计算机系统来窃取数据、控制系统或中断服务操作。操作系统组件(如内核、系统库、应用程序工具)的漏洞会使系统内所有服务和数据面临巨大的安全隐患。系统漏洞问题自计算机发明以来就一直存在,但云计算多租户模型将不同组织的系统放在非常近的位置,提供对共享内存和资源的访问,创造了新的攻击面。系统漏洞会导致 STRIDE 模型中的全部六类威胁。

账号劫持(account hijacking)是一个经典的安全问题。若攻击者获得了访问用户凭证的权限,他们可以窃听用户的相关活动和事务,操纵数据,返回伪造的信息,并将用户的客户端重定向到非法站点。用户的账号或服务实例可能成为攻击者的新基地,用来发动后续的攻击。账号劫持不仅会破坏服务器的机密性、可用性和完整性,还可能导致用户声誉被损坏。该问题会导致 STRIDE 模型中的全部六类威胁。

恶意内部人员(malicious insiders)是指使用云服务的组织当前或以前的雇员、承包商或其他业务伙伴拥有该组织网络、系统或数据的访问权限,无意或恶意利用该权限,对组织信息以及信息系统的机密性、完整性和可用性造成负面影响。恶意内部人员会带来身份欺骗、数据篡改和信息暴露这三类威胁。

高级持续性威胁(advanced persistent threats,APT)是一种寄生式的网络攻击,它通常渗透到系统中,隐匿而持久地监控目标、窃取数据。APT 通常在很长的周期内隐匿地实现它的目标,并且在此过程中会适应防御它们的安全措施,这使 APT 很难被检测和消除。高级持续性威胁会带来信息暴露和权限提升两项威胁。

数据遗失(data loss)对个人消费者和企业来说都是灾难性的。存储在云上的数据可能会因为恶意攻击以外的原因丢失,如云服务提供商意外删除或者遇到地震、火灾等突发自然灾害。数据定期备份和异地容灾备份可以有效地防止重要数据因为意外事件遗失。用户的一些行为也可能导致数据遗失,例如,用户在数据上传到云之前对数据进行加密,但丢失了加密密钥,因此,避免数据遗失需要云服务提供商和用户的共同努力。数据遗失会造成抵赖性和拒绝服务威胁。

不充分的尽职调查是指在选择相关云技术或者提供商时进行的尽职调查有遗漏。这会面临大量的商业、金融、技术、法律和合规性风险。在组织机构准备迁移到云或者合并收购前,需要进行充分的尽职调查,防止造成不必要的损失。具体来讲,在商业上,要考虑云服务提供商的运作方式和专长是否适合；技术上，要避免不熟悉云技术的人员对系统进行架构和部署；法律上，需要考虑使用数据的问题；合规性上，需要考虑敏感数据迁移的问题。不充分的尽职调查会造成 STRIDE 模型定义的全部六类威胁。

滥用或恶意使用云服务(abuse and nefarious use of cloud services)指攻击者利用云服务资源，对用户、组织或其他云服务提供商发动攻击。攻击者使用云服务的理由与合法消费者相同，都是希望以低成本进行巨量处理。滥用云服务资源的例子包括发动分布式拒绝服务(distributed denial of service，DDoS)攻击、垃圾邮件、"挖掘"数字货币、大规模的点击欺诈、利用云服务算力进行暴力破解等。滥用或恶意使用云服务带来的主要威胁是拒绝服务。

拒绝服务(denial of service，DoS)源于攻击者可能会采取措施，通过迫使云服务消耗过多的有限资源(如内存、处理器、磁盘空间或网络带宽)，来实施一种称为"资源耗尽攻击"的方法。这种攻击会导致用户无法正常访问云服务上的数据和应用程序，因为云平台的资源已耗尽，无法满足用户的需求。这种攻击可能会造成严重的业务中断和服务不可用，给用户和企业带来重大损失和困扰。

共享技术中的漏洞(shared technology vulnerabilities)是指云计算架构需要采用一定的共享技术，但在其中会存在一些不安全的因素。云服务提供商通过共享技术实现基础设施、平台或者应用程序的共享，进而为用户提供可扩展的服务。然而，共享技术可能会存在一系列安全问题，例如，云服务部署基础设施的底层组件(如 CPU 缓存、GPU 等)可能没有设计成能够提供强大隔离的属性，这导致云服务的硬件、运行系统、中间件、应用栈和网络组件都可能有潜在风险。具体例子包括在虚拟 PCI 显示卡 Vmware SVGA Ⅱ 设备中确认的任意代码执行的潜在风险、VMware Workstation 和 VMware ESX 中的脆弱部件等。由于多租户模型的使用，若组件的漏洞被攻击者成功利用，可能会影响所有部署在相关组件上的用户。共享技术中的漏洞会带来信息暴露和权限提升两类威胁。

10.2 云安全的防护技术

在本节中将介绍云安全的相关防护技术。云计算安全模型可分为 IaaS 安全、PaaS 安全以及 SaaS 安全三个模块，更细致的划分如图 10.1 所示，共有四个模块的安全，分别为基础设施安全、虚拟化安全、数据安全、服务(云应用)安全，以及其他安全防护技术。接下来将分别介绍各个类型的防护技术。

10.2.1 基础设施安全

用户虽不管理或者控制底层的云基础架构，但是可以控制操作系统、存储和发布应用程序以及有限度地控制选择的网络组件。云计算中，IaaS 的使用过程中存在的安全漏洞是重点考虑的焦点。因此，保障 IaaS 的安全首先需要保障平台本身基础设备的安全，以及向用户提供的处理、存储、网络以及其他基础计算资源的安全。

1. 基础设备安全

云计算的基础设备组件如图 10.2 所示，所有的核心组件都需要进行安全配置、更新补丁、加固和维护等保护操作。保护云基础设备，需要注意以下几个方面的防护措施。

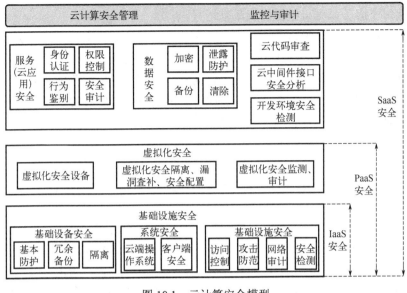

图 10.1　云计算安全模型

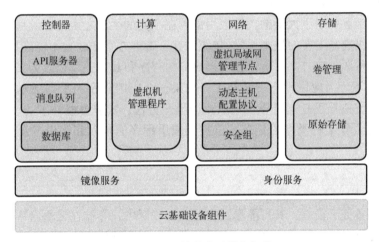

图 10.2　云计算的基础设备组件

物理环境安全：云数据中心不但需要妥善选址(避开地震带、洪水易侵蚀的地区，考虑当地的偷盗犯罪率、政治稳定情况、供电等)，并且在设计施工和运营时，也要合理划分机房物理区域，合理布置信息系统的组件，以防范物理和环境潜在危险(如火灾、静电、电磁泄漏等)和非授权访问。机房需要提供足够的物理空间、电源容量、网络容量、制冷容量，以满足基础设备快速扩容的需求。在选择云服务前，需要与云服务提供商进行充分的沟通，了解其在物理安全方面的保障能力以及改进的能力，从而判定是否满足自身的风险偏好。

设备自身安全：在基础云设备搭建完成后，需要对主机和服务进行加固。所有云都运行在硬件之上，因此关于数据中心安全的相关技术仍然适用，服务器和应用服务需要进行适时的更新，建设时需要有冗余的措施，以使得更新数据库或消息服务器时无须停止云的运行。云运行在一组服务上，并将这些服务整合在一起，每个服务都跟其他服务器一样需要保护。如果攻击者入侵了云中的任何一个组件，他们就可能控制整个云系统，因此应及时关闭不使用的功能。有些云服务总想以不必要的、较高的权限来运行(如使用一个数据库 root 账号)，但应尽量确保每个服务以尽可能低的权限来运行。

监管与灾难恢复：云运维运营团队需要严格执行访问控制、安保措施、例行监控审计、应急响应，以确保云数据中心的物理和环境安全。另外，需要保证云备份和灾难恢复计划的完备，其目标是降低云服务提供商为用户提供的基础设施、应用和总体业务过程的成本。因此需要定义恢复点和恢复时间目标，选择云服务时需要考虑云中心的位置、风险程度以及恢复要素的记录是否与目标一致。

2. 系统安全

云计算中的系统安全主要是指操作系统层面的安全问题，主要包括系统访问安全和补丁管理与部署两个方面。

系统访问安全：操作系统需要使用高强度的密码并定期更改，例如，密码长度在 12 位以上，包含大小写与特殊字符；或使用证书代替密码，使用 RSA 非对称加密证书用于登录验证，一般情况下使用 1024 位，重要场合可以使用 2048 位。注意，禁止 root 用户远程登录，并搭建防止暴力破解的工具，如使用 fail2ban 等工具配合防火墙设置、限制 SSH 端口访问速率以及自动化屏蔽恶意登录 IP 等。

补丁管理与部署：由于大量的关键应用部署在不同的平台之上，因此通过部署相应补丁以提高系统安全级别是主要的技术手段。传统的补丁管理方案低效且不能满足系统安全需求。虚拟补丁是一种可选解决方案，可以在不影响应用程序和其相关库以及为其提供运行环境的操作系统的情况下，为应用程序安装补丁。如果一个应用程序的早期版本已不再获得供应商支持，则此时虚拟补丁是支持该早期版本的唯一方法。安装虚拟补丁的一种常见方法是，在应用程序之前设置某种类型的代理，以控制应用程序的输入和输出，从而阻止或消除攻击行为。

3. 网络安全

由于业务服务处于云端，其可能暴露在公共互联网中，存储在云平台中的应用程序、数据、其他资产与位于核心防火墙之后的应用程序、数据和其他资产相比具有不同的脆弱性。因此需要采取相应的防护措施以提高云的网络安全水平。

启用防火墙：防火墙技术是在内部网和公众访问网之间建立起一道相对隔绝的保护屏障以保护内部资料和信息安全性的基础技术。在管理网络与对外提供服务的网络之间进行隔离，注意，只开放必须使用的端口与目标域名，记录每一条规则的变动，及时清理失效的防火墙规则，定时对防火墙规则进行全面审查等。

虚拟私有云(virtual private cloud, VPC)：自定义的逻辑隔离网络空间，如图 10.3 所示。在 VPC 中，用户可以完全掌握私有网络的配置，包括自定义网段划分、IP 地址和路由策略等，同时可以通过防火墙或访问控制列表实现安全防护。用户可以通过 VPC 方便地管理、配置内部网络，进行安全、快捷的网络变更。同时，用户可以自定义安全组内与组间弹性云服务器的访问规则，加强弹性云服务器的安全保护。

Per 租户 VPN: Per 租户 VPN 是通过 VPN 实现租户与云计算中心安全加密传输的一种技术，其通过统一的 CA 认证中心，确保身份认证与审计。针对每个租户单独建立 VPN 通道，并可以依托 MPLS VPN 实现通道隔离。

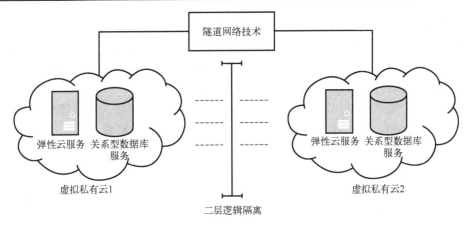

图 10.3　虚拟私有云

　　一些其他保障网络安全的手段还包括在网关或虚拟机上配置入侵检测软件，及时阻隔入侵并报告给管理员；增加网络日志功能，保存网络访问记录以用于审查；关键网络节点使用 VPN 进行连接，保证连接安全性等。

10.2.2　虚拟化安全

　　虚拟化技术是云中心基础架构新的方向，带来了很多技术优势，但是同样也带来了很多安全问题。接下来将介绍针对云虚拟化的安全防护技术。

　　1. 虚拟化安全设备

　　在云平台上，成千上万的多租户共享着相同的物理资源，因此需要对传统安全的硬件化进行必要的创新，在确保安全的前提下把安全软件从硬件里搬出来并放到云中，这就是虚拟化安全设备(security device virtualization，SDV)。SDV 是安全硬件的软化(如 Hypervisor 化、容器化、进程化)，即利用各种不同的虚拟化技术，借助云平台上标准的计算单元创造一个安全设备。

　　SDV 带来的好处是大大降低了成本、提高了敏捷度，甚至提高了并发性能(如利用 scale out 的横向扩展和云资源的弹性扩容)。但是，与硬件安全设备相比，SDV 增加了攻击平面、降低了可信边界，需要小心设计 SDV 的整个技术架构，在全生命周期中谨慎管理虚拟化安全设备，以避免带来新的威胁。

　　2. 虚拟机安全机制

　　通过有效的措施保证虚拟机的安全性，主要针对的是虚拟存储安全问题、虚拟主机安全问题、虚拟网络安全问题。

　　虚拟存储安全机制：按照存储区域的数据情况进行分离，如数据的作用、重要性等。首先，可以将存储区域划分为基础区域、公共区域、专用区域等类型，满足用户的不同存储需求。同时，应对虚拟机的权限进行调整，禁止虚拟机直接通过 I/O 操作访问未授权的存储区域，避免用户数据泄露，保证用户数据存储的安全性、可靠性。其次，做好数据清除工作。主要体现在租户存储空间回收的环节，在回收一些租户存储空间的过程中，应保证存储空间释放的完全性，彻底清除原租户的数据，并保证原租户数据不能恢复，避免出现原租户信息数据丢失的现象。最后，在虚拟存储安全方面，应通过运用数据加密技术的方式对数据实施加密保存，在进行数据访问的过程中，需要具备相应的密钥才可进行访问，进一步保证数据存储的安全性、可靠性，有效规避虚拟存储安全问题。

虚拟主机安全隔离机制：针对不同的虚拟机采取内存隔离措施。内存隔离技术主要用于完成不同虚拟机之间的内存隔离，可以有效避免虚拟机对主机的影响。此外，还需要通过 I/O 操作实现磁盘隔离，以确保每个虚拟机在使用过程中只能访问虚拟机分配的物理磁盘。其次，应通过隔离用户数据来确保主机操作的安全性。通过验证用户访问权限，确保用户只能访问自己域中的磁盘空间以及虚拟机之间的硬盘隔离。最后，实现网络隔离，以隔离源自同一物理主机的所有虚拟机之间的通信。监控器（hypervisor）用于提供虚拟防火墙，以确保 2 个虚拟机不在同一 VLAN 中，从而确保虚拟机之间的通信隔离，避免影响主机的有效性。

虚拟网络安全机制：加强对端口的控制，例如，对虚拟交换机的虚拟端口进行限速，并通过设置参数的方式控制网络带宽、峰值带宽等，实现对虚拟端口级别以及流量的全面控制，同时应对虚拟机的网络通信进行控制，禁止虚拟端口进行网络通信嗅探，避免影响网络运行的安全性。可通过端口隔离、端口绑定等方式进行控制。其次，应强化虚拟防火墙的运行水平，根据 IaaS 实际运行情况，构建虚拟防火墙，并通过虚拟防火墙对网络访问进行控制。做好网络安全预警策略，系统一旦检测到攻击，则立即实施清洗功能，及时消除攻击风险，确保云计算平台运行的安全性、稳定性。

3. 虚拟机监测与审计

建立虚拟机系统运行管理、安全保护管理和审计管理机制，在管理员中建立监测员与审计员角色，由其通过查看操作日志对虚拟机的管理员登录及重要系统命令使用、虚拟机控制器的管理员登录及重要操作进行审计。提高虚拟机监控器的安全防御能力，及时升级虚拟机监控器，避免虚拟机逃逸漏洞影响同一宿主机下的其他虚拟机；制定资源分配策略，避免资源抢占攻击；不同安全级别的虚拟机必须隔离在不同的宿主机上，避免从低安全级别的虚拟机中发起虚拟机逃逸或虚拟机跳跃攻击入侵高安全级别的虚拟机。强化虚拟机映像安全，定期关闭未使用/不需要的服务器端口，关闭未使用/不需要的系统服务，禁用不需要的内部账户，卸载多余的软件，设定资源（CPU、内存、存储）使用上限。

10.2.3　数据安全

云计算中的数据安全是指对用户数据信息资产的机密性、完整性、可用性、持久性、认证、授权以及不可否认性等方面的全面保护。在本节中将介绍针对云的数据安全防护技术。

1. 云架构中的数据迁移

使用数据库活动监测（database activity monitoring，DAM）和文件活动监测（file alteration monitor，FAM）来监控大量内部数据的迁移。数据库活动监测是检测关系型数据库滥用的高级安全平台。DAM 系统技术能以近乎实时的速度分析数据库查询，区分正常的操作和攻击。DAM 系统收集不同来源的信息，提供多种形式的高级分析和警告，甚至能直接中断恶意活动；文件活动监测对存储于文件服务器和联网存储（NAS）设备上的文件访问进行实时监控和审核。FAM 包括针对文件权限审核的用户文件权限管理。

　　使用统一资源定位符(uniform resource locator，URL)过滤器和数据丢失保护(data loss prevention，DLP)等技术监控数据向云中迁移的过程，例如，URL 过滤技术可以实现企业不允许市场人员访问内部研发网站的需求。这些基于不同的用户组、不同的时间段，访问不同网页的问题，可以归纳为 3 大类：黑白名单、分类访问以及页面推送。数据丢失保护是通过一定的技术手段，防止企业的指定数据或信息资产以违反安全策略规定的形式流出企业的一种策略。

　　2. **数据传输安全**

　　数据传输安全主要是保护数据进入云以及在不同提供者/环境之间的传输。在云计算环境中的数据传输包括两种类型，一种是用户与云之间跨越互联网的远程数据传输，另一种是在不同提供者或环境之间的传输，即在云内部的数据传输。为了保证云中数据传输的安全，需要在信息的传输过程中进行加密工作。数据加密需要选择提供数据加密的云服务提供商。云服务提供商应只能管理设备硬件，密钥完全由客户管理，云服务提供商没有任何方法获取客户密钥。同时，使用符合国家密码监管部门监管规范和使用要求的密钥；加强密钥管理机制，根据数据安全需求分级管理，防止越权行为出现。常用的密码算法如图 10.4 所示。

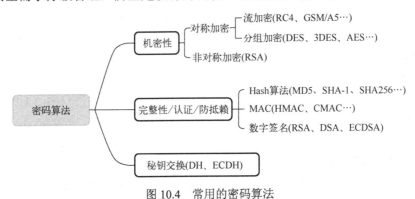

图 10.4　常用的密码算法

　　(1)客户端/应用程序加密。这里指在将用户数据发送到远程服务器之前，先对其进行加密处理。此过程中，加密所使用的密钥明文仅保留在用户本地，从而确保用户数据的安全性。即使发生数据泄露，黑客也无法解密获取原始数据。常见的客户端加密方式包括利用 DES 和 RSA 算法进行加密。首先，通过 DES 算法生成一个加密密钥(DES Key)，然后使用 RSA 公钥加密该 DES Key。接着，使用生成的 DES Key 对数据进行加密处理。最后，将加密后的数据和 RSA 加密后的 DES Key 一同传输至云端，确保数据在传输过程中的安全性和保密性。这种客户端/应用程序加密方式在保障数据隐私和安全的同时，提高了云计算环境中数据传输的安全性和可信度。

　　(2)链路/网络加密模式。链路加密指的是在数据传输的物理层之前，即在数据链路层进行加密处理，以确保数据在传输过程中的保密性和完整性。网络加密则是在网络传输层应用加密服务，通过在网络传输层对数据进行加密处理来保障数据的安全传输。常见的网络加密技术包括 SSL、VPN 和 SSH，这些技术既可以采用硬件加密方案，也可以采用软件加密方案。通过使用这些标准的网络加密技术，用户可以在云计算环境中有效地保护数据的隐私和安全，确保数据在传输过程中不受未经授权的访问或篡改。

（3）基于代理的加密。这是一种重要的数据传输安全机制，其工作原理是将数据传输通过一个代理服务器进行，并在数据传输之前对数据进行加密处理。这种加密方式有效地保障了数据在传输过程中的安全性和保密性，即使数据被截获，黑客也无法窃取其中的敏感信息。基于代理的加密通常应用于云计算环境中的数据传输过程，例如，在远程访问、文件传输或数据备份等场景下，通过代理服务器对数据进行加密处理，确保数据在传输过程中不受未经授权的访问或篡改。这种加密方式的优势在于能够有效地防止数据泄露和窃取，并提高云计算环境中数据传输的安全性和可信度。

在某些安全级别要求高的应用场景中，还应该尽可能地采用同态加密机制以提高用户终端通信的安全性。同态加密是指云计算平台能够在不对用户数据进行解密的情况下，直接对用户的密文数据进行处理，并返回正确的密文结果。同态加密技术能进一步提高云计算环境中用户数据传输的安全性与可靠性。

3. 保护已在云中的数据

对于云计算中数据存储安全的一种最有效的解决方案就是对数据采取加密的方式。

内容感知加密是一种在数据防泄露中广泛应用的技术。它基于内容感知软件，能够理解数据的含义或格式，并根据预先设定的策略对数据进行加密处理。这种加密方式不仅考虑了数据本身的保护需求，还能够根据数据的具体特征和敏感程度，灵活地设置加密策略，从而更有效地保护数据的安全性和隐私性。通过内容感知加密技术，用户可以在云计算环境中更加精细地管理和控制数据的访问权限和使用权限，以应对不同级别的安全威胁和风险，确保数据在存储、传输和处理过程中的全面安全保护。例如，云计算多授权中心 CP-ABE 代理重加密方案就是一种内容感知加密算法。

基础设施服务加密可以分为两种：一种是采用对象存储加密的方式；另一种是采用卷标存储加密的方式。对象存储是云计算环境中的一个文件/对象库，可以理解为文件服务器或硬盘驱动器。为了实现数据的存储加密，可以将对象存储系统配置为加密状态，即系统默认对所有数据进行加密。但若该对象存储是一个共享资源，即多个用户共享这个对象存储系统，则除了将对象存储系统设置为加密状态外，单个用户还需要采用"虚拟私有存储"技术进一步提高个人私有数据存储的安全。卷标存储加密即卷标被模拟为一个普通的硬件卷标，对卷标的数据存储加密可以采用两种方式：一种方式是对实际的物理卷标数据进行加密，对由加密后的物理卷标实例出来的用户卷标不加密，即用户卷标在实例化过程中采用透明的方式完成加解密的过程；另一种方式是采用特殊的加密代理设备，这类设备串行部署在计算实例和存储卷标或文件服务器之间实现加解密。

4. 其他数据安全

除了以上几种数据安全防护技术以外，在云计算的环境中，还存在以下几种数据安全防护技术的应用场景。

（1）隐私保护。在云计算平台的存储系统中存在许多种不同类型的数据，包括文档、视频、图片、电子邮件等。对于用户来说，每种数据的安全性和重要性都是有所差别的。这是因为这些数据中所涉及信息的重要程度是不同的。将数据的隐私级别和用户的隐私级别联系起来，可以将数据的隐私划分为不同的等级，采用不同复杂度的加密算法，有利于提高云系统的资源利用率并保障数据的隐私安全。

(2) 数字版权管理(digital right management，DRM)。这是一项加强对音频、视频数字化产品内容版权保护的技术，基本的工作原理为利用密钥将音频、视频等文件进行加密编码处理，再建立一个证书授权服务中心，加密的数字节目头部存放 Key ID 和证书授权服务中心的URL；当用户使用这些加密文件时，应用软件会根据其包含在头文件中的有关属性自动链接到相应的站点(证书授权服务中心)并获取相应的证书；只有通过证书授权服务中心的验证并获得授权，才能使用这些音频、视频等文件，从而严密有效地保护这些数字多媒体产品的版权和使用权限。

10.2.4　服务安全：认证、授权与访问控制

云计算中的服务安全是指对云提供的应用服务的保密性、真实性、可用性、完整性等方面的全面保护。在本节中将介绍云服务安全防护技术。

1.　身份认证

用户名和密码的组合是身份认证信息管理系统最常见的用户认证证书形式，其他的一些安全性能更强的身份认证方式，有 RSA Token、经由短信或手机的 OTP(one-time password)验证、云 PKI(public key infrastructure)智能卡、生物特性认证(通过计算机利用人体所固有的生理特征，如指纹、虹膜、面相、DNA 等，或行为特征如步态、击键习惯等来进行个人身份鉴定)等技术。

若已有身份认证信息管理系统，尽可能将已有系统与云计算平台进行整合，避免对各个云计算服务单独应用独立的身份认证信息管理系统，导致身份认证信息出现不一致的情况；可以采用 SSO 单点登录系统，避免各个服务采用各自的登录系统，导致非授权人员从存在漏洞的登录系统进行攻击的情况。

2.　权限控制

权限控制用于定义正确的访问控制粒度、监管身份、访问控制权利和 IT 资源可用性之间的关系。常用的权限控制方式有基于角色的、基于规则的、基于属性的、基于声明的以及基于授权(ZBAC)的权限控制等。

根据业务需求建立不同权限的用户和组，尽可能对权限进行细粒度管理；采用多因素认证方式，增强安全防护可靠性；身份授权需要附加限制条件，便于从时间、IP、是否使用安全信道等多种维度来对访问者的权限进行控制；保证人员离职后及时撤销访问权限。

3.　行为鉴别

在云计算环境中，行为管理和鉴别的范围不应局限于用户身份的管理，而应扩展至管理云计算应用和服务的身份、访问控制策略以及用于这些应用和服务的特权身份。这意味着除了对用户身份进行验证外，还应该对云计算环境中的各个组件和实体进行身份认证和授权管理，包括应用程序、服务、资源等。同时，行为管理和鉴别还应考虑这些实体的行为模式和访问行为，以及对其行为的监控和审计，从而确保云计算环境的安全性和合规性。通过对云

计算应用和服务的身份、访问控制策略以及特权身份的全面管理,可以有效降低安全风险,并提高云计算环境的安全性和可信度。

4. 安全审计

云安全管理平台可以建立完善的日志记录及审核机制,通过对操作、维护等各类日志进行统一、完整的审计分析,提高对违规事件的事后审查能力。注意需要保证审计的独立性,在审计过程中,审计人员无须关注采用何种计算机程序,也无须关注数据的存储、共享和工作时效性问题,审计人员唯一需要关注的就是审计任务本身;采用审计分级,云服务提供商与租户使用不同的审计内容。

使用审计服务,记录用户以及资源的操作信息;建立自动化安全报告,发生特定事件或超过阈值时,通知安全管理人员;细化监控维度,保证发生安全事件后能从时间、用户、操作对象、地理位置等维度追查安全问题来源。

云安全审计最大的隐患是恶意的内部人员。目前,只有云服务提供商能监控网络流量、虚拟机监控器日志和物理机数据,发生事故之后,用户无法对危机进行事后审计。云服务提供商需要能对恶意的内部人员进行审计,可以的话允许用户对云计算环境进行审计。

5. 业务安全

业务安全与用户行为息息相关,针对用户产生价值的业务,用户数据是最核心的,不仅是用户的身份信息,更多的是用户动态产生的信息。若无法保证业务安全,会导致业务受阻,造成业务人员辛苦的努力浪费,造成不可逆的损失。保障业务安全可以从用户可能的行为出发进行防控。例如,注册防控,在注册场景通过生物特征等方式判定操作计算机的是人还是机器,避免恶意批量注册;登陆防控,在登陆场景防止撞库攻击、暴力破解等恶意登陆方式;活动防控,通过用户行为、软硬件环境信息、设备指纹、业务基础信息综合判定用户请求的风险程度,避免恶意刷单、抢优惠券等;消息防控,避免用户批量发帖、恶意评论等行为,提供对不良行为的监控与举报功能。

10.2.5　其他安全防护技术

云安全中的防护技术除了基于基础设施安全、虚拟化安全、数据安全、服务安全之外,还存在以下几种技术。

(1)云代码审查。在云计算领域,代码审查是一项关键的质量管理措施,旨在提升代码质量,确保在云计算环境中运行代码时不会引发未预料的错误或故障。通过代码审查,开发团队可以清晰明了地了解代码中的增量、删除、修改等功能性改动,从而为后续的开发工作提供指导和参考。在合规合法的环境中,代码审查更是必不可少的,因为它有助于避免常见的安全陷阱,保障代码的安全性和可靠性。通过严格的代码审查流程,云计算平台可以确保所提供的服务和应用程序在运行时能够达到高质量的标准,从而为用户提供稳定可靠的云计算体验。

(2)云中间件接口安全分析。中间件是一种介于操作系统和各种分布式应用程序之间的软件层,中间件提供的程序接口定义了一种相对稳定的高层应用环境,不管底层的计算机硬件和系统软件怎样更新换代,只要将中间件升级更新并保持中间件对外的接口定义不变,应用软件几乎不需要任何修改。安全性是云中间件接口最基本也是最重要的一个特点，其安全与否直接影响用户或云服务提供商的财产，因此，做好云中间件接口的安全性问题尤为重要。云中间件平台需要采用软件级别的应用软件防火墙、防篡改、编码层次的漏洞扫描等技术来保障应用架构和商务服务的高安全可用性。对外公开的接口服务，访问前建立握手认证机制，采用证书认证等方式来保证服务调用的安全性。同时对传输的信息进行加密处理，对用户行为、调用服务与服务本身行为采用审计机制。

(3) 开发环境安全检测。开发环境在云计算中扮演着软件开发生命周期中至关重要的角色，其安全性对于确保云计算环境的整体安全性至关重要。尽管开发环境的安全问题在日常使用中时有发现，但很少有人真正将其安全性视为关键问题。通过定期检测开发环境的安全性，可以在问题发生之前及时发现云计算开发环境中存在的安全隐患。同时，采用开发环境级别的防火墙可以有效保障代码开发的高安全可用性，确保在开发过程中数据和应用程序受到充分的保护。这些举措不仅有助于提高开发环境的安全性，也有助于保障整个云计算环境的稳定性和可靠性。

(4) 渗透测试。渗透测试是一种以攻击者思维为基础的全面安全测试方法，旨在模拟黑客对业务系统进行深入攻击，以发现其中潜在的安全漏洞和缺陷。通过模拟恶意黑客的攻击方式，渗透测试能够全面评估云计算环境的安全性，发现可能存在的风险和漏洞。为了确保渗透测试的客观性和专业性，通常会由具备相关资质和经验的第三方机构定期进行。通过定期的渗透测试，企业能够提前发现并解决云计算环境中的安全问题，建立完善的安全事件应急机制，及时应对潜在的安全威胁。同时，在渗透测试中发现的安全问题也会用来验证企业的安全防护措施，并及时进行修复，以保障云计算环境的安全性和稳定性。

(5) 灾难恢复模拟。灾难恢复是指在自然或人为灾害发生后，重新启用信息系统的数据、硬件及软件设备，以恢复正常商业运作的过程。灾难恢复规划作为业务连续性规划的一部分，对企业或机构的灾难性风险进行评估、防范，特别关注于关键业务数据、流程的及时记录、备份和保护。为确保有效应对潜在的灾难事件，灾难恢复规划包括定期模拟灾难事件，如数据中心、数据库或 Web 服务的失效情况，根据模拟演练结果，制定相应的应急预案，并建立自动化灾难恢复机制，以降低实际灾难发生时需要过多人为干预的风险，从而避免对业务的二次影响。这种全面的灾难恢复策略在云计算环境中尤为重要，因为它能够有效应对云服务可能面临的各种潜在风险，确保业务持续性和数据安全性。

10.3　云安全的实践考虑

本节着重介绍实践环境中构建云安全防御系统时面临的主要问题和挑战，以及相应的应对措施。

10.3.1　云平台的 DDoS 攻击防御

对服务的恶意使用是当前云计算环境面临的主要安全威胁之一，分布式拒绝服务攻击又是该安全威胁中最为常见的攻击手段。

拒绝服务攻击就是攻击者使用一对一的攻击方式，向攻击目标发起大量"合法"的服务请求，大量占用攻击目标的网络资源进而损害攻击目标的服务能力。然而，随着计算机技术的发展，这种一对一的攻击方式所造成的效果变得非常有限。在这个背景下，DDoS 的攻击者通过恶意程序操纵大量的"僵尸节点"来形成"僵尸网络"，基于大量的"僵尸节点"对攻击目标发送数量庞大或有明显缺陷的网络数据包，以此消耗攻击目标的网络资源，进而导致合法的用户请求无法得到响应，如图 10.5 所示。

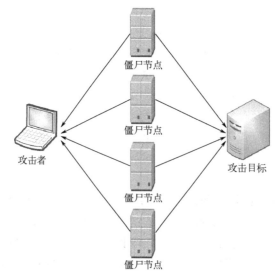

图 10.5　DDoS 攻击示意图

DDoS 攻击具有两个比较明显的特点。

（1）DDoS 攻击的发起方式比较简单，这源于网络上存在大量相关的攻击工具，如 HULK、LOIC 等。

（2）DDoS 的攻击防御难度较大，高效的防御策略仍然是相关研究领域的研究重点之一。

接下来，针对 DDoS 攻击的类型和 DDoS 攻击的防御进行深入的剖析，以加深对于 DDoS 攻击的理解。

1. DDoS 攻击的类型

DDoS 攻击的种类繁多，并且新的攻击方式也在不断出现。DDoS 攻击手段的多样，导致相关的分类方法也可以有多种。其中，本书根据攻击的频率，将目前已知的 DDoS 攻击手段大致分为洪水攻击和慢速攻击。对于洪水攻击而言，当攻击者发起攻击时，数量庞大的网络流量持续涌向受攻击的服务器，突然增长的网络流量可能会在短时间内对受攻击者提供的服务产生危害。相对于洪水攻击而言，慢速攻击则不是以发送大量的网络流量作为主要特征，相反，慢速攻击倾向于以一定的速率发送具有明显缺陷或者特殊控制作用的报文，从而达到大量消耗攻击目标网络资源的恶意请求、不断"蚕食"其服务能力的目的。下面介绍几种常见的 DDoS 洪水攻击方式。

TCP 是一种面向连接的、可靠的传输层协议，客户端和服务器建立 TCP 连接之前需要经历"三次握手"。在 SYN 洪水攻击中，攻击者通过控制大量的僵尸主机向目标服务器发送大量的 SYN 报文，目标服务器接收到报文之后需要发送 SYN-ACK 报文向客户端发送连接确认报文，这时候目标服务器就处于"半连接"状态。大量的恶意 SYN 报文会导致目标服务器的连接表在短时间内就被恶意连接占满，导致正常用户的新 TCP 连接无法建立新的连接，进而达到攻击目的。SYN 洪水攻击的示意如图 10.6 所示。

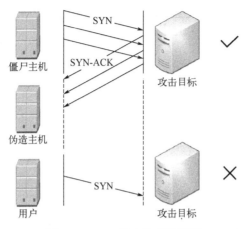

图 10.6　SYN 洪水攻击示意图

基于 TCP 连接机制还存在着多种 DDoS 攻击方式，另外一种针对 TCP "三次握手"的攻击模式称为 SYN-ACK 洪水攻击。和 SYN 洪水攻击类似，SYN-ACK 洪水攻击也通过篡改 SYN 报文的源地址来达到攻击目的。不同的是，SYN-ACK 洪水攻击将源地址改为攻击目标的 IP 地址，攻击者向大量的服务器发送 SYN 报文，此时大量的 SYN-ACK 报文会从服务器发往攻击目标，网络带宽资源被大量占用，最终达到攻击目的。SYN-ACK 洪水攻击的示意如图 10.7 所示。

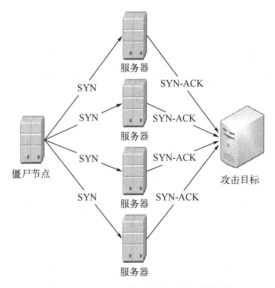

图 10.7　SYN-ACK 洪水攻击示意图

Sockstress 攻击是一种利用 TCP 协议特性的慢速攻击方式。在 TCP 报文的 header 部分，具有表示接收窗口大小的字段。窗口机制给 TCP 连接带来了拥塞控制的效果，也就是说，当客户端将该字段设置为 0 的时候，服务端不会继续传输数据。在这种机制下，攻击者操纵大量的僵尸主机与攻击目标建立 TCP 连接，然后将报文中的窗口尺寸字段设置为 0，从而达到阻塞服务端数据传输的效果，以此维持一个连接时间较长的 TCP 连接，进而耗尽攻击目标的连接表以达到拒绝服务的攻击效果。Sockstress 攻击的示意如图 10.8 所示。

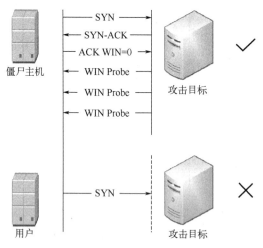

图 10.8　Sockstress 攻击示意图

除了以上提到的几种 DDoS 攻击手段，目前已知的还包括 DNS 查询洪水攻击、SSL 攻击、慢速 POST 攻击等。

2. DDoS 攻击的防御

目前，普遍认为 DDoS 攻击是一个很难彻底解决的难题，并且还没有形成普遍有效的防御策略。尽管如此，目前还是有多种被认可的 DDoS 防御手段。

(1) 使用云服务提供商的流量清洗服务。当云服务提供商检测到用户的网络流量超过一定的阈值时，系统会自动触发相应的清洗机制。该机制通过将异常流量重定向到专门的清洗设备上，对流量进行深度检测和甄别，以识别和隔离可能的恶意流量，并采取相应的防御措施。通过这种方式，可以有效减轻异常流量对服务器和网络基础设施造成的潜在威胁和损害，保障云计算环境的稳定性和安全性。

(2) 应用层检测并过滤恶意请求。由于应用层的 DDoS 攻击在网络层的表现并没有异常，因此用于检测网络层 DDoS 攻击的方法并不适用于应对应用层的攻击。当前应对应用层 DDoS 攻击的研究重点主要为分辨攻击流和正常流。一种方法是基于测试的检测方法，其中使用"图灵测试"能够很好地分辨僵尸主机和正常用户，对于无法完成"图灵测试"的请求不予处理。另外一种是基于行为模式的检测方法，通过分析攻击流和正常流的行为模式的不同，甄别到达服务器的请求。

(3) 安装专业抗 DDoS 的硬件防火墙。这些硬件防火墙具备先进的识别和过滤机制，能够实时监测和识别异常流量，并采取相应的防御措施，以确保用户的云服务免受攻击。通过引入这些专业防火墙，云计算平台能够有效地应对 DDoS 攻击对服务的影响，提升系统的稳定性和安全性，从而保障用户数据和业务的持续性和可靠性。这种安全措施不仅可以帮助云服务提供商应对当前的网络安全挑战，还有助于加强用户对云计算平台的信任，促进云计算技术的广泛应用和发展。

(4) 部署弹性伸缩(auto scaling)，动态扩展应用规模，吸收部分攻击流量。通过弹性部机制，系统可以在面对来自应用层的攻击时做出及时响应，例如，当 DDoS 攻击导致大量流量涌入时，自动增加服务器以保证业务的正常运行。这种自动化的弹性伸缩机制不仅能够提供对抗攻击的实时响应能力，还可以在攻击结束后自动缩减规模，有效降低成本。因此，部署弹性伸缩是云计算环境中一项关键的安全措施，能够为企业提供可靠的保护机制，确保其业务的连续性和稳定性。

(5) 利用 CDN(content delivery network) 模糊化核心服务器，避免直接攻击。CDN，也就是内容分发网络，其原理是在不同的地理位置部署边缘服务器，通过控制中心的负载均衡、内容分发以及距离远近等综合信息，将用户的请求重定向到最近的服务节点上，从 CDN 服务器上获取内容而不是直接访问中心服务器。基于 CDN 的这种架构，一方面隐藏了中心服务器的 IP 地址，模糊化了核心服务器，避免了中心服务器被直接攻击；另一方面也增加了系统的可靠性，当攻击流到来时，CDN 结构中的每个节点都可以为本次攻击的流量进行分流，分散攻击的强度，降低 DDoS 攻击对服务带来的压力。

(6) 跨地域多数据中心进行负载均衡，避免单点攻击后服务失效。通过灵活利用负载均衡器(server load balancer)，实现多台服务器的多点并发访问，可以有效地分散流量负载，提高系统的可用性和稳定性。这种方法有助于对抗恶意流量，通过合理的流量分流策略，有望在一定程度上缓解 DDoS 攻击对系统的影响，保障云服务的正常运行和用户体验。

10.3.2 云的边界安全

云的边界安全问题也是当前人们非常关心的安全问题。早在 2009 年，Google Gmail 邮件服务就曾发生过重大的全球性故障。2009 年 2 月 24 日，谷歌在欧洲的一个数据中心更新了带有严重副作用的代码导致该数据中心出现过载的现象，继而发生的"连锁反应"导致了其他数据中心都受到波及，最终导致了全球性的断线。另外，Meta、苹果等公司都出现过重大的安全事故而导致用户的隐私数据遭到泄露。

在传统的计算系统中，不同的物理设备天然地形成了明确的边界。在这方面，已经有大量成熟的防护技术用于解决传统架构下的边界安全问题，如网络隔离技术、防火墙、入侵检测等。然而，在云计算环境下的边界安全问题与传统架构下的边界安全问题又有着极大的不同。相对于传统架构下明确的完全边界，云架构下的边界是不明确的、泛化的。

虚拟化技术是云计算的基础，包括计算虚拟化、存储虚拟化、网络虚拟化等技术，在传统的物理架构中插入了对应的虚拟化层，导致了"资源池"概念的产生。在这种情况下，原本处于物理隔离的网络被网络虚拟化技术带来的虚拟化网络所代替；处于不同物理设备的计算资源、存储资源又通过虚拟化技术整合到资源池中。云平台的虚拟化技术使得传统的物理化的、明确的物理边界被虚拟化的、泛化的逻辑边界所代替，网络间不存在可控的物理边界，取而代之的是网络间的逻辑划分，因此，传统的基于物理边界的边界保护技术无法直接应用。另外，由于大部分的云环境是"半可信的"，云计算架构也同时面临着来自内部的安全威胁。在面临这些挑战时，当前云计算领域通常有以下三种技术成为应对云边界安全问题的有效手段。

1. 虚拟安全域划分

安全域指的是根据系统内的业务、信息的性质、使用主体、安全目标和策略等因素综合考虑之后划分的逻辑网络。安全域划分完毕之后，同一安全域内的逻辑子网具有相同的安全访问控制和边界控制策略。基于这种思想，提出一个问题：在云计算环境中，要如何划分安全域呢？

虚拟局域网（virtual local area network，VLAN）技术在虚拟安全域划分中得到了广泛的应用。通过 VLAN 技术，可以将一组设备和用户根据业务需求、安全需要等因素组织起来，不受物理位置的限制。目前的虚拟安全域划分包括硬件虚拟网络划分和软件虚拟网络划分。在软件虚拟网络划分中，不需要交换机的参与，而是在服务器上的 Hypervisor 中执行 VLAN 划分策略，然后在服务器内部的端口上按照对应的隔离策略对虚拟机之间的通信进行控制，如图 10.9 所示。在硬件虚拟网络划分中，需要硬件设备——交换机的参与。具体的做法是采用边缘虚拟桥（edge virtual bridging，EVB）协议，将虚拟机上的流量转交给与服务器相连的交换机，由交换机上的网络隔离策略决定到达交换机的数据分组是否允许通过，示意图如图 10.10 所示。

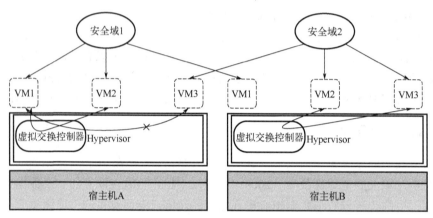

图 10.9　软件虚拟网络划分

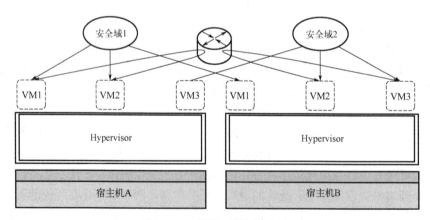

图 10.10　硬件虚拟网络划分

2. 基于虚拟化的监控技术

前面展示了进行虚拟安全域划分的方式，但是仅进行安全域划分无法完全解决云计算环境中虚拟化带来的安全问题，而使用基于虚拟化的监控技术有助于发现虚拟机内部发生的恶意请求。基于虚拟化的监控包括内部监控和外部监控。

(1) 内部监控。在虚拟机内部加载安全模块来拦截虚拟机内部的恶意事件,并且利用 VMM(虚拟机管理器)对安全模块进行保护。被监控的系统部署在目标虚拟机中,安全工具则部署在一个隔离的虚拟域中。当目标虚拟机正在执行某些操作的时候,如进程创建、文件读取等事件,部署在目标虚拟机操作系统上的相关钩子函数会主动陷入虚拟机管理器中,并向虚拟机管理器报告其内存地址,通过跳转模块将事件告知安全工具,然后安全工具根据预置的安全策略做出响应,具体可如图 10.11 所示。通过这种机制,虚拟机内部发生的某些事件会受到来自安全工具的监控,有效地保证了虚拟机的内部安全。

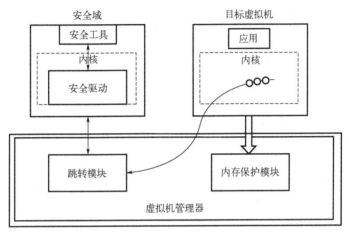

图 10.11　内部监控

(2) 外部监控。通过在虚拟机管理器中对虚拟机中的事件进行拦截,从而在虚拟机外部进行监控。从图 10.12 可以看到,监控点安装在虚拟机管理器中,该监控点能够对虚拟机中发生的事件进行截获,从而触发安全工具进行检测。

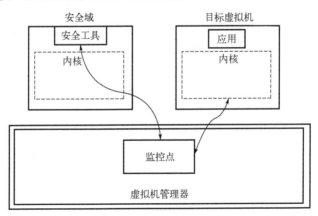

图 10.12　外部监控

通过虚拟安全域划分技术可以为云架构提供可信的边界环境,使用虚拟机监控技术来对虚拟机内部事件进行拦截,以这两类技术为基础能够衍生出多种多样的云边界安全保护机制。

3. 热补丁技术

在云计算领域,除了系统安全的重要性外,保障业务的连续性也是云服务提供商和用户共同关注的重要问题。大规模云服务的中断可能带来巨大的经济损失，因此，保证业务的持续运行至关重要。在这种背景下，热补丁技术显得尤为重要。热补丁技术指的是在不中断系统服务的情况下对系统进行局部的修改，以及时修正系统中的错误，避免可能造成的严重后果。通过热补丁技术，不仅能够保证对系统错误的及时修复，还能够最大限度地减小修复过程对业务连续性的影响。目前，热补丁技术主要分为数据热补丁和代码热补丁两种类型。数据热补丁技术通过过滤器在漏洞程序外部对输入进行漏洞触发规则的匹配，从而将漏洞输入拦截在程序的外部，有效保障了系统的安全性和稳定性。代码热补丁是通过动态替换或更新正在运行的代码来修复问题，通常用于修复逻辑错误或安全漏洞，而无需重启系统。虽然代码热补丁能快速修复问题，但实现复杂，可能引入兼容性问题。

10.3.3　云安全方面的法律法规

尽管云计算提供了一种受到广泛认可的新的计算范式，但在实践中却面临着比较多的法律相关问题，特别是与传统法律制定上的差别和冲突，甚至关于云计算方面的法律法规几乎为空白。从技术上来看，云计算使用了虚拟化等技术向用户提供基础设施、平台服务、软件服务；从法律的角度看，云计算则是一种典型的信息服务关系，其中当事人的一方为云服务提供商，另一方为云服务用户。一方面，由于云计算的地域性差异、信息流动不受地理因素影响，信息服务或者用户数据可能分布在不同的国家或者地区，不同政府的法律框架的差异可能会给云服务提供商或者用户带来法律纠纷；另一方面，作为一种新的计算范式，云计算也带来了新的法律问题，如信息安全、数据权利、数据跨境流动、数据安全责任、知识产权等。

(1)信息安全问题。在云计算环境中，用户的信息存储在云端，加大了用户信息泄露的风险，而信息安全又与用户的个人隐私、企业的商业秘密、国家安全等方面息息相关。在云服务关系中，云服务提供商需要切实保障用户的数据安全，确保用户的数据不被未授权用户访问、修改。但在一些国家的法律框架内，相关地区的政府在特定条件下可以要求云服务提供商在未获得云服务用户授权的情况下提供相关个人数据。因此，云计算中的信息安全一方面受到来自非授权用户、黑客的威胁，另一方面也可能与相关国家法律冲突。

(2)数据权利问题。在云计算场景下，用户的数据存储于云服务提供商的数据中心中，这在一定程度上削弱了用户对个人数据的控制权，包括个人数据的使用、存储和回收等权利。因此，在云计算环境中，需要保证云服务提供商一方面不会将用户数据用于其他目的的使用，另一方面又要保证服务结束时用户有权要求云服务提供商不再保留任何备份。因此，政府需要完善相关的法律法规以解决数据权利问题，这对于充分保障用户权益以及保证云计算产业的健康发展具有重要意义。

(3)数据跨境流动问题。云计算中大规模的数据跨境流动这一现象，来自于云计算中泛在的网络接入。当前针对数据的跨境流动，国际上并没有统一的定义和明确的界定；另外，由于不同国家具有不同的司法系统，若数据的物理存储跨越了不同的国家或者地区，则可能会带来潜在的法律风险。例如，不同国家对数据丢失责任、数据知识产权保护、数据的公开政策的司法解释可能不同。针对数据的跨境流动问题，目前主要有三种数据的管理模式。

①重要的数据需要禁止跨境流动。对于一些涉及国家安全、商业秘密的数据，一些国家要求该类数据必须存储在本国或者地区的物理存储中。

②有条件地限制数据的跨境流动。对于政府部门、行业相关的技术数据，需要先进行风险评估之后才能确定是否允许跨境流动。

③允许个人的普通数据的跨境流动。目前国际上对个人的普通数据的普遍观点是允许其跨境流动，但是前提是需要明确数据安全的责任界定。

(4)数据安全责任问题。数据安全关系着个人隐私、企业商业秘密和国家安全问题。系统设计缺陷、云服务提供商操作失误、黑客攻击等问题都会威胁云环境中相关用户数据的安全。当数据遭到泄露或者破坏时，需要明确责任范围，包括要求采集和处理数据的实体、对数据进行安全管理以及用户数据安全受到威胁之后的赔偿等相关问题，在法律层面上充分保护用户的数据安全。

(5)知识产权问题。在云计算场景下，用户不再需要购买和拥有硬件即可从云服务提供商处获得操作系统和软件等服务。在 SaaS 模式下，云服务提供商提供盗版软件供用户使用属于侵权，此时云服务提供商需要承担一定的直接或者间接责任；但是在 PaaS 或者 IaaS 模式下，云服务提供商并不直接提供软件，若云服务用户行为造成知识产权上的侵权，需要考虑是否对云服务提供商的间接责任进行认定，这存在一定的困难。

总体而言，尽管云计算已经发展到比较成熟的阶段，但是相关的法律法规还需要不断完善，同时，数据的流动性又带来了不同地区司法管辖问题和法律框架差异等问题。对于用户而言，在选择云平台时，需要从多个方面考虑云服务提供商的合规性，包括明确云服务提供商存储数据的位置、云服务提供商所能提供的数据安全保护技术以及云服务提供商对用户数据的合理控制权等。选择合规的云平台是云服务用户规避相关法律风险的重要手段。

参 考 文 献

COULOURIS G, DOLLIMORE J, KINDBERG T, 2008. 分布式系统: 概念与设计[M]. 金蓓弘, 曹冬磊, 等译. 北京: 机械工业出版社.

ERL T, MAHMOOD Z, PUTTINI R, 2014. 云计算: 概念、技术与架构[M]. 龚奕利, 贺莲, 胡创, 译. 北京: 机械工业出版社.

冯登国, 张敏, 张妍, 等, 2011. 云计算安全研究[J]. 软件学报, 22(1): 71-83.

JUNQUEIRA F, REED B, 2016. ZooKeeper: 分布式过程协同技术详解[M]. 谢超, 周贵卿, 译. 北京: 机械工业出版社.

李松涛, 魏巍, 甘捷, 2016. Ansible 权威指南[M]. 北京: 机械工业出版社.

刘鹏, 2015. 云计算[M]. 3 版. 北京: 电子工业出版社.

刘尚, 郭银章, 2022. 云计算多授权中心 CP-ABE 代理重加密方案[J]. 网络与信息安全学报, 8(3): 176-188.

刘宇, 2013. Puppet 实战[M]. 北京: 机械工业出版社.

鲁金钿, 肖睿智, 金舒原, 2021. 云数据安全研究进展[J]. 电子与信息学报, 43(4): 881-891.

欧阳雪, 徐彦彦, 2022. IaaS 云安全研究综述[J]. 信息安全学报, 7(5): 39-50.

彭冬, 2018. 智能运维: 从 0 搭建大规模分布式 AIOps 系统[M]. 北京: 电子工业出版社.

上海宏时数据系统有限公司, 2022. Zabbix 监控系统之深度解析和实践[M]. 北京: 电子工业出版社.

TAYLOR M, VARGO S, 2016. 学习 Chef: 云时代的配置管理与自动化运维技术[M]. 闫诺, 译. 北京: 清华大学出版社.

WHITE T, 2017. Hadoop 权威指南: 大数据的存储与分析[M]. 4 版. 王海, 华东, 刘喻, 等译. 北京: 清华大学出版社.

岳猛, 王怀远, 吴志军, 等, 2020. 云计算中 DDoS 攻防技术研究综述[J]. 计算机学报, 43(12): 2315-2336.

祝江华, 2023. Hadoop HDFS 深度剖析与实践[M]. 北京: 机械工业出版社.

朱政科, 2020. Prometheus 云原生监控: 运维与开发实战[M]. 北京: 机械工业出版社.

AL-FARES M, LOUKISSAS A, VAHDAT A, 2008. A scalable, commodity data center network architecture[J]. ACM SIGCOMM computer communication review (SIGCOMM CCR), 38(4): 63-74.

ANGLES R, GUTIERREZ C, 2008. Survey of graph database models[J]. ACM computing surveys (CSUR), 40(1): 1-39.

BINANI S, GUTTI A, UPADHYAY S, 2016. SQL vs NoSQL vs NewSQL-a comparative study[J]. Database, 6(1): 1-4.

CASTRO M, LISKOV B, 2002. Practical byzantine fault tolerance and proactive recovery[J]. ACM transactions on computer systems (TOCS), 20(4): 398-461.

CHADHA V, ILLIIKKAL R, IYER R, et al., 2007. I/O processing in a virtualized platform: a simulation-driven approach[C]//The 3rd international conference on virtual execution environments (VEE'07). New York: ACM Press: 116-125.

COHEN B, 2003. Incentives build robustness in BitTorrent[C]//Workshop on economics of peer-to-peer systems(P2PEcon'03). New York: ACM Press: 68-72.

CRISTIAN F, 1991. Understanding fault-tolerant distributed systems[J]. Communications of the ACM(CACM), 34(2): 56-78.

DECANDIA G, HASTORUN D, JAMPANI M, et al., 2007. Dynamo: Amazon's highly available key-value store[J]. ACM SIGOPS operating systems review(SIGOPS OSR), 41(6): 205-220.

DEMERS A, GREENE D, HAUSER C, et al., 1987. Epidemic algorithms for replicated database maintenance[C]//The 6th annual ACM symposium on principles of distributed computing(PODC'87). New York: ACM Press: 1-12.

FISCHER M J, LYNCH N A, PATERSON M S, 1985. Impossibility of distributed consensus with one faulty process[J]. Journal of the ACM(JACM), 32(2): 374-382.

GARFINKEL S, 1999. Architects of the information society, thirty-five years of the laboratory for computer science at MIT[M]. Cambridge: MIT Press.

GHEMAWAT S, GOBIOFF H, LEUNG S T, 2003. The Google file system[C]//The 19th ACM symposium on operating systems principles(SOSP'03). New York: ACM Press: 29-43.

GHODSI A, ZAHARIA M, HINDMAN B, et al., 2011. Dominant resource fairness: fair allocation of multiple resource types[C]//The 8th USENIX symposium on networked systems design and implementation(NSDI'11). Berkeley: USENIX Association: 323-336.

GRAY J, 1978. Notes on data base operating systems[M]//Operating systems. Berlin: Springer-Verlag: 393-481.

GUO C X, WU H T, TAN K, et al., 2008. DCell: a scalable and fault-tolerant network structure for data centers[C]//The ACM SIGCOMM conference on data communication(SIGCOMM'08). New York: ACM Press: 75-86.

LV M, FAN J, FAN W, et al., 2022. Fault diagnosis based on subsystem structures of data center network BCube[J]. IEEE transactions on reliability(IEEE TR), 71(2): 963-972.

MAYMOUNKOV P, MAZIERES D M, 2002. Kademlia: a peer-to-peer information system based on the XOR metric[C]//International workshop on peer-to-peer systems(IPTPS'02). Berlin: Springer: 53-65.

MILLS D L, 2010. Computer network time synchronization: the network time protocol[M]. 2nd ed. Boca Raton: CRC Press.

ONGARO D, OUSTERHOUT J, 2014. In search of an understandable consensus algorithm[C]//The conference on USENIX annual technical conference(USENIX ATC'14). Berkeley: USENIX Association: 305-320.

RATNASAMY S, FRANCIS P, HANDLEY M, et al., 2001. A scalable content-addressable network[J]. ACM SIGCOMM computer communication review(SIGCOMM CCR), 31(4): 161-172.

SKEEN D, 1981. Nonblocking commit protocols[C]//ACM SIGMOD international conference on management of data(SIGMOD'81). New York: ACM Press: 133-142.

STEEN M V, TANENBAUM A S, 2017. Distributed systems[M]. 3rd ed. Leiden: Createspace Independent Publishing Platform.

STOICA I, MORRIS R, LIBEN-NOWELL D, et al., 2003. Chord: a scalable peer-to-peer lookup protocol for internet applications[J]. IEEE/ACM transactions on networking(ToN), 11(1): 17-32.

UHLIG R, NEIGER G, RODGERS D, et al., 2005. Intel virtualization technology[J]. Computer, 38(5): 48-56.

WEIL S A, BRANDT S A, MILLER E L, et al., 2006. Ceph: a scalable, high-performance distributed file system[C]//The 7th symposium on operating systems design and implementation (OSDI'06). Berkeley: USENIX Association: 307-320.

WEN J F, CHEN Z P, JIN X, et al., 2023. Rise of the planet of serverless computing: a systematic review[J]. ACM transactions on software engineering and methodology (TOSEM), 32 (5): 1-61.

WOOD T, TARASUK-LEVIN G, SHENOY P, et al., 2009. Memory buddies: exploiting page sharing for smart colocation in virtualized data centers[J]. ACM SIGOPS operating systems review (SIGOPS OSR), 43 (3): 27-36.